化工分析技术

李云东　主　编

化学工业出版社

·北京·

本书以项目教学手段为导向，以培养学生实际动手能力为目标，以现代企业目前使用及现行国家标准为依据，比较详细地介绍了：样品的采取技术、水质分析技术、煤分析技术、硅酸盐分析技术、钢铁分析技术、肥料分析技术、气体分析技术、日化产品分析技术等八项任务内容。

本书为中等职业教育工业分析与检验专业的教材，也可作为从事分析与检验工的培训教材或参考书。

图书在版编目(CIP)数据

化工分析技术/李云东主编 . —北京：化学工业出版社，2015.5
ISBN 978-7-122-23549-7

Ⅰ.①化… Ⅱ.①李… Ⅲ.①化学工业-化学分析 Ⅳ.
①TQ014

中国版本图书馆 CIP 数据核字（2015）第 067879 号

责任编辑：旷英姿 装帧设计：王晓宇
责任校对：边 涛

出版发行：化学工业出版社（北京市东城区青年湖南街 13 号 邮政编码 100011）
印　　装：三河市延风印装有限公司
787mm×1092mm　1/16　印张 17¼　字数 382 千字　2015 年 8 月北京第 1 版第 1 次印刷

购书咨询：010-64518888（传真：010-64519686）　售后服务：010-64518899
网　　址：http://www.cip.com.cn
凡购买本书，如有缺损质量问题，本社销售中心负责调换。

定　　价：36.00 元

前 言

本教材以化工分析的物质为主线，以介绍国家标准方法和行业标准方法为主要内容，以应用为目的，以够用为度、以培养技能为编写重点，比较详细地介绍了样品的采取技术、水质分析技术、煤分析技术、硅酸盐分析技术、钢铁分析技术、肥料分析技术、气体分析技术、日化产品分析技术等八项任务内容。

本书在编写的时候以项目教学手段为导向，以培养学生实际动手能力为目标。将原来的每一章教学内容变成一个实际的工作任务，通过完成工作任务来实现知识的学习和操作技能的掌握。

为了让每个使用者都能很好完成项目和任务，本书每个项目都有一个项目导学、学习目标、知识准备，每个任务由任务目标、任务介绍、任务解析、任务实施、任务评价、拓展提高（可选）、思考与练习组成。

本书增加了任务考核表。采用表格形式，在每个任务结束的时候教师可通过任务考核评价表直观地对完成的任务和目标进行评价。

为了更好地与企业紧密结合，有的分析任务提供了多种分析方法，可以结合生产实际来选择性学习。

本书由云南技师学院李云东担任主编并统稿。全书共分 8 个学习项目，32个任务。绪论、项目一、项目三及项目七由云南技师学院李云东编写；项目二由云南技师学院张雪编写；项目四由云南化工高级技工学校苏红伟编写；项目五由云南技师学院宋萍编写；项目六由云南技师学院李学章编写；项目八由中山市技师学院朱国军编写。化学工业出版社在本书的编写和出版方面给予了大力支持，在此表示感谢！

由于编者水平有限，难免有疏漏和欠妥之处，诚望广大读者批评指正。

编者

2015 年 3 月

目 录 CONTENTS

绪论
认识化工分析技术

 项目导学

  化工分析是一门实践性很强的课程，具有应用性特点，是分析化学理论在化工生产的分析测定中的具体应用。通过本项目的学习首先对化工分析技术的任务、特点、分析方法等内容有一个基础的了解。为学好本门课程做知识和思想上面的准备。

 学习目标

认知目标
认识化工分析的任务、化工分析的特点、化工分析的方法。
情感目标
做好学习化工分析技术这门课程思想准备。
技能目标
了解学好化工分析技术课程的技巧。

 知识准备

一、化工分析的任务

  化工分析是分析化学在化工生产中的具体应用。其主要任务是对化工生产中的原料、辅料、中间产物、产品、及副产品以及生产过程中产生的废物进行定量分析。

  通过工业分析能评定原料和产品的质量，检验工艺过程是否正常。从而及时正确地指导生产，经济合理的使用原料燃料，及时发现消除生产缺陷，减少废品挺高产品质量。因此，工业分析起着指导和促进生产的作用，是国民经济的许多生产部门中不可缺少的生产检验手段，分析化学被誉为"工业生产的眼睛"，由此可见工业分析在工业生产中所起的重要作用。

二、化工分析的特点

  化工分析的对象多种多样，分析对象不同，对分析得要求也不相同。一般来说，在符合生产和科研所需准确度的前提下，分析速度、测定简便以及易于重复是对化工分析技术的普遍要求。化工生产和化工产品的性质决定了化工分析技术的特点。

1. 分析对象数量大

化工生产中原料、产品往往以千吨、万吨等量计，其组成不均匀，但在分析检验室却只需要很小一部分，因此，科学合理地采取具有代表性的分析试样是化工分析的关键环节，也说得准确分析结果的先决条件。

2. 分析对象的复杂性

化工物料的组成比较复杂，共存的物质对待测组分的测定会产生干扰。因此，在选择分析方法时必须考虑共存组分的影响，采取相应的措施消除干扰。

3. 分析方法的多样性

化工分析的对象比较广泛，各种分析对象的分析项目及测定要求也是多种多样的。因此，化工分析技术所涉及的分析方法依据其原理、作用的不同，有不同的分析方法

4. 分析试样处理复杂

多数分析中的反应一般来讲是在溶液中进行，但是也有些物料却不易溶解。因此，在化工分析中如何制被试液是一个复杂的问题。对整个分析过程和结果都有重要意义。而试样的分解方法与待测物质的组成、测定方法等都有密切关系，对提高分析速度也有决定性作用。

5. 分析任务广

化工分析的准确度因分析任务不同而不同。对中控分析来说，为满足生产要求，分析方法应快速、简便，对分析结果的准确度可以稍低一些。但是对产品检验和仲裁分析则应该有较高的准确度，分析速度则是次要的。

三、化工分析的方法

化工分析的方法有很多种，按照分析测定的原理可以分为化学分析法、物理分析法和物理化学分析法；按照分析任务可以分为定性分析、定量分析和结构分析；按照分析对象可以分为无机分析和有机分析；按照实际用量可以分为常量分析、微量分析和痕量分析；按照分析要求可以分为例行分析和仲裁分析；按照完成时间和所起的作用可以分为快速分析和标准分析；按照分析测试程序可以分为在线分析和离线分析。

1. 快速分析法和标准分析法

快速分析法的特点是分析速度快、分析误差比较大，因生产要求迅速得出分析数据，准确度只需要满足生产年要求。快速分析主要用于中控分析，主要控制生产工艺过程中的关键部位。

标准分析法的特点是具有较高的准确度。其结果是进行工艺计算、财务核算和评定产品质量的依据。主要用于测定原料、半成品和成品的化学组成，也常用于校核和仲裁分析。

2. 在线分析法和离线分析法

在线分析法是指采用自动采样系统，将试样自动输入分析仪器中进行分的方法。

离线分析法是通过现场采样，把样品带回实验室处理后进行测定的方法。

离线分析法是传统化工分析方法，得到的结果相对滞后于实际生产过程。因此，当出现

生产异常情况时，不能及时进行调整，甚至有可能影响生产的正常进行，甚至出现事故。为了及时了解实际生产的真实情况，需要及时得到分析结果，这既需要采用在线分析方法。

四、学好化工分析技术的方法

在化工分析技术的学习中，必须贯彻循序渐进的原则，先易后难，先简后繁。我们将学习过程分成四个阶段来完成。

第一阶段为形成概念感性认识阶段。通过教师的讲授和演示，对基本操作有一个比较全面的规范化感性认识。根据教师用实物的演示操作，和操作中容易出现的错误的提出来，学生要注意，在自己的头脑中形成规范的操作的表象，为实际操作作好准备。

第二阶段为动手练习阶段。对在操作练习过程中，比较容易不自觉地出现的不正确的操作方法和动作，通过教师的纠正、检查和自己多次的反复练习来巩固规范动作。一开始就要养成良好的操作习惯，做到细心、认真观察实验现象，随时记录实验数据，同时养成台面整洁，仪器摆放整齐有序，不乱甩乱倒废液，乱丢废物，保持实验室的安静清洁等习惯。

第三阶段为加强综合性难度较大的分析实验的练习。从试样的准备、制备，到溶液、试剂的配制，标准溶液的标定，到样品的测定，分析结果的计算。必须完成一个系列的动作。通过完成一个或几个完整的分析项目，提高自己的综合操作技能，培养解决实际问题的能力，通过在准确的前提下做到动作连贯，提高分析速度。

为了巩固学习的内容，培养总结概括能力和分析能力，在每次实验结束后，都要写出实验报告，内容包括实验原理，测定方法，试剂和仪器，实验数据，实验结果，计算过程和讨论分析误差，实验中出现的问题及采取的措施等内容、使每完成一次实验后，都有所提高，有所进步。

第四阶段为生产岗位的实习提高。在学校完成了基本技能的训练以后，到工厂相关的生产岗位进行生产实习。在这个阶段，主要通过参加生产实践，结合生产各种分析项目的分析测定，巩固提高自己的分析技能，并培养独立的操作能力，提高分析问题和解决问题的能力。

 任务评价

任务考核评价表

评价项目	评价标准	评价方式			权重	得分小计	总分
		自我评价	小组评价	教师评价			
		0.1	0.2	0.7			
职业素质	1. 按时完成学习任务。 2. 学习积极主动、勤学好问				0.2		
专业能力	能正确说出化工分析的任务、方法等				0.7		
协作能力	团队中所起的作用，团队合作的意识				0.1		
教师综合评价							

拓展提高

标准化知识

1983 年我国颁布的国家标准（GB 3935.1—83）中对"标准"的定义是："标准是对重复性事物和概念所做的统一规定。它以科学、技术和实践经验的综合成果为基础，经有关方面协商一致，由主管机构批准，以特定形式发布，作为共同遵守的准则和依据。"1983 年国际标准化组织发布的 ISO 第二号指南（第四版）对"标准"的重新定义是："由有关各方根据科学技术成就与先进经验，共同合作起草，一致或基本上同意的技术规范或其他公开文件，其目的在于促进最佳的公众利益，并由标准化团体批准。"

在 2000 年发布的 GB/T 1.1—2000 中将标准定义为："为在一定的范围内获得最佳秩序，对活动或共结果规定共同的和重复使用的规则、导则或特性文件。该文件经协商一致制定并经一个公认机构的批准。标准应以科学、技术和经验的综合成果为基础，以促进最佳社会效益为目的。"

根据 WTO 的有关规定和国际惯例，标准是自愿性的，而法规或合同是强制性的，标准的内容只有通过法规或合同的引用才能强制执行。

标准化是为在一定的范围内获得最佳秩序，对实际的或潜在的问题制定共同的和重复使用的规则的活动。

标准化是一项制定条款活动；所指定的条款应具备的特点是共同使用和重复使用；条款的内容是现实问题或潜在问题；制定条款的目的是在一定范围内获得最佳秩序。这些条款将构成规范性文件。也就是标准化的结果是形成条款，一组相关的条款就形成规范性文件。如果这些规范性文件符合制定标准的程序，经过公认机构发布，就成为标准。所以标准是标准化活动得结果之一。

在国民经济的各个领域中，凡具有多次重复使用和需要制定标准的具体产品，以及各种定额、规划、要求、方法、概念等，都可成为标准化对象。

标准化对象一般可分为两大类：一类是标准化的具体对象，即需要制定标准的具体事物；另一类是标准化总体对象，即各种具体对象的总和所构成的整体，通过它可以研究各种具体对象的共同属性、本质和普遍规律。

《中华人民共和国标准化法》将我国标准分为国家标准、行业标准、地方标准、企业标准四级。

按照标准化对象，通常把标准分为技术标准、管理标准和工作标准三大类。

技术标准是指对标准化领域中需要协调统一的技术事项所制定的标准。技术标准包括基础技术标准、产品标准、工艺标准、检测试验方法标准，及安全、卫生、环保标准等。

管理标准是指对标准化领域中需要协调统一的管理事项所制定的标准。管理标准包括管理基础标准，技术管理标准，经济管理标准，行政管理标准，生产经营管理标准等。

工作标准是指对工作的责任、权利、范围、质量要求、程序、效果、检查方法、考核办法所制定的标准。工作标准一般包括部门工作标准和岗位（个人）工作标准。

中国国家标准按标准性质，可以分为为强制性标准和推荐性标准两类性质的标准。

推荐性标准又称为非强制性标准或自愿性标准。是指生产、交换、使用等方面，通过经济手段或市场调节而自愿采用的一类标准。这类标准，不具有强制性，任何单位均有权决定是否采用，违反这类标准，不构成经济或法律方面的责任。应当指出的是，推荐性标准一经接受并采用，或各方商定同意纳入商品经济合同中，就成为各方必须共同遵守的技术依据，具有法律上的约束性。

保障人体健康，人身、财产安全的标准和法律、行政法规规定强制执行的标准是强制性标准，其他标准是推荐性标准。

根据《国家标准管理办法》和《行业标准管理办法》，下列标准属于强制性标准：

(1) 药品、食品卫生、兽药、农药和劳动卫生标准；

(2) 产品生产、贮运和使用中的安全及劳动安全标准；

(3) 工程建设的质量、安全、卫生等标准；

(4) 环境保护和环境质量方面的标准；

(5) 有关国计民生方面的重要产品标准等。

自标准实施之日起，至标准复审重新确认、修订或废止的时间，称为标准的有效期；又称标龄。由于各国情况不同，标准有效期也不同。以 ISO 为例，ISO 标准每 5 年复审一次，平均标龄为 4.92 年。我国在《国家标准管理办法》中规定国家标准实施 5 年，要进行复审，即国家标准有效期一般为 5 年。

产品标准是规定产品应该满足的要求，以确保产品适用性的标准。按照 ISO 对标准化对象的划分，产品标准是相对于过程标准和服务标准而言的一大类标准，与产品有关的标准都可以划入这一类别。

过程标准是规定过程应该满足的要求，以确保过程适用性的标准。按照 ISO 对标准化对象的划分，过程标准是相对于产品标准和服务标准而言的一大类标准，与过程有关的标准都可以划入这一类别。

试验标准是指与试验方法有关的标准，试验标准是规定试验过程的标准，是典型的写过程的标准。

试验标准与产品适用性要求的项目是一一对应的，与样品采取的方法关系密切。试验标准首先明确的是试验方法的适用范围，它的主要内容是规定详细的操作步骤，结果的计算方法，有效性的验证方法以及安全警示内容。

有时试验标准附有与测试有关的其他内容，例如简便的取样方法、统计方法的应用说明、当在一个样品上进行几项试验时，会说明各项试验之间的次序。试验标准是数量较多的标准，也是被引用频率较高的标准。

认证标准是供认证用的标准。所谓"认证"是由第三方对产品、过程或服务达到规定要求给出书面保证的程序。认证是专指第三方的合格评定程序。

ISO/IEC 指南 2 对"国际标准"的定义是：

"国际标准化（标准）组织正式表决批准的并且可公开提供的标准"。

国家质量监督检验检疫总局于 2001 年 12 月 4 日颁布的《采用国际标准管理办法》中规定：

"国际标准是指国际标准化组织（ISO）、国际电工委员会（IEC）和国际电信联盟（ITU）制定的标准，以及国际标准化组织确认并公布的其他国际组织制定的标准。"

根据这一规定，国际标准应包括两部分：一是由 ISO、IEC、ITU 这三大国际标准化组织制定的标准，分别称为国际标准化组织（ISO）标准、国际电工委员会（IEC）标准和国际电信联盟（ITU）标准；二是由 ISO 认可并在 ISO 标准目录上公布的其他国际组织制定的标准。目前，ISO 公布有 40 个国际组织制定的部分标准视为国际标准。

（1）按标准的表现形式划分　ISO、IEC 国际标准类文件共分为 6 类：国际标准、可公开提供的技术规范（PAS）、技术规范（TS）、技术报告（TR）、工业技术协议（ITA）和指南（GUIDE）。

（2）按标准的专业领域划分

① IEC 标准共分为 8 类　基础标准；原材料标准；一般安全、安装和操作标准；测量、控制和一般测试标准；电力的产生和利用标准；电力的传输和分配标准；电信和电子元件及组件标准；电信、电子系统和设备及信息技术标准。

② ISO 标准共分为 9 类　通用、基础和科学标准；卫生、安全和环境标准；工程技术标准；电子、信息技术和电信标准；货物的运输和分配标准；农业和食品技术标准；材料技术标准；建筑标准；特种技术标准。

国际标准的重要作用主要体现在以下三个方面：

（1）推行国际标准，有利于消除国际贸易中的技术壁垒，促进贸易自由化；

（2）推行国际标准，有利于促进技术进步，提高产品质量和效益；

（3）推行国际标准，有利于促进国际经济技术交流与合作。

域性组织都在制定和发布标准和技术规则。其中，国际标准化组织（ISO）、国际电工委员会（IEC）、国际电信联盟（ITU）开展国际标准化活动最为活跃，制定并发布标准和技术规则的数量最多，在国际上的影响最大。因此，可以说，ISO、IEC、ITU 是开展国际标准化活动的主体。

此外，ISO 还认可了与标准化有关的 40 个国际组织（含 ITU）制定的标准为国际标准。

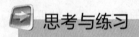 思考与练习

1. 说一说化工分析的任务。
2. 说一说化工分析的方法有哪些。
3. 结合自身谈谈如何学好化工分析技术。

项目一
样品的采取技术

化工分析的具体对象是大宗的物料，而实际用于分析和检测的物料只能是其中很少的一部分。显然这一部分物料必须代表大宗物料，和大宗物料极为相近的平均组成。若分析试样不能代表原始物料的平均组成，即使后面的分析操作很准确也是徒劳，期分析结果依然是不准确的。因此，用科学的方法采取供分析与检验测定的试样（即样品）是分析工作者的意向十分重要的工作。按照标准规定的方法，从一批物料中取出一定数目具有代表性的式样的操作过程叫做采样。采样的目的是采取能代表原始物料平均组成（即具有代表性）的分析试样。本项目将介绍各种状态样品的采样技术。

 学习目标

认知目标

1. 熟悉采样的专业术语，了解采样的目的和意义；

2. 掌握采样的基本原则和采样的基本程序，能够结合实际制定采样方案；

3. 了解各种采样工具和固态、液态、气态样品的采样技术。

情感目标

1. 培养学生认真、细心的化学分析人员基本素质；

2. 认识到采样在化工分析中的重要性；

3. 让学生感知化工分析工的辛苦，为将来的上岗做好预先的心理准备。

技能目标

1. 能正确选择和使用成用采样工具；

2. 能根据固体物料的存在转台确定采样方案，选择正确的采样方法采取样品；

3. 能够从贮存器、输送管道中采取液体样品；

4. 能采取常压下、正压下、负压下的气体样品。

知识准备

一、基本术语

（1）采样单元　具有界定的一定数量的物料。其界定可以使有形的，如一个容器；也可以是无形的，如某一时间或某一时间间隔。

（2）子样　也叫份样，指用采样器从一个采样单元中按照规定质量一次取出的一定物料。

（3）样品　从数量较大的单元中取得的一个或几个采样单元；祸从一个采样单元中取得的一个或几个份样。

（4）原始样品　合并所有子样所得的样品

（5）实验室样品　为送往实验室供分析用检验和测试而提供的样品。

（6）备考样品　与试验样品同时同样制备的、日后有可能作为实验室样品的样品。

（7）试样　由实验室样品制备的从中抽取出来的样品。

（8）部位样品　从物料特定部位活在无聊特定部位和时间去的一定数量或大小的样品。

（9）表面样品　在物料表面取得的样品。

二、工业物料的分类

化工分析的物料按其特性值得变异性类型可以分为均匀物料和不均匀物料两大类。不均匀物料又可细分，如图 1-1 所示。

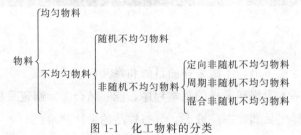

图 1-1　化工物料的分类

三、样品采取技术

采样的目的，是获得一个其组成和特性都能代表被采样的试验样品，或者说其试验结果能代表被采样批样品组成和特性的试验样品。

1. 样品采取的原则

采样的基本原则就是使得采取样品具有充分的代表性。

均匀物料的采样，原则上可以在物料的任意部位进行。但应该注意采样过程中不应该带入杂质，尽量避免物料因吸水、氧化等引起变化。

不均匀物料，通常采用随机采样。对所取得的样品分别进行测定，再汇总所有样品的检测结果，通过总体物料的特性平均值和变异性的估算量得到结果。

随机不均匀物料，可以采用随机采样，也可采用非随机采样。

定向非随机不均匀物料，要用分层采样法，并尽可能在不同特性值的各层中才出能代表该层物料的样品。

周期非随机不均匀物料，采用在物料流动线上采样，采样的频率用高于物料特性变化值的频率，切忌两者同步。

混合非随机不均匀物料，要先尽可能的分开各组成成分，然后按上述各种物料的采样方法进行采样。

2. 采样方案的制订

（1）确定采取的样品数　从每一个分析化验单位中采样时，应根据物料中杂质含量的高低、物料的颗粒度及物料的总量决定所采取子样的最少数目和每个子最小质量。

如果样品为散装物料，则当批量<2.5t 时，采样为 7 个单元；当批量为 2.5～80t 时，采样为 $\sqrt{批量(t) \times 20}$ 个单元（计算到整数）；当批量>80t 时，采样为 40 个单元。对于一般产品，可用多单元物料来处理，分两步进行采样：

① 选取一定数量的采样单元。

若总体物料的单元数<500，按表中规定确定；若总体物料的单元数>500，按公式确定。

② 对每个单元按物料特性值的变异性类型进行采样。

（2）确定采取的样品量　采样量至少要满足三次重复测定所需量；若需要留存备考样品时，则必须考虑含备考样品所需量；若还需对所采样品做制样处理时，则必须考虑加工处理所需量。

（3）确定采样方法　根据物料的种类、状态包装形式、数量和在生产中的使用情况，应使用不同的采样工具，按照不同的采样方法进行采样。

（4）采样记录　采样时应记录被采物料的状况和采样操作，如物料的名称、来源、编号、数量、包装情况、存放环境、采样部位、所采样品数和样品量、采样日期、采样人等。必要时可填写详细的采样报告。

（5）注意事项

① 采样前，应调查物料的货主、来源、种类、批次、生产日期、总量、包装堆积形式、运输情况、贮存条件、贮存时间、可能存在的成分逸散和污染情况，以及其他一切能揭示物料发生变化的材料。

② 采样器械可分为电动的、机械的和手工的三种类型。

③ 盛样容器要依分析项目和被检物料的性质而定。

④ 采样后要及时记录样品名称、规格型号、批号、等级、产地、采样基数、采样部位、采样人、采样地点、日期、天气、生产厂家名称及详细通信地址等内容。

⑤ 采集的样品应由专人妥善保管，并尽快送达指定地点，且要注意防潮、防损、防丢失和防污染。

⑥ 样品的交接一定要有文字记录，手续要清楚。

⑦ 采样地点要有出入安全的通道、照明和通风条件；贮罐或槽车顶部采样时要防止掉下来，还要防止堆垛容器的倒塌；如果所采物料本身有危险，采样前必须了解各种危险物质的基本规定和处理办法，采样时，需有防止阀门失灵、物料溢出的应急措施和心理准备。

⑧ 采样时必须有陪伴者，且需对陪伴者进行事先培训。

四、样品的留样和弃样

(1) 留样　采得的样品经处理后一般分为两份：一份供分析检测用；另一份留作备考。留样就是留取、贮存、备考样品。每份样品至少为检测需要量的三倍。留样的作用是用以考察分析人员监测数据可靠性等。

样品应专门存放防止错乱。处理好的样品转入容器后应及时贴上写有规定内容的标签。容器应该有符合要求的该、赛、阀门，在使用前必须洗净、干燥，材质必须不与样品物质发生反应，不能有渗透性，对见光易分解的物质，应该选用避光性容器盛放。

(2) 弃样　备样保存时间一般不超过 6 个月，根据实际需要、样品性质可适当延长或缩短。留样必须达到或超过贮存期后才可撤销，不得提前撤销。

对有毒、危险的样品的保存和撤销必须严格按照相关规定处理，切不可随处撤销。

任务一　固体试样采取

💡 任务目标

1. 认识固体采样的工具，学会选择采样工具；
2. 掌握固体采样的方法，能够根据物料的种类、性质来采取固体试样；
3. 掌握固体试样采样的技术，能制定一些简单的采样方案；
4. 学会制备固体样品。

💡 任务介绍

固体物料种类繁多，可以是各种坚硬的金属物料、矿物原料、天然产品，形状各异，可以是各种颗粒、膏状的化工产品或半成品，其均匀性很差。所以固体试样的采取应根据物料的种类、采样的原则，选择采样工具、制定采样方案、按照规定的采样方法进行操作，取得具有代表性的样品。

💡 任务解析

通过完成本任务，让学生学会固体试样的采集、制备等实际操作所需的一些基本理论。此任务的重点为固体试样的采取方案的制定，包括采样工具的选择、样品数和样品量的确定、采样方法的选择，同时也是任务的难点。教师可以通过实际案例分析、分组讨论等方式让学生能够积极参与到学习过程中，真正体现学生为学习主体的中心。

任务实施

一、认识采样工具

采取固体式样通常使用的工具有采样铲（如图 1-2 所示）、采样钻（如图 1-3 所示）、采样探子（如图 1-4 所示）、气动探子（如图 1-5 所示）和真空探子（如图 1-6 所示）等。

（1）采样铲　适用于从物料流中和静止物料（如运输工具中、物料堆中）等固体物料的人工采样。

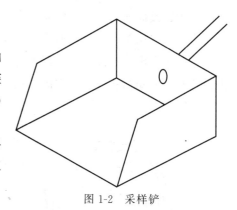

图 1-2　采样铲

（2）采样钻　适用于较坚硬的固体采样。关闭式采样钻是由一个金属圆桶和一个装在内部的旋转钻头组成，采样时，牢牢地握住外管，旋转中心棒，使管子稳固地进入物料，必要时可稍加压力，以保持均等的穿透速度。到达指定部位后，停止转动，提起钻头，反转中心棒，将所取样品移进样品容器中。

图 1-3　手动采样钻

（3）采样探子　适用于粉末、小颗粒、小晶体等固体化工产品采样。进行采样时，应按一定的角度插入物料，插入时，使槽口向下，把探子转动两三次，小心把探子抽回，并注意抽回时应保持槽口向上，再将探子内的物料倒入样品容器中。

图 1-4　采样探子

（4）气动探子和真空探子　适用于粉末和细小颗粒等松散物料的采样。

气动探子是由一根软管将一个装有电动空气提升泵的旋风集尘器和一个由两个同心管组成的探子连接而成，如图 1-5 所示。开启空气提升泵，使空气沿着两管之间的环形通路流至探头，并在探头产生气动而带起样品，同时使探针不断插入物料。

真空探子是由一个真空吸尘器通过装在采样管上的采样探针把物料抽入采样器中，探针由内管和一节套筒构成，一端固定在采样管上，另一端开口，如图 1-6 所示。

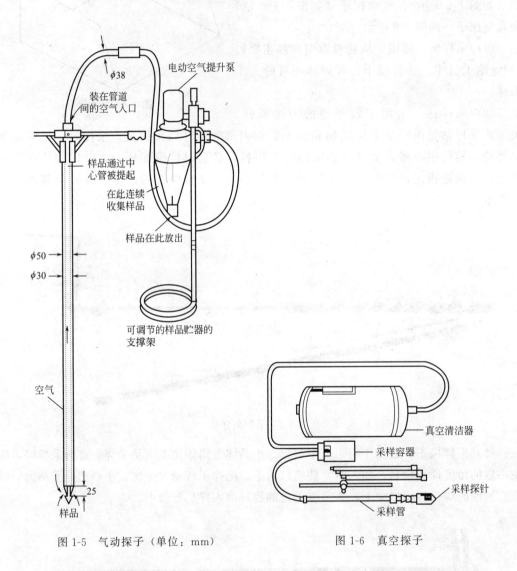

图 1-5　气动探子（单位：mm）　　　　　图 1-6　真空探子

二、制订采样方案

1. 确定采样的样品数

（1）单元物料　当总体物料的单元数小于 500 时，按表 1-1 的规定确定。

表 1-1 采样单元数规定

总体物料的单元数	选取的最少单元	总体物料的单元数	选取的最少单元
1~10		182~216	18
11~49	11	217~254	19
50~64	12	255~296	20
65~81	13	297~343	21
82~101	14	344~394	22
102~125	15	395~450	23
126~151	16	451~512	24
152~181	17		

当总体物料的单元数大于 500 时，按下列公式计算确定，即

$$n = 3 \times \sqrt[3]{N}$$

式中　n——选取的单元数；

　　　N——总体物料的单元数。

（2）散装物料

① 当批量少于 2.5t 时，采样单元为 7 个（或点）；

② 当批量在 2.5~80t 时，采样单元为 $\sqrt{批量(t) \times 20}$ 个，如遇有小数时，则进为整数；

③ 当批量大于 80t 时，采样单元为 40 个（或点）；

2. 确定采样的样品量

在满足需要的前提下，样品量越少越好，但其量至少应满足以下要求：

① 至少满足三次重复检测的需要；

② 当需要保留样品时，应满足保留样品的需求；

③ 对采得的样品物料如需做制样处理时，应满足加工处理的要求。

三、选择采样的方法

1. 从物料堆中采样的方法

根据物料堆的大小、物料的均匀程度和发货单位提供的基本信息等，核算应采集的子样数目及采集量，然后布点采样。

先将表层 0.2m 厚的部分用铲子除去，再以地面为起点，每间隔 0.5m 高处划一横线，每隔 1~2m 向地面划垂线，横线与垂线交点即为采样点，如图 1-7 所示。

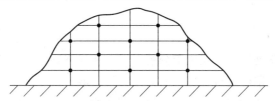

图 1-7 物料堆采样点的分布示意图

2. 物料流的采样方法

在物料流中采样，应先确定子样数目，再根据物料流量的大小及有效流过时间，均匀分布采样时间，调整采样器工作条件，一次横截物料流的断面采取一个子样。可用自动采样器、舌形铲等采样工具。注意从皮带运输机采样时，采样器必须紧贴皮带，不能悬空。

采样的时间间隔可按下式计算

$$T \leqslant \frac{60Q}{nG}$$

式中　T——采样时间间隔，min；

　　　Q——物料批量，t；

　　　n——子样数目；

　　　G——物料的流量，t/h。

3. 运输工具中的采样方法

从运输工具中采样时，应根据运输工具的不同，选择不同的布点方法。常用的运输工具是汽车、火车车皮或轮船等，发货单位在物料装车后，应立即采样，而用货单位除采用发货单位提供的样品外，还要根据需要布点采样。常用的布点方法为斜线三点法（图1-8）和斜线五点法（图1-9）。此外，还有18方块法（图1-10）、棋盘法（图1-11）、蛇形法（图1-12）、对角线法（图1-13）等。

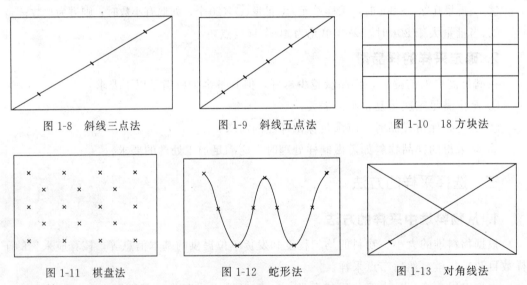

图1-8　斜线三点法　　　　　图1-9　斜线五点法　　　　　图1-10　18方块法

图1-11　棋盘法　　　　　图1-12　蛇形法　　　　　图1-13　对角线法

四、样品制备和保存

1. 样品的制备

原始试样经过制备处理，才能用于分析。液态和气态物料，因其易于混合，且采样量较少，只须充分混匀后即可进行分析；而固体物料一般都要经过样品的制备过程。我们将从实验室样品到分析试样的这一处理过程称为试样的制备。试样的制备一般包括破碎、筛分、混匀、缩分四个阶段。

（1）破碎　破碎是在制样过程中，用机械或人工方法减小试样粒度的过程。

破碎可分为粗碎、中碎、细碎和粉碎 4 个阶段。根据实验室样品的颗粒大小、破碎的难易程度，可采用人工或机械的方法逐步破碎，直至达到规定的粒度。

常用的破碎工具有颚式破碎机、辊式破碎机、圆盘破碎机、球磨机、钢臼、铁锤、研钵等。

在破碎过程中，要特别注意破碎工具的清洁和不能磨损，以防引入杂质；同时还要防止物料跳出和粉末飞扬，更不能随意丢弃难破碎的任何颗粒。

（2）筛分　粉碎后的物料要经过筛分，使其粒度满足分析要求。常用的筛子为标准筛，其材质一般为铜网或不锈钢网，如图 1-14 所示为不锈钢筛子。筛分方式有人工操作和机械振动两种。在筛分过程中，要注意可先将小颗粒物料筛出，而对于粒径大于筛号的物料不能弃去，应将其破碎至全部通过筛孔。

图 1-14　不锈钢筛子

（3）混匀　混匀是破碎、筛分后的样品混合均匀的过程，其方法有人工法和机械法。

① 人工法　人工法普遍采用堆锥法。将物料用铁铲堆成一圆锥体，再从圆锥对角贴底交互将物料铲起，堆成另一圆锥，注意每一铲物料都要由锥顶自然洒落。如此反复三次即可。

如果试样量很少，也可将试样置于一张四方塑料布或橡胶布上，抓住四角，两对角线掀角，使试样翻动，反复数次，即可将试样混匀。

② 机械法　将物料倒入机械混匀器中，启动机器，搅拌一段时间即可。

（4）缩分　缩分是在不改变物料的平均组成的情况下，按规定减少样品量的过程。常用的缩分方法由人工缩分和机械缩分。

① 人工缩分法

a. 堆锥四分法　堆锥四分法是最常用的人工缩分法，尤其是样品制备程序的最后一次缩分，基本都采用此法。将物料按堆锥法堆成圆锥体，用平板将其压成厚度均匀的圆台体，再通过圆心平分成四个扇形，取两对角继续进行破碎、混匀、缩分，直至剩余 100～500g，如图 1-15 所示。另一份则保存备查或弃去。

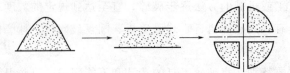

图 1-15　堆锥四分法缩分操作示意图

b. 棋盘法　棋盘法是将物料堆成一定厚度的均匀圆饼，用有若干个长宽各为 25～30mm 的铁皮格将物料圆饼分割成若干个小方块，再用平底小方铲每间隔一个小方块铲出一个小方块物料，将所有铲出的物料混匀后，继续进行破碎、混匀、缩分，直至剩余量达到要求，如图 1-16 所示。另一份则保存备查或弃去。

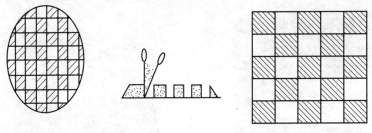

图 1-16　棋盘法缩分操作示意图

② 机械缩分法　分样器为中间有一个四条支柱的长方形槽，槽低并排焊着一些左右交替用隔板分开的小槽（一般不少于 10 个且须为偶数），在下面的两侧有承接样槽。将样品倒入后，即从两侧流入两边的样槽内，把样品均匀地分成两份，其中的一份弃去，另一份再进一步磨碎、过筛和缩分，如图 1-17 所示。另一份则保存备查或弃去。

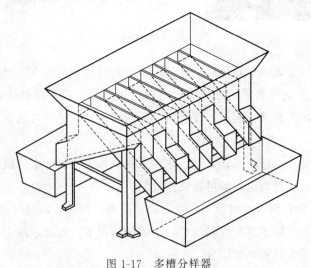

图 1-17　多槽分样器

2. 样品的保存

样品应用对样品呈惰性的包装材料（如塑料瓶、玻璃瓶）保存。贴上标签，标签上写明物料的名称、来源、编号、数量、包装情况、采样部位、所采样品数量、采样日期、采样人等。

 任务评价

任务考核评价表

评价项目	评价标准	评价方式			权重	得分小计	总分
		自我评价 0.1	小组评价 0.2	教师评价 0.7			
职业素质	1. 遵守实验室管理规定,严格操作程序。 2. 按时完成学习任务。 3. 学习积极主动、勤学好问				0.2		
专业能力	1. 能正确制订固体采样方案。 2. 实验操作正确、规范。 3. 采样结果准确符合要求				0.7		
协作能力	团队中所起的作用,团队合作的意识				0.1		
教师综合评价							

 拓展提高

固体试样的分解

分析试样经过采取制备后到对分析试样进行分析测定之前需要经过处理,其中最主要的是对分析试样进行分解。

1. 试样分解的一般原则

① 试样必须完全分解。

② 试样分解时,不应使待测组分会发损失。

③ 试样分解时,不得引入被测组分和对测定有干扰的物质。

2. 试样分解的方法

试样的分解方法根据试样的性质不同而不同,常用的有两大类:溶解法和熔融法。

(1)溶解法　溶解,通常理解为固态、液态和气态物质在低温下溶于适当的液体,包括发生或不发生化学反应。采用酸或碱溶液溶解试样是常用的办法。

① 水溶法　水是一种性质良好的溶剂,在采用溶解法分解试样时,应首先考虑以水溶法。碱金属盐、大多数的碱土金属盐、铵盐、无机酸盐(钡、铅的硫酸盐、钙的磷酸盐

除外）、无机卤化物（银、铅、汞的卤化物除外）等试样都可以用水溶法分解。

② 酸溶法　利用酸的酸性、氧化还原性或配位性等性质将试样中的被测组分转移到溶液中的方法，称酸溶法。常用的酸有盐酸、硝酸、硫酸、磷酸、氢氟酸和高氯酸等。

a. 盐酸（HCl）　HCl 具有酸性、还原性及氯离子的强配位性。主要用于溶解弱酸盐，某些氧化物，某些硫化物和比氢活泼的金属等。

易溶于盐酸的元素或化合物为：Fe、Ni、Cr、Co、Zn、普通钢铁、高铬铁、多数金属氧化物、硫化物、氢氧化物、碳酸盐、磷酸盐、硼酸盐、过氧化物、某些硅酸盐、水泥等。

不溶于盐酸的物质有：灼烧过的 Al、Be、Cr、Fe、Ti、Zn；Al_2O_3，Ta_2O_5，SnO_2，Sb_2O_5，Nb_2O_5 及 Th 的氧化物；磷酸锆、独居石、钇矿；锶、钡、铅的硫酸盐；碱土金属的氟化物等。

在密封增压的条件下升高温度（250～300℃），HCl 可以溶解灼烧过的 Al_2O_3，BeO，SnO_2 以及某些硅酸盐等。HCl 中加入 H_2O_2 或 Br_2 后溶剂更具有氧化性，可用于溶解铜合金和硫化物矿石等，并可同时破坏试样中的有机物。

b. 硝酸（HNO_3）　HNO_3 具有很强的酸性和氧化性，但配位能力很弱。除金、铂族元素及易被钝化的金属外，绝大部分金属能被 HNO_3 溶解。绝大多数的硫化物可以被 HNO_3 溶解。

很多金属浸入 HNO_3 时形成不溶的氧化物保护层，因而不被溶解，这些金属包括 Al、Cr、Be、Ga、In、Nb、Ta、Th、Ti、Zr 和 Hf。

W 与 HNO_3 反应后形成水合氧化沉淀。

c. 硫酸（H_2SO_4）　稀 H_2SO_4 不具备氧化性，而热的浓 H_2SO_4 具有很强的氧化性和脱水性。

稀 H_2SO_4 常用来溶解氧化物、氢氧化物、碳酸盐、硫化物及砷化物矿石，但不能溶解含钙试样。热的浓 H_2SO_4 可以分解金属及合金，如锑、氧化砷、锡、铅的合金等；另外几乎所有的有机物都能被其氧化。H_2SO_4 的沸点（338℃）很高，可以蒸发至冒白烟，使低沸点酸（如 HCl、HNO_3、HF 等）挥发除去，以消除低沸点酸对阴离子测定的干扰。

d. 磷酸（H_3PO_4）　H_3PO_4 在高温时生成焦磷酸和聚磷酸，具有很强的配位能力，可以分解合金钢和难溶矿石（如铬铁矿、铌铁矿、钛铁矿等）。

在钢铁分析中，常用 H_3PO_4 来溶解某些合金钢试样。

单独使用 H_3PO_4 分解试样的主要缺点是不易控制温度，如果温度过高，时间过长，H_3PO_4 会脱水并形成难溶的焦磷酸盐沉淀，使实验失败。因此，

H_3PO_4 常与 H_2SO_4 等同时使用，既可提高反应的温度条件，又可以防止焦磷酸盐沉淀析出。

e. 氢氟酸（HF）　HF 的酸性很弱，但配位能力很强。对于一般分解方法难于分解的硅酸盐，可以用 HF 作溶剂，在加压和温热的情况下很快分解。

HF 可以与 HNO_3、$HClO_4$、H_2SO_4、H_3PO_4 或混合使用，分解硅酸盐、磷矿石、银矿石、石英、铌矿石、富铝矿石和含铌、锗、钨的合金钢等试样。

HF 具有毒性和强腐蚀性，分析人员分解试样时必须在有防护工具和通风良好的环境下进行操作。

试样分解要在铂器皿或聚四氟乙烯材质的容器中进行。

f. 高氯酸（$HClO_4$） 稀 $HClO_4$ 没有氧化性，仅具有强酸性质；浓 $HClO_4$ 在常温时无氧化性，但在加热时却具有很强的氧化性和脱水能力。热的浓 $HClO_4$ 几乎能与所有金属反应，生成的高氯酸盐大多数都溶于水。分解钢或其他合金试样时，能将金属氧化为最高的氧化态（如把铬氧化为 $Cr_2O_7^{2-}$，硫氧化为 SO_4^{2-}），且分解快速。

$HClO_4$ 的沸点（203℃）较高，可以蒸发至冒白烟，使低沸点酸挥发除去，且残渣加水后易溶解。

热的浓 $HClO_4$ 遇有机物会爆炸，因此当待分解试样中含有机物时，应先用浓 HNO_3 蒸发破坏有机物，再用 $HClO_4$ 分解。

③ 碱溶法

a. NaOH 溶解法 某些酸性或两性氧化物可以用稀 NaOH 溶液溶解，如 20％～30％ 的 NaOH 溶液能分解铝和铝合金；而某些钨酸盐、磷酸锆和金属氮化物等，可以用浓的氢氧化物分解。

b. 碳酸盐分解法 浓的碳酸盐溶液可以用来分解硫酸盐，如 $CuSO_4$、$PbSO_4$ 等。

c. 氨分解法 利用氨的配位作用，可以分解 Cu、Zn、Cd 等化合物。

（2）熔融法 利用酸性或碱性熔剂与试样在高温下进行分解，使待测成分转变为可溶于水或酸的化合物，称为熔融法。

分解能力强、效果好，操作麻烦，且易引入杂质或使组分丢失。熔融法一般用来分解那些难溶解的试样。

① 酸熔法 常用的酸性熔剂是焦硫酸钾（$K_2S_2O_7$）。

$K_2S_2O_7$ 在 450℃ 以上开始分解，产生的 SO_3 对试样有很强的分解作用，可与金属氧化物生成可溶性盐。因此，Al_2O_3、Fe_2O_3、Cr_2O_3、TiO_2、ZnO_2 等矿石及中性、碱性耐火材料都可以用 $K_2S_2O_7$ 熔融分解。$K_2S_2O_7$ 不能用于硅酸盐系统的分析，因为其分解不完全，往往残留少量黑残渣；但可以用于硅酸盐的单项测定，如测定 Fe、Mn、Ti 等 $KHSO_4$ 在加热时发生分解，得到 $K_2S_2O_7$，因此可以代替 $K_2S_2O_7$ 作为酸性熔剂使用。

$$2KHSO_4 \longrightarrow K_2S_2O_7 + H_2O \uparrow$$

熔融器皿可用瓷坩埚，也可用铂皿，但稍有腐蚀。

② 碱熔法 常用的碱性熔剂有碳酸钠、碳酸钾、氢氧化钠、过氧化钠、硼砂和偏硼酸锂等。

a. 碳酸钠或碳酸钾（Na_2CO_3 或 K_2CO_3） Na_2CO_3 常用于分解矿石试样，如硅酸盐，氧化物，磷酸盐和硫酸盐等。经熔融后，试样中的金属元素转化为溶于酸的碳酸盐或氧化物，而非金属元素转化为可溶性的钠盐。Na_2CO_3 的熔点为 851℃，常用温度为 1000℃ 或更高。$Na_2CO_3 + S$ 是一种硫化熔剂，用于分解含砷、锡、锑的矿石，使它们转化成可溶性的硫代酸盐。如分解锡石的反应：

$$2SnO_2 + 2Na_2CO_3 + 9S \longrightarrow 2Na_2SnS_3 + 3SO_2 \uparrow + 2CO_2 \uparrow$$

Na_2CO_3 和 K_2CO_3 摩尔比为 1:1 的混合物称作碳酸钾钠，熔点只有 700℃ 左右，可以在普通煤气灯下熔融。

熔融器皿宜用铂坩埚。但用含硫混合熔剂时会腐蚀铂皿，应避免采用铂皿，可用铁或镍坩埚。

b. 氢氧化钠（NaOH）　NaOH 是低熔点熔剂，NaOH 的熔点为 318℃，常用温度为 500℃左右，常用于分解硅酸盐、碳化硅等试样。

因 NaOH 易吸水，熔融前要将其在银或镍坩埚中加热脱水后再加试样，以免引起喷溅。熔融器皿常用铁、银（700℃）和镍（600℃）坩埚。

c. 过氧化钠（Na_2O_2）　Na_2O_2 是强氧化性、强腐蚀性的碱性熔剂，常用于分解难溶解的金属、合金及矿石，如铬铁、钛铁矿、锆石、绿柱石，Fe、Ni、Cr、Mo、W 的合金和 Cr、Sn、Zr 的矿石等。

熔融器皿为 500℃ 以下用铂坩埚，600℃ 以下用锆和镍坩埚，也常用铁、银和刚玉坩埚。

d. 硼砂（$Na_2B_4O_7$）　$Na_2B_4O_7$ 在熔融时不起氧化作用，也是一种有效熔剂。

使用时通常先脱水，再与 Na_2CO_3 以 1∶1 研磨混匀使用。主要用于难分解的矿物，如刚玉、冰晶石、锆石等。熔融器皿一般为铂坩埚。

e. 偏硼酸锂（$LiBO_2$）　$LiBO_2$ 熔融法是后发展起来的方法，其熔样速度快，可以分解多种矿物、玻璃及陶瓷材料。

市售偏硼酸锂（$LiBO_2 \cdot 8H_2O$）含结晶水，使用前应先低温加热脱水。

熔融器皿可以用铂坩埚，但熔融物冷却后黏附在坩埚壁上，较难脱坩和被酸浸取，最好用石墨作坩埚。

（3）半熔法（烧结法）　半熔法是将试样同溶剂在尚未熔融的高温条件下进行烧结，这时试样已能同熔剂发生反应，经过一定时间后，试样可以分解完全。

在半溶法中，加热时间较长，温度较低，坩埚材料的损耗相当小。

① Na_2CO_3-ZnO 烧结法　此方法是以 Na_2CO_3-ZnO 作熔剂，于 800～850℃分解试样，常用于煤或矿石中全硫量的测定。在烧结时，因为 ZnO 的熔点高，使整个混合物不能熔融，在碱性条件下，硫被空气氧化成硫酸根，用水浸出后，就可以进行测定。反应在瓷坩埚或刚玉坩埚中进行。

② $CaCO_3$-NH_4Cl 烧结法　此方法分解能力强，也称斯密特法，常用于测定硅酸盐中钾、钠的含量。如分解长石（$KAlSi_3O_8$）时，熔剂与试样在 750～800℃烧结。反应通常在瓷坩埚中进行。

$$2KAlSi_3O_8 + 6CaCO_3 + 2NH_4Cl \longrightarrow 6CaSiO_3 + Al_2O_3 + 2KCl + 6CO_2 \uparrow + 2NH_3 \uparrow + H_2O \uparrow$$

（4）消化法　消化法是分解有机试样最常用的方法之一，分为湿法消化法和高温灰化法。

① 湿法消化法　湿法消化法是有机试样最常用的消化方法，也称湿灰化法。其实质是用强氧化性酸或强氧化剂的氧化作用破坏有机试样，使待测元素以可溶形式存在。

基本方法是：称取预处理过的试样于玻璃烧杯（或石英烧杯或聚四氟乙烯烧杯）中，加入适量消化剂，在 100～200℃下加热以促进消化，待消化液清亮后，蒸发剩余的少量液体，用纯水洗出，定容后即可进行原子吸收法测定。

湿法消化法中最常用的试剂是 HNO_3、$HClO_4$、H_2SO_4 等强氧化性酸及 H_2O_2、$KMnO_4$ 等氧化性试剂。

在消化过程中避免产生易挥发性的物质及有新的沉淀形成，大多采用以一定比例配制的混合酸。例如，HNO_3：$HClO_4$：H_2SO_4＝3：1：1的混合酸适于大多数的生物试样的消化。

湿法消化法处理试样的优点是设备简单、操作方便，待测元素的挥发性较灰化法小，因此是目前最常用的处理方法。但湿法消化法加入试剂量大，会引入杂质元素，空白值高，这是其主要缺点。

在湿法消化中，通常采用电炉或沙浴电炉进行加热，但温度不易准确控制，劳动强度大，效率低。而自控电热消化器，温度可自行设定，自动控制恒温，保温性好，一批可同时消化 40～60 个样品，对消化有机试样效果较理想。

② 高温灰化法　高温灰化法是利用热能分解有机试样，使待测元素成为可溶状态的处理方法。

其处理过程是准确称取 0.5～1.0g 试样（有些试样要经过预处理），置于适宜的器皿中，然后置于电炉进行低温碳化，直至无冒烟。再放入马弗炉中，由低温升至 375～600℃左右（视样品而定），使试样完全灰化（试样不同，灰化的温度和时间也不相同）。冷却后，灰分用无机酸洗出，用去离子水稀释定容后，即可进行待测元素原子吸收法测定。

操作比较简单，适宜于大量试样的测定，处理过程中不需要加入其他试剂，可避免污染试样。

在灰化过程中，引起易挥发待测元素的挥发损失、待测元素粘壁及滞留在酸不溶性灰粒上的损失。为克服灰化法的不足，在灰化前加入适量的助灰化剂，可减少挥发损失和粘壁损失。

常见的灰化剂有：MgO、$Mg(NO_3)_2$、HNO_3、H_2SO_4 等。其中 HNO_3 起氧化作用，加速有机物的破坏，因而可适当降低灰化温度，减少挥发损失；而 H_2SO_4 能使挥发性较大的氯酸盐转化为挥发性较小的硫酸盐，起到改良剂的作用。

最常用的适宜坩埚是铂坩埚、石英坩埚、瓷坩埚、热解石墨坩埚等。

 思考与练习

1. 简述采样的目的是什么？
2. 什么叫子样，平均原始试样？子样的数目和最少质量决定于什么因素？
3. 采样时注意哪些安全的问题？
4. 固体试样的采样程序包括哪三个方面？
5. 如何确定固体试样的采样数和采样的量？
6. 样品的制备有什么要求？
7. 如何制备固体试样？

任务二　液体试样采取

任务目标

1. 了解液体试样的样品类型；
2. 认识液体试样采样的工具，能够正确选择工具；
3. 能够初步进行液体试样的采集。

任务介绍

液体物料具有流动性，组成比较均匀，宜采得均匀样品的特点。在生产中，液体物料还有常温、高温、低温的状态，而不同的液体物料他的相对密度、黏度、刺激性、腐蚀性等也有不同，所以采样时既要注意技术要求，又要注意人身安全。采样前要根据液体物料贮存和运输容器的情况和物料的种类选择采样工具和确定采样工具。同时还要做好预检，为采样提供充足的信息。

任务解析

液态试样的采样任务是比较复杂的。本任务主要介绍液体试样的采取技术。包括采样工具、采样方法、采样注意事项。最终的目标是能够在实际生产中采取液体物料的试样。通过完成任务，让学生亲自动手操作，进一步学习液态试样采取的相关知识。

任务实施

一、介绍样品的类型

1. 部位样品

从物料的特定部位或在物料流的特定部位和时间采得的一定数量或大小的样品。它是代表瞬时或局部环境的一种样品，如图1-18所示。

2. 表面样品

在物料表面采得的样品，以获得关于此物料表面的资料，如图1-18所示。

3. 底部样品

在物料的最低点采得的样品，以获得关于此物料在该部位的资料，如图1-18所示。

4. 上部样品

在液面下相当于一定体积（总体积的1/6）的深处采得的一种部位样品，如图1-18所示。

5. 中部样品

在液面下相当于总体积一半的深处采得的一种部位样品，如图1-18所示。

6. 下部样品

在液面下相当于一定体积（总体积的5/6）的深处采得的一种部位样品，如图1-18所示。

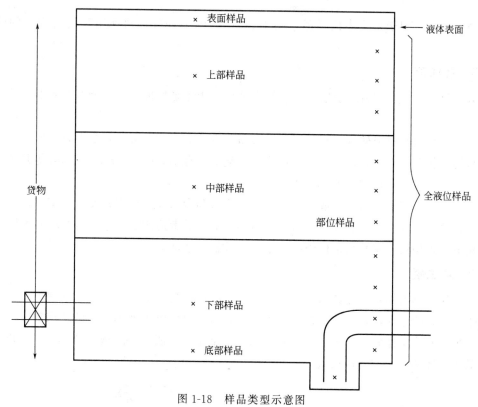

图 1-18　样品类型示意图

二、认识采样工具

1. 采样勺

采样勺用金属或塑料（要求不能与被采物料发生化学反应）制成，有表面样品采样勺、混合样品采样勺和采样杯三种，如图 1-19 所示。

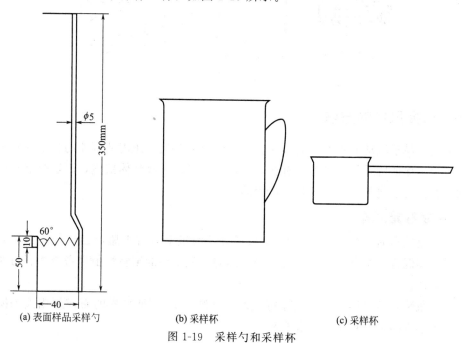

(a) 表面样品采样勺　　　　　(b) 采样杯　　　　　(c) 采样杯

图 1-19　采样勺和采样杯

图 1-19(a) 用于采集表面样品,图 1-19(b)、图 1-19(c) 两种用于均匀物料的随机采样。

2. 采样管

采样管用玻璃、塑料或金属制成,两端开口,用于采集桶、罐、槽车等容器内的液体物料。

(1) 玻璃或塑料采样管　管长为 1200mm,内径 15～25mm,上端为圆锥形尖口或套有一与管径相配的橡胶管,以便用手按住;小端直径有 1.5mm、3mm、5mm 等几种,采样时视物料黏度而定,黏度大则选用大直径的采样管。

(2) 金属采样管　分铝(或不锈钢)制采样管和铜(或不锈钢)制双套筒采样管。

前者适于采集贮罐或槽车中的低黏度液体样品,后者适用于采集桶装黏度较大的液体和黏稠液、多相液。双套筒采样管配有电动搅拌器和清洁器。

3. 采样瓶

(1) 玻璃(或铜制)采样瓶　一般为 500mL 玻璃瓶 [见图 1-20(a) 和图 1-20(b)],适用于贮罐、槽车采样,玻璃采样瓶套上加重铅锤,以便沉入液体物料的较深部位。

(2) 可卸式采样瓶　如图 1-20(c) 所示。加重型采样瓶、底阀型采样器等,液化气的采样常用采样钢瓶和金属杜瓦瓶。

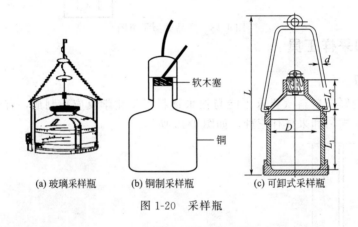

(a) 玻璃采样瓶　　(b) 铜制采样瓶　　(c) 可卸式采样瓶

图 1-20　采样瓶

三、选择采样的方法

在常温下易于流动的单相均匀液体。但要验证其均匀性还需从容器的各个部位采样进行检验。为了保证所采得的样品具有代表性,必须采取一些具体措施,而这些措施取决于被采物料的种类、包装、贮运工具及运用的采样方法。

1. 件装容器采样

(1) 小瓶装产品(25～500mL)　按采样方案随机采得若干瓶产品,各瓶摇匀后分别倒出等量液体混合均匀作为样品。也可分别测得各瓶物料的某特性值以考查物料特性值的变异性和均值。

(2) 大瓶装产品(1～10L)和小桶装产品(约 19L)　被采样的瓶或桶用人工搅拌或摇匀后,用适当的采样管采得混合样品。

（3）大桶装产品（X200L）　在静止情况下用开口采样管采全液位样品或采部位样品混合成平均样品。在滚动或搅拌均匀后，用适当的采样管采得混合样品。如需知表面或底部情况时，可分别采得表面样品或底部样品。

2. 贮罐采样

（1）立式圆形贮罐采样

① 从固定采样口采样　在立式贮罐侧壁安装上、中、下采样口并配上阀门。当贮罐装满物料时，从各采样口分别采得部位样品。由于截面一样，所以按等体积混合三个部位样品成为平均样品。如罐内液面高度达不到上部或中部采样口时，建议按下列方法采得样品：如果上部采样口比中部采样口更接近液面，则从中部采样口采 2/3 样品，而从下部采样口采 1/3 样品。如果中部采样口比上部采样口更接近液面，从中部采样口采 1/2 样品，从下部采样口采 1/2 样品。如果液面低于中部采样口，则从下部采样口采全部样品。如贮罐无采样口而只有一个排料口，则先把物料混匀，再从排料口采样。

② 从顶部进口采样　把采样瓶或采样罐从顶部进口放入，降到所需位置，分别采上、中、下部位样品，等体积混合成平均样品或采全液位样品。也可用长金属采样管采部位样品或全液位样品。

（2）卧式圆柱形贮罐采样　在卧式贮罐一端安装上、中、下采样管，外口配阀门。采样管伸进罐内一定深度，管壁上钻直径 2～3mm 的均匀小孔。当罐装满物料时，从各采样口采上、中、下部位样品并按一定比例（见表 1-2）混合成平均样品。当罐内液面低于满罐时液面，建议根据表 1-2 所示的液体深度用采样瓶、罐、金属采样管等从顶部进口放入，降到表 1-2 上规定的采样液面位置采得上、中、下部位样品，按表 1-2 所示比例混合成为平均样品。当贮罐没有安装上、中、下采样管时，也可以从顶部进口采得全液位样品。贮罐采样要防止静电危险，罐顶部要安装牢固的平台和梯子

3. 槽车和船舱采样

（1）槽车采样（火车和汽车槽车）

① 从排料口采样　在顶部无法采样而物料又较为均匀时，可用采样瓶在槽车的排料口采样。

② 从顶部进口采样　用采样瓶、罐或金属采样管从顶部进口放入槽车内，放到所需位置采上、中、下部位样品并按一定比例混合成平均样品。由于槽车罐是卧式圆柱形或椭圆柱形，所以采样位置和混合比例按表 1-2 所示进行。也可采全液位样品。

表 1-2　卧式圆柱形贮罐采样部位和混合比例

液体深度（直径百分比）	采样液位(离底直径百分比)			混合样品时相应的比例		
	上	中	下	上	中	下
100	80	50	20	3	4	3
90	75	50	20	3	4	3
80	70	50	20	2	5	3
70		50	20		6	4
60		50	20		5	5

液体深度	采样液位(离底直径百分比)			混合样品时相应的比例		
(直径百分比)	上	中	下	上	中	下
50		40	20		4	6
40			20			10
30			15			10
20			10			10
10			5			10

（2）船舱采样　把采样瓶放入船舱内降到所需位置采上、中、下部位样品，以等体积混合成平均样品对装载相同产品的整船货物采样时，可把每个舱采得的样品混合成平均样品。当舱内物料比较均匀时可采一个混合样或全液位样作为该舱的代表性样品。以上采样都要防静电危险，用铜制采样设备或让被采样容器接地泄放静电后采样。

4. 从输送管道采样

（1）从管道出口端采样　周期性地在管道出口端放置一个样品容器，容器上放只漏斗以防外溢。采样时间间隔和流速成反比，混合体积和流速成正比。

（2）探头采样　如管道直径较大，可在管内装一个合适的采样探头。探头应尽量减小分层效应和被采液体中较重组分下沉。良好的探头需具备以下条件：

① 均相和随机不均匀液体常用孔径约12mm的管安装在管壁上，伸进管中心弯曲90°管口面对液流，45°斜口。

② 非均相和不均匀液体采样时探头应安放在雷诺数为2000以上的紊流面上，探头的前方放一个阻流混合装置。

（3）自动管线采样器采样　当管线内流速变化大，难以用人工调整探头流速接近管内线速度时，可采用自动管线采样器采样。

（4）管道采样分为与流量成比例的试样和与时间成比例的试样

① 流速变化大于平均流速10%时，按流量比采样，如表1-3所示。

表 1-3　与流量成比例的采样规定

输送数量/m³	采 样 规 定
不超过 1000	在输送开始和结束时各一次
超过 1000～10000	开始一次，以后每间隔 1000m² 一次
超过 10000	开始一次，以后每间隔 2000m² 一次

② 流速较平稳时，按时间比采样，如表1-4所示。

表 1-4　与时间成比例的采样规定

输送时间/h	采 样 规 定
不超过 1	在输送开始和结束时各一次
超过 1～2	在输送开始、中间、和结束时各一次
超过 2～24	在输送开始时一次，以后每间隔 1h 一次
超过 24	在输送开始时一次，以后每间隔 2h 一次

四、注意事项

（1）样品容器必须清洁、干燥、严密，采样设备必须清洁、干燥、不能用与被采取物料起化学作用的材料制造，采样过程中防止被采物料受到环境污染和变质。

（2）样品的缩分

一般原始样品量大于实验室样品需要量，因而必须把原始样品量缩分成两到三份小样。一份送试验室检测，一份保留，在必要时封送一份给买方。

（3）样品标签和采样报告

样品装入容器后必须立即贴上标签，在必要时写出采样报告随同样品一起提供。

（4）样品的贮存

① 对易挥发物质，样品容器必须有预留空间，需密封，并定期检查是否泄漏。

② 对光敏物质，样品应装入棕色玻璃瓶中并置于避光处。

③ 对温度敏感物质，样品应贮存在规定的温度之下。

④ 对易和周围环境物起作用的物质，应隔绝氧气、二氧化碳和水。

⑤ 对高纯物质应防止受潮和灰尘浸入。

 任务评价

任务考核评价表

评价项目	评价标准	评价方式			权重	得分小计	总分
		自我评价	小组评价	教师评价			
		0.1	0.2	0.7			
职业素质	1. 遵守实验室管理规定,严格操作程序。 2. 按时完成学习任务。 3. 学习积极主动、勤学好问				0.2		
专业能力	1. 能正确制订液体采样方案。 2. 实验操作正确、规范。 3. 采样结果准确符合要求				0.7		
协作能力	团队中所起的作用,团队合作的意识				0.1		
教师综合评价							

拓展提高

样品前处理技术

在分析化学发展的过程中，样品前处理技术一直没有受到重视，相对于现代分析技术的快速发展，样品前处理技术以及仪器的发展滞后并制约了分析化学的发展，在过去的很多年中，分析化学的发展集中在研究分析方法的本身：如何提高灵敏度、选择性以及分析速度；如何应用物理、化学、生物学等方面的理论来发展新的分析方法与技术，以满足新技术对分析化学提出的新目标与高要求；如何采用新技术的成果改进分析仪器的性能、速度以及自动化的程度。长期以来忽视对前处理方法与技术的研究，是样品前处理技术成为制约分析化学发展的瓶颈。

现代分析化学所面临的样品性质的复杂程度是前所未有的，分析的对象不仅包括气、液、固相中的所有物质，而且往往以多相形式存在；其组成不但复杂，而且测定的时往往相互干扰；同时被检测物的浓度要求越来越低，稳定性随时变化，因而给分析带来了一系列困难，尤其是各种环境与生物样品采集后直接进行的可能性很小，一般都要经过样品制备与前处理以后才能测定

一个完整的样品分析过程，从采样开始到写出分析报告，大致可以分为 4 个步骤：样品采集、样品前处理、分析检测、数据处理与报告结果。统计结果表明，这个步骤中样品前处理占用了相当多的时间，有的甚至可以占有全程时间的 70%，甚至更多；比样品本身的检测分析多近一半的时间。因此近些年来样品前处理方法和技术的研究引起了分析学家的关注。各种新技术与新方法的探索与研究已经成为当代分析化学的重要课题与发展方向之一，快速、简便、自动化的前处理技术不仅省时、省力，而且可以减少由于不同人员操作以及样品多次转移带来的误差，同时可以避免使用大量有机溶剂并减少对环境的污染，样品前处理技术的深入研究必将对分析化学的发展起到积极的推动作用。

气体、液体或固体样品大多数情况下都必须经过处理才能进行分析测定。特别是许多复杂样品以多相非均一态的形式存在，如大气中所含油气溶胶和浮尘，废水中含有的乳液、固体微粒与悬浮物，土壤中的水分、微生物、石块等。所以，复杂的样品必须经过前处理后才能进行分析测定，样品前处理的目的如下。

（1）浓缩痕量的被测组分，提高方法的灵敏度，降低检测限；

（2）去除样品中的基体与其他干扰物质；

（3）通过衍生化以其他反应，使被测物转化成为检测灵敏度更高的物质或转化为与样品中干扰组分能够分离的物质，提高方法的灵敏度和选择性

（4）浓缩样品的质量与体积，便于运输与保存，提高样品的稳定性，使之不受空气的影响

（5）保护分析仪器以及测试系统，以免影响一起的性能以及寿命

对样品的前处理，首先可以起到浓缩被测痕量组分的作用，从而提高方法的灵敏度，

降低检测限。因为样品中待测物质浓度往往很低，难以直接测定，经过前处理富集后，就很容易用于各种仪器分析测定，从而降低了测定方法的检测限。其次可以消除基体对测定的干扰，提高方法的灵敏度，否则基体产生的信号将部分或完全掩盖痕量被测物的信号，不但对选择分析方法最佳操作条件的要求有所提高，而且增加了测定的难度，容易带来较大的测量误差，通过衍生化的前处理方法，可以使一些在通常检测器上没用响应或响应值较低的化合物转化为响应值高的化合物。衍生化通常还用于改变被测物的性质，提高被测物与基体或其他干扰物的分离度，从而达到改善方法灵敏度与选择性的目的，此外，样品经前处理以后容易保存或运输，而且可以使被测组分保持相对的稳定，不容易发生变化。最后，通过样品前处理可以除去对仪器或分析系统有害的物质，如强酸或强碱性物质、生物分子等，从而延长仪器的使用寿命，使分析测定能长期的保持稳定、可靠的状态下进行。

有人说"选择一种合适的样品前处理方法，就等于完成了分析工作的一半"，这恰如其分地道出了样品前处理的重要性。对于一个具体样品，如何从众多的方法中选择合适的呢？迄今为止，没有同一种样品前处理方法能完全适合不同的样品或不同的被测对象。即使同一种被测物，所处的样品与条件不同，可能要采用的前处理方法也不同。所以对于不同样品中的分析对象要进行具体分析，确定最佳方案，一般来说，评价样品前处理方法选择是否合理，下列各项准则是必须考虑的。

（1）是否能最大限度地去除影响测定的干扰物。这是衡量前处理方法是否有效的指标，否则即使方法简单、快速也无济于事。

（2）被测组分的回收率是否高。回收率不高通常伴随着结果的重复性比较差，不但影响到方法的灵敏度和准确度，而且最终使低浓度的样品无法测定，因为浓度越低，回收率往往也越差。

（3）操作是否简便、省时。前处理方法的步骤越多，多次转移引起的样品损失就越大，最终的误差也越大。

（4）成本是否低廉。尽量避免使用昂贵的仪器与试剂。当然，对于目前发展的一些新型高效、快速、简便、可靠而且自动化程度很高的样品前处理技术，尽管使用有些仪器的价格较为昂贵，但是与其产生的效益相比，这种投资还是值得的。

（5）是否影响人体健康及环境。应尽量少用或不用污染环境或影响人体健康的试剂，即使不可避免，必须使用时也要回收循环利用，将其危害降至最低。

（6）应用范围尽可能广泛。尽量适合各种分析测试方法，甚至联机操作，便于过程自动化。

（7）是否适用于野外或现场操作。

由于传统的样品前处理方法存在诸多问题和缺点，近年来，分析工作者改进并创新了一系列的样品前处理技术，包括各种前处理新方法与新技术的研究以及这些技术与分析方法在线连用设备的研究两个方面。如液-液微萃取、自动索氏提取、吹扫捕集、微波辅助萃取、超临界流体萃取，超声波萃取、固相萃取、固相微萃取、顶空法、膜萃取、加速溶剂萃取等，这些新技术的共同点是：所需时间短，消耗溶剂量少，操作简便，能自动在线处理样品，精密度高等，这些前处理方法有各自不同的应用范围和前景。

按照样品形态来分，样品前处理技术主要分为固体前处理技术、液体前处理技术及气体的前处理技术。

近年来发展较快的样品前处理技术有超临界流体萃取法、固相微萃取法、液膜萃取法、微波辅助萃取法等，特别是为了解决传统分析中溶剂带来的不良影响，无溶剂或少溶剂样品前处理方法发展比较快。根据萃取相的状态，无溶剂样品前处理方法主要分为气象萃取法、膜萃取法和吸附取法。气象萃取法包括定空萃取法、超临界流体萃取法，膜萃取法法分低压气象洗脱盒高压气象洗脱两种方式，吸附萃取法包括固相萃取法盒固相微萃取法。

 思考与练习

1. 液体试样采样的工具有哪些？
2. 如何在贮罐和槽车中采取液体试样？
3. 采取液体样品时，如何在运输管道中取样？
4. 如何采取黏稠液体样品？

任务三　气体试样采取

任务目标

1. 认识气体采样的装置组成部分和各部分的作用；
2. 掌握气体采样的采样方法，学会正确选择气体采样方法；
3. 能采取不同状态的气体样品。

任务介绍

气体物料易于通过扩散和湍流而混合均匀，成分上的不均匀性一般都是暂时的，因此容易取得具有代表性的样品。但是由于气体具有压力、易于渗透、以被污染和难以贮存等特性，在实际生产中工业气体物料还有动态、静态、常压、正压、负压、高温、常温等的区别，求许多具有腐蚀性、刺激性。采样时要十分注意技术和人身安全。

任务解析

气体采样属于比较困难的采样。由于气体采样的方法多，采样工具复杂，再加上气体的性质特点，所以气体的采样任务是非常难以掌握的。本任务通过介绍采样的设备、采样的方法、采样应注意的事项等内容，通过完成任务，让学生对气体的采样技术有一个感性的认识是为后面学习气体的分析做好基础。本任务可以通过学生完成任务书，自己来归纳所要学习的知识。

❤ 任务实施

一、认识采样设备

采集气体试样的设备和器具主要包括：采样器、导管、样品容器、预处理装置、调节压力和流量的装置、吸气器和抽气泵等。

1. 采样器

采样器是一类用专用材料制成的采样设备，常见的有硅硼玻璃采样器、金属采样器和耐火采样器等。

硅硼玻璃采样器在温度超过 450℃时，不能使用。

耐火采样器通常用透明石英、瓷、富铝红柱石或重结晶的氧化铝制成，其中石英采样器可在 900℃以下长期使用，其他耐火采样器可在 1100～1990℃的温度范围内使用。

2. 导管

采集气体试样所用的导管有不锈钢管、碳钢管、铜管、铝管、特制金属软管、玻璃管、聚四氟乙烯管、聚乙烯管和橡胶管等。高纯气体的采集和输送要用不锈钢管或铜管，而不能用塑料管和橡胶管。

3. 样品容器

（1）玻璃容器　常见的玻璃容器有两头带活塞的采样管、带三通的玻璃注射器和真空采样瓶，如图 1-21 所示。

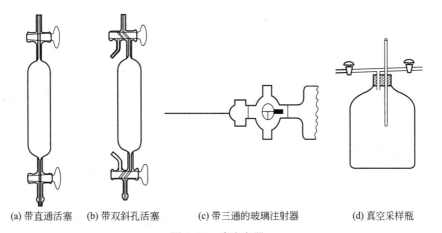

(a) 带直通活塞　　(b) 带双斜孔活塞　　(c) 带三通的玻璃注射器　　(d) 真空采样瓶

图 1-21　玻璃容器

（2）金属钢瓶　金属钢瓶按材质可分为碳钢瓶、不锈钢瓶和铝合金瓶三类；按结构可分为两头带针形阀的和一头带针形阀的两类。常用的小钢瓶容积一般为 0.1～5L，分耐中压和高压两类。钢瓶必须定期做强度试验和气密性试验，以保证安全。

（3）吸附剂采样管　吸附剂采样管按吸附剂的不同，分活性炭采样管和硅胶采样管。

（4）球胆　用橡胶制成的球胆在采样要求不高时，可以用来采集气体样品。采样前至少要用样品气吹洗球胆3次以上，待干净后方可采样；因球胆易吸附烃类等气体，易渗透氢气等小分子气体，故气样放置后其成分会发生改变，采样后应立即分析。

（5）塑料袋和复合膜气袋　塑料袋是用聚乙烯、聚丙烯、聚四氟乙烯、聚全氟乙丙烯和聚酯等薄膜制成的袋状取样容器。复合膜气袋是由两种不同的薄膜压粘在一起形成的复合膜制成的袋状取样容器，适用于采集贮存质量较高的气体。

4. 预处理装置

气体样品的预处理包括过滤、脱水和改变温度等，目的是使气体样品符合某些分析仪器和分析方法的要求。

分离气体中的固体颗粒、水分或其他有害物质的装置是过滤器和冷阱（见图1-22）。过滤器由金属、陶瓷或天然纤维与合成纤维的多孔板制成；冷阱是一些几何形状各异的容器，其温度控制在零上几度，当难凝气体慢慢通过时，水分即被脱去。

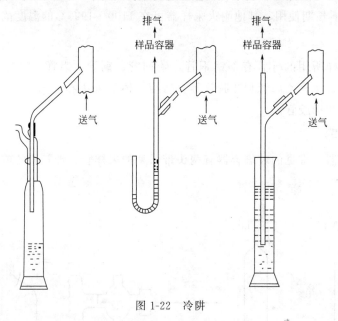

图 1-22　冷阱

5. 调节压力和流量的装置

因气体本身压力较高，采样时要进行减压；同时还要调节气体的流量，以消除因流速变化引起的误差。

一般可在采样导管和采样器之间安装一个三通，连接一个合适的安全装置或放空装置以达到降压和保证安全的目的。

气体的流量可通过爱德华兹瓶或液封稳压管实现调节。流量调节装置如图1-23所示。

6. 吸气器和抽气泵

吸气器常用于常压气体采样，常用的吸气器有橡胶制双链球、配有出口阀的手动橡皮球、吸气管和用玻璃瓶组成的吸气瓶等。

当气体压力不足时，可用流水抽气泵产生中度真空，加大气体流速。如欲产生高度真空，可采用机械式真空泵。

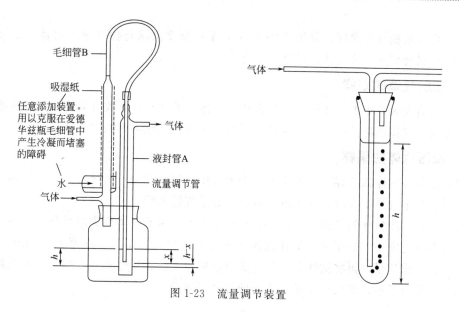

图 1-23　流量调节装置

二、选择采样的方法

1. 常压气体的采样

气体压力近于或等于大气压的气体称为常压气体。

（1）用采样瓶取样　如图 1-24 所示，将封闭液瓶 2 提高，打开止水夹 5 和气样瓶 1 上的旋塞，让封闭液流入气样瓶并充满，同时使旋塞 4 与大气相通，此时气样瓶中的空气被全部排出。夹紧止水夹 5，关闭旋塞，将橡胶管 3 与气体物料管相接。将瓶 2 置于低处，打开止水夹和旋塞，气样瓶 1，至所需量时，关闭旋塞，夹紧止水夹，取样结束。

（2）用采样管取样　如图 1-25 所示，当采样管 1 两端旋塞 2 和 3 打开时，将水准瓶 4 提高，使封闭液充满至采样管的上旋塞，此时将采样管上端与采样点上的金属管相连，然后放低水准瓶，打开旋塞，气体试样却进入采样管，关闭旋塞 2，将采样管与采样点上的金属管分开，提高水准瓶，打开旋塞将气体排出（如此反复 3～4 次），最后吸入气体，关闭旋塞，采样结束。

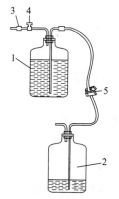

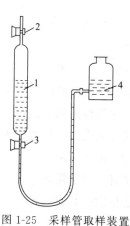

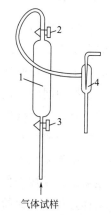

气体试样

图 1-24　采样瓶取样装置　　图 1-25　采样管取样装置　　图 1-26　流水抽气泵取样装置

1—气样瓶；2—封闭液瓶；3—橡胶管；　　1—采样管；2，3—旋塞；　　1—采样管；2，3—旋塞；

4—旋塞；5—止水夹　　　　　　　　4—水准瓶　　　　　　　4—抽气泵

（3）用流水抽气泵取样，如图 1-26 所示，采样管 1 上端与抽气泵 4 相连，下端与采样点上的金属管相连。将气体试样抽入即可。

2. 正压气体的采样

气体压力大大高于大气压的气体称为正压气体。采样时只需放开取样点上的活塞，气体便自动流入气体取样器中。取样时必须用气体试样置换球胆内的空气 3～4 次。

3. 负压气体的采样

（1）低负压气体的采样　气体压力小于大气压的气体称为低负压气体。可用抽气泵减压法采样，当采气量不大时，常用流水真空泵和采气管采样。

（2）超低负压气体的采样　气体压力远远小于大气压的气体称为超低负压气体，用负压采样容器（见图 1-27）采样。取样前用泵抽出瓶内空气，使压力降至 8～13kPa，然后关闭旋塞，称出质量，再将试样瓶上的管头与取样点上的金属管相连，打开旋塞取样，最后关闭旋塞称出质量，前后两次质量之差即为试样质量。

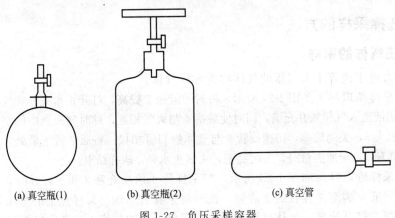

(a) 真空瓶(1)　　　　(b) 真空瓶(2)　　　　(c) 真空管

图 1-27　负压采样容器

三、注意事项

（1）应满足工作场所有害物质职业接触限值对采样的要求。

（2）应满足职业卫生评价对采样的要求。

（3）应满足工作场所环境条件对采样的要求。

（4）在采样的同时应作对照试验，即将空气收集器带至采样点，除不连接空气采样器采集空气样品外，其余操作同样品，作为样品的空白对照。

（5）采样时应避免有害物质直接飞溅入空气收集器内；空气收集器的进气口应避免被衣物等阻隔。用无泵型采样器采样时应避免风扇等直吹。

（6）在易燃、易爆工作场所采样时，应采用防爆型空气采样器。

（7）采样过程中应保持采样流量稳定。长时间采样时应记录采样前后的流量，计算时用流量均值。

（8）工作场所空气样品的采样体积，在采样点温度低于 5℃ 和高于 35℃、大气压低于 98.8kPa 和高于 103.4kPa 时，应将采样体积换算成标准采样体积。

（9）在样品的采集、运输和保存的过程中，应注意防止样品的污染。

（10）采样时，采样人员应注意个体防护。

（11）采样时，应在专用的采样记录表上，边采样边记录；专用采样记录。

 任务评价

任务考核评价表

评价项目	评价标准	评价方式			权重	得分小计	总分
		自我评价 0.1	小组评价 0.2	教师评价 0.7			
职业素质	1. 遵守实验室管理规定，严格操作程序。 2. 按时完成学习任务。 3. 学习积极主动、勤学好问				0.2		
专业能力	1. 能正确制订气体试样采样方案。 2. 实验操作正确、规范。 3. 采样结果准确符合要求				0.7		
协作能力	团队中所起的作用，团队合作的意识				0.1		
教师综合评价							

 拓展提高

气体检测仪

气体检测仪是一种气体泄露浓度检测的仪器仪表工具，主要是指便携式/手持式气体检测仪。主要利用气体传感器来检测环境中存在的气体种类，气体传感器是用来检测气体的成分和含量的传感器。一般认为，气体传感器的定义是以检测目标为分类基础的，也就是说，凡是用于检测气体成分和浓度的传感器都称作气体传感器，不管它是用物理方法，还是用化学方法。比如，检测气体流量的传感器不被看作气体传感器，但是热导式气体分析仪却属于重要的气体传感器，尽管它们有时使用大体一致的检测原理。

气体检测仪的原理主要利用气体传感器来检测环境中存在的气体种类，气体传感器是用来检测气体的成分和含量的传感器。一般认为，气体传感器的定义是以检测目标为分类基础的，也就是说，凡是用于检测气体成分和浓度的传感器都称作气体传感器，不管它是用物理方法，还是用化学方法。例如，检测气体流量的传感器不被看作气体传感器，但是热导式气体分析仪却属于重要的气体传感器，尽管它们有时使用大体一致的检测原理。

气体检测仪可检测硫化氢、一氧化碳、氧气、二氧化硫、磷化氢、氨气、二氧化氮、氰化氢、氯气、二氧化氯、臭氧和可燃气体等多种气体，广泛应用在石化、煤炭、冶金、化工、市政燃气、环境监测等多种场所现场检测。可以实现特殊场合测量需要；可对坑道、管道、罐体、密闭空间等进行气体浓度探测或泄漏探测。

气体检测仪可以按以下方式来分类。

（1）按使用方式可分为台式气体检测仪和手持气体检测仪

（2）按可检测的气体数量可分为单一气体检测仪和多种气体检测仪

（3）按气体传感器的原理可分为红外线气体检测仪、热磁气体检测仪、电化学式气体检测仪、半导体式气体检测仪、紫外线气体检测仪等。

以常见的红外线气体检测仪为例，说明气体检测仪的原理。

测量这种吸收光谱可判别出气体的种类；测量吸收强度可确定被测气体的浓度。红外线检测仪的使用范围宽，不仅可分析气体成分，也可分析溶液成分，且灵敏度较高，反应迅速，能在线连续指示，也可组成调节系统。工业上常用的红外线气体检测仪的检测部分由两个并列的结构相同的光学系统组成。

一个是测量室，一个是参比室。两室通过切光板以一定周期同时或交替开闭光路。在测量室中导入被测气体后，具有被测气体特有波长的光被吸收，从而使透过测量室这一光路而进入红外线接收气室的光通量减少。气体浓度越高，进入到红外线接收气室的光通量就越少；而透过参比室的光通量是一定的，进入到红外线接收气室的光通量也一定。因此，被测气体浓度越高，透过测量室和参比室的光通量差值就越大。这个光通量差值是以一定周期振动的振幅投射到红外线接收气室的。接收气室用几微米厚的金属薄膜分隔为两半部，室内封有浓度较大的被测组分气体，在吸收波长范围内能将射入的红外线全部吸收，从而使脉动的光通量变为温度的周期变化，再可根据气态方程使温度的变化转换为压力的变化，然后用电容式传感器来检测，经过放大处理后指示出被测气体浓度。除用电容式传感器外，也可用直接检测红外线的量子式红外线传感器，并采用红外干涉滤光片进行波长选择和配以可调激光器作光源，形成一种崭新的全固体式红外气体检测仪。这种检测仪只用一个光源、一个测量室、一个红外线传感器就能完成气体浓度的测量。此外，若采用装有多个不同波长的滤光盘，则能同时分别测定多组分气体中的各种气体的浓度。

 思考与练习

1. 常用的气体采样工具有哪些部件组成？

2. 如何采取正压、负压和常压状态下的气体试样？

3. 如何在贮气瓶中采样？

项目二
水质分析技术

项目导学

　　水质分析阐述了水质分析方法和水质分析项目，介绍了水质分析的基础知识，水质指标及对各种生产用水的要求；对工业用水中的 pH 值、硬度、溶解氧、氯、总铁等进行分析；对工业废水中的汞、铬、化学耗氧量、生物需氧量、挥发酚、氰化物、氨氮、矿物油等进行分析。本项目主要介绍水质分析中常见的一些项目的分析方法。

学习目标

认知目标

1. 了解水的分类、水质指标、水质标准等基础知识；
2. 理解水质分析的具体方法原理及运用。

情感目标

1. 培养学生认真、细心的化学分析人员基本素质；
2. 认识到水质分析在化工生产分析中的重要意义；
3. 树立良好的分析态度，培养积极主动的学习习惯。

技能目标

1. 掌握工业用水中 pH 值、硬度、溶解氧、硫酸盐、氯、总铁等分析的具体操作技能；
2. 能根据国家标准进行规范操作，并判断所测水样的分析结果；
3. 会使用相关分析仪器，并进行日常维护；
4. 能分析实验产生误差的原因，并找到减免办法。

知识准备

一、水的分类

　　水在自然界的存在形式有固体、液体、气体，广泛存在于地面、地下和大气中，故天然水可分为地面水、地下水和大气水。水是良好的溶剂,与水接触的物质或多或少可溶于其中。水中所含杂质与水的来源密切相关,如地面水中含有少量可溶性盐类、悬浮物、腐殖质、微生物等;地下水中含有钙、镁、钠、钾的碳酸盐,氯化物,硫酸盐等可溶性盐类;大气水中主要含有氧、氮、二氧化碳、尘埃、微生物及其他成分。

二、水质标准

水质标准是表示生活用水、农业用水、工业用水、工业废水等各种用途的水中污染物质的最高允许浓度或限量阈值的具体限制和要求,即水的质量标准。

为了更好的利用和保护我们的水环境,规定了各类水质标准。如地表水质标准、农业灌溉用水水质标准、工业锅炉水水质标准、渔业用水水质标准、饮用水水质标准及各类污水排放标准等。详见各类水质国家标准。

根据化工生产需求,本学习项目主要针对工业用水和工业废水的水质分析。

三、对用水的要求

水试样应该根据试样的来源及其用途不同来决定分析的项目。如生活用水考虑的是对人体健康的影响;农业用水考虑的是对作物的影响;而工业用水则考虑对产品质量及生产设施设备的影响;各种污水则考虑对环境的影响。

工业用水根据不同用途又可分为原料用水、生产用水和锅炉用水。原料用水除要求与生活饮用水相同外,还应符合某些特定要求,如酿酒原料水要考虑微生物发酵的影响,应含有限量的钙、镁等离子。生产用水会直接影响到产品质量,如纺织用水要求硬度低,铁和锰离子含量低。锅炉用水要求悬浮物、溶解氧、二氧化碳、硬度低,以防止锅炉结垢、腐蚀、产生泡沫,继而导致安全事故。

工业废水是指在生产中废弃排放的废水,常含有害物质,会对环境造成影响,因此必须对其进行严格控制和监督,通过正确的处理,使工业废水达到排放标准。

四、水质分析项目和方法

水质分析的项目较多,不同用途的水,其分析项目也略有不同。表 2-1 列举了常用的分析项目和方法。

表 2-1 水质常用的分析项目和方法

方　　法	测 定 项 目
重量法	SS、可滤残渣、油类、SO_4^{2-}、Cl^-、Ca^{2+} 等
容量法	酸度、碱度、CO_2、溶解氧、总硬度、Ca^{2+}、Mg^{2+}、氨氮、Cl^-、F^-、CN^-、SO_4^{2-}、S^{2-}、Cl_2、COD、BOD_5、挥发酚等
分光光度法	Ag、Al、As、Be、Bi、Cd、Co、Cr、Cu、Hg、Mn、Ni、Pb、Sb、Se、Th、U、Zn、氨氮、$NO_2^- $-N、$NO_3^-$-N、凯氏氮、$PO_4^{3-}$、$Cl^-$、$F^-$、$SO_4^{2-}$、$S^{2-}$、$BO_3^{2-}$、$SiO_3^{2-}$、挥发酚、甲醛、三氯乙醛、苯胺类、硝基苯类、阴离子洗涤剂
荧光光度法	Se、Be、U、油类、BaP 等

续表

方　　法	测　定　项　目
原子吸收法	Ag、Al、Ba、Be、Bi、Ca、Cd、Co、Cr、Cu、Fe、Hg、K、Na、Mg、Mn、Ni、Pb、Sb、Se、Sn、Te、Ti、Zn 等
氰化物及冷原子吸收法	As、Sb、Bi、Ge、Sn、Pb、Se、Te、Hg
原子荧光法	As、Sb、Bi、Se、Hg 等
火焰光度法	Li、K、Na、Sr、Ba 等
电极法	Eh、pH、DO、Cl^-、F^-、CN^-、S^{2-}、NO_3^-、K^+、Na^+、NH_4^+ 等
离子色谱法	Cl^-、F^-、Br^-、NO_2^-、NO_3^-、SO_4^{2-}、PO_4^{3-}、K^+、Na^+、NH_4^+ 等
气相色谱法	Be、Se、苯系物、挥发性卤代烃、氯苯类、六六六、DDT、有机磷农药、三氯乙醛、硝基苯类、PCB 等
液相色谱法	多环芳烃类
ICP—AES	用于水中基体金属元素、污染重金属以及底质中多种元素的同时测定

任务一　工业用水分析

🖊 任务目标

1. 了解工业用水 pH、硬度、浊度、氯化物、溶解氧测定的方法原理。
2. 掌握各种测定方法测定的基本操作技术。
3. 能够对分析结果的数据进行处理与判断。

🖊 任务介绍

　　pH 是工业用水必须考虑的重要因素之一。水的化学混凝、消毒、软化、除盐和防腐蚀等方面都要控制水的 pH 值，在排水和废水处理方面，pH 值也是一项重要指标。如锅炉用水 pH 值要在 7.0～8.5，工业废水排入城市下水道时，pH 值控制在 6.0～9.0，废水进入天然水体必须保证混合后的 pH 值在 6.5～8.5。pH 值测定方法有目视比色法、酸度计测定法和电位法。我们经常采用的为电位法，此法的使用范围较广，水的颜色、浊度、胶体物质、氧化剂、还原剂及较高含盐量均不干扰测定，准确度较高。

　　水的总硬度指水中钙、镁离子的总浓度，其中包括碳酸盐硬度（即通过加热能以碳酸盐形式沉淀下来的钙、镁离子，故又叫暂时硬度）和非碳酸盐硬度（即加热后不能沉淀下来的那部分钙、镁离子，又称永久硬度）。工业用水对钙镁含量有十分严格的要求，硬度太高的水会对工业生产产生不利的影响。若使用硬水作为锅炉用水加热时就会在炉壁上形成水垢，水垢不仅会降低锅炉热效率，增大燃料消耗，更为严重的是会使炉壁局部过热软化破裂甚至发生爆炸。在冷却用水系统中，水垢会堵塞设备管路。此外，硬水能妨碍纺织品着色，并使纤维变脆皮革不坚固等。因此硬度的测定是确定水质是否符合工业用水要求的重要指标。

浊度是表现水中悬浮物对光线透过时所发生的阻碍程度。水中含有泥土、粉砂、微细有机物、无机物、浮游动物和其他微生物等悬浮物和胶体物都可使水样呈现浊度。水的浊度大小不仅和水中存在颗粒物含量有关，而且和其粒径大小、形状、颗粒表面对光散射特性有密切关系。工业用水特别是循环水中含有悬浮物、泥沙、胶体等，易导致换热器及管道结垢，不仅使热效率下降，严重时会导致腐蚀，影响换热器的使用寿命。因此要严格控制工业用水浊度。

氯化物几乎存在于所有的水中，它主要以钠、钙、镁等盐类形式存在。当水中以氯化钠形式存在的氯化物含量超过 250mg/L 时，该水质有明显的咸味。氯化物含量高的水位对金属管道、构筑物有腐蚀作用。饮用水氯化物的含量不应该高于 200mg/L。测定方法为莫尔法，本方法适用于天然水中氯化物的测定，也适用于经过适当稀释的高矿化度水，如咸水、海水等，以及经过预处理除去干扰物的生活污水和工业用水等。

溶解在水中的分子态氧称为溶解氧。当地面水与大气接触以及某些含叶绿素的水生植物在其中进行生化作用时，致使水中常有溶解氧气的存在。实验表明，在一定温度下，低碳钢的腐蚀速率随溶解氧含量增加而增加，在冷却系统中，水中溶解的氧和二氧化碳含量高时，能使铜的腐蚀速率增加。因此，某些工业用水，特别是动力工业给水中，对溶解氧的要求是极其严格的。如过滤给水要求溶解氧的含量不得超过 0.05mg/L（有过热的水管式锅炉）和 0.1mg/L（无过热的水管式锅炉）。对水中溶解氧含量的测定我们常采用碘量法和膜电极法。清洁水可直接采用碘量法测定。

🖋 任务解析

通过完成本任务，让学生实践工业用水试样的采集、处理，并了解电位法测定水样 pH 值的方法原理，能够正确操作 pH 计进行测定，能准确选择缓冲溶液，能对分析结果进行处理与判断，能解决 pH 计常见故障，并对 pH 计进行日常维护。在任务实施中电位法测定 pH 值原理是理论难点，教师应多选择生动形象的教学资料帮助学生理解，水样的测定操作难度不大，可以采取学生独立操作，随堂考核的形式完成。

硬度的测定方法是 EDTA 滴定法。通过完成本任务，让学生通过实践掌握工业用硬度测定的操作技术，并了解 EDTA 配位滴定法测定水的硬度的方法原理。能够正确选择适合的金属指示剂，巩固移液管的操作，了解水硬度的测定意义和硬度的表示方法。完成该任务的重点在于对分析实验规范性操作的要求，教师应做好细节演示，重点详解，逐一检查，综合评定考核的方式，让学生建立规范操作意识，培养良好的实验态度。

浊度的测定参照采用国际标准 ISO 7027—84《水质—浊度的测定》中的福马肼浊度测定法，属于分光光度法的应用。学生在学习过仪器分析课程后已经基本具备分光光度法的理论基础和操作技能，通过本次任务的实施，让学生进一步强化分光光度法的操作技能，并了解福马肼浊度法原理，能够根据要求正确配制标准溶液，绘制工作曲线，并确定待测水样的浊度值。完成该任务的重点在于对分析实验规范性操作的要求，教师应做好细节演示，重点详解，逐一检查，综合评定考核的方式，让学生建立规范操作意识，培养良好的实验态度。

氯化物的测定采用沉淀滴定法中的莫尔法，学生经过《化学分析》课程实训训练，对莫尔法的原理及操作已经有了理论及技能基础。氯化物的测定属于莫尔法的具体应用，在教学中应重点解释操作中的具体细节及注意事项，引导学生思考总结。通过本次任务的实施，让学生能根据要求配置所需标准溶液，能正确处理样品中干扰成分，能规范操作滴定实验，能对结果进行处理及判断。

工业用水属于清洁水，故在测定中选择碘量法。碘量法属于氧化还原滴定，学生在《化学分析》实训课程已经接受过此内容的训练，教学中引导学生对碘量法原理的总结回顾，对具体操作的熟悉。针对溶解氧测定的复杂性，重点讲解溶解氧的固定和酸化、两瓶法测定的意义。通过本次任务的实施，让学生能根据实验步骤规范操作，熟悉碘量法滴定操作的注意事项，能根据要求去除其他离子干扰，能对实验结果正确处理及判断。

🔰 任务实施

一、pH 的测定（ pH 电极法 ）

1. 实验原理

当氢离子选择性电极（即 pH 电极）与甘汞参比电极同时浸入水溶液后，即组成测量电池。其中 pH 电极的电位随溶液中氢离子的活度而变化。用一台高输入阻抗的毫伏计测量，即可获得同水溶液中氢离子活度相对应的电极电位，以 pH 值表示。即

$$pH = -\lg \alpha(H^+)$$

pH 电极的电位与被测溶液中氢离子活度的关系符合能斯特公式，即

$$E = E_0 + \frac{RT}{nF} \times 2.3026 \lg \alpha(H^+)$$

式中　E——pH 电极所产生的电位，V；

　　　E_0——当氢离子活度为 1 时，pH 电极所产生的电位，V；

　　　R——气体常数；

　　　F——法拉第常数；

　　　T——绝对温度，K；

　　　n——参加反应的得失电子数；

$\alpha(H^+)$——水溶液中氢离子的活度，mol/L。

根据上式可得（在 20℃时）：

$$\Delta E = 0.058 \lg \frac{\alpha^1(H^+)}{\alpha(H^+)}$$

$$\Delta E = 0.058(pH - pH^1)$$

$$pH = pH^1 + \frac{\Delta E}{0.058}$$

式中　$\alpha^1(H^+)$——定位溶液的氢离子浓度，mol/L；

　　　$\alpha(H^+)$——被测溶液的氢离子浓度，mol/L。

因此，在20℃时，每当 ΔpH＝1 时，测量电池的电位变化为58mV。

根据上述原理，测定水样的 pH 值。利用 pH 计及 pH 电极、甘汞电极来测定。

图 2-1 为电位法测定 pH 原理图，图 2-2 为酸度计。

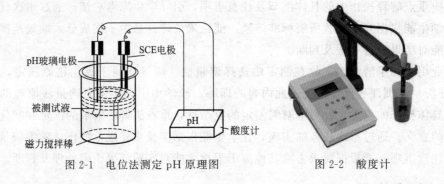

图 2-1　电位法测定 pH 原理图　　　　图 2-2　酸度计

2. 仪器

（1）实验室用 pH 计，附电极支架以及测用烧杯。

（2）氢电极，饱和或 3mol/L 氯化钾甘汞电极。

3. 试剂

（1）pH＝4.00 标准缓冲溶液　准确称取预先在（115±5）℃干燥过的优级纯邻苯二甲酸氢钾（$KHC_8H_4O_4$）10.21g(0.05mol) 溶解于少量除盐水中，并稀释至 1L。

（2）pH＝6.86 标准缓冲液（中性磷酸盐标准缓冲溶液）　准确称取经（115±5）℃干燥过的优级纯磷酸二氢钾（KH_2PO_4）3.390g(0.025mol) 以及优级纯无水磷酸氢二钠（Na_2HPO_4）3.55g(0.025mol)，溶于少量除盐水中，并稀释至 1L。

（3）pH＝9.20 标准缓冲溶液　准确称取优级纯硼砂（$Na_2B_4O_7 \cdot 10H_2O$）3.81g(0.01mol)，溶于少量除盐水中，并稀释至 1L。此溶液贮存时，应用充填有烧碱石棉的二氧化碳吸收管以防止二氧化碳的影响。四周后应重新制备。

上述标准缓冲溶液在不同温度下，其 pH 值的变化列在表 2-2 中。

表 2-2　标准缓冲溶液在不同温度下的 pH 值

温度/℃	邻苯二甲酸氢钾	中性磷酸盐	硼砂
5	4.01	6.95	9.39
10	4.00	6.92	9.33
15	4.00	6.90	9.27
20	4.00	6.88	9.22
25	4.01	6.86	9.18
30	4.01	6.85	9.14
35	4.02	6.84	9.10
40	4.03	6.84	9.07
45	4.04	6.83	9.04
50	4.06	6.83	9.01
55	4.08	6.84	8.99
60	4.10	6.84	8.96

4. 实验步骤

（1）调好机械零点。

（2）接通电源。

（3）安装电极：玻璃电极要在除盐水中活化48h；甘汞电极拔去橡胶帽，其内充液的液面要高于被测液液面；玻璃电极头部要比甘汞电极头部稍高些；电极要无断线，无气泡，无破损，无干涸现象等。

（4）预热：一般10min即可，长期不用要预热半小时。

（5）按下选择测量项目开关pH。

（6）校正：

① 测定温度，用温度计测出定位液的温度，并把温度补偿旋钮拨到该温度位置；

② 调零，量程开关拨到非"校"位置，调节调零旋钮使指针指"1"；

③ 校正，量程开关拨到"校"位置，调节校正旋钮使指针指右满度"2"位置；

④ 重复"2"、"3"两项，直到这两项都满足为止。

（7）pH定位：定位用的标准缓冲溶液应选用一种其pH值与被测溶液相似的，在定位前需要做到以下：用定位液清洗电极；将电极浸入定位液中，将量程开关拨至适当位置；按下读数按键；调节定位旋钮，使指示值等于定位液相应温度的pH值（可查表2-2），松开测量按键。

（8）复定位：用另一种缓冲溶液清洗电极，并测量其pH值。测得的结果应与该标准缓冲液在相应温度下的pH值相同（误差不得大于±0.05pH）。否则要查找原因。

（9）水样的测定：被测水样与定位液同温度；依次用除盐水和被测液清洗电极；用pH试纸确定分档开关位置；电极插入被测液，按下读数键读数，松开读数键，测定完毕后应将电极用除盐水反复冲洗干净，最后将pH电极浸泡在除盐水中备用。

5. 注意事项

（1）新电极或长时间干燥保存的电极在使用前，应将电极在蒸馏水中浸泡过夜使其不对称电位趋于稳定。如有急用，可用0.1mol/L盐酸浸泡至1h，再用蒸馏水冲洗干净后使用。

（2）为了减少测定误差，定位用pH标准缓冲液的pH值，应与被测水样的pH值相接近。

（3）温度对pH值测定的准确性影响较大，对于pH大于8.3的水样，会引起众多影响pH值的因素改变。仪器上的温度补偿仅能消除一个因素的影响。为了消除温度的影响，水样可采取水浴升温或降温的措施使pH的测定在25℃时进行。

二、硬度的测定

1. 实验原理

在pH为10.0±0.1缓冲溶液中，用铬黑T等作指示剂，以乙二胺四乙酸二钠盐（简称EDTA）标准溶液滴定至纯蓝色为终点。根据消耗EDTA的体积，即可计算出水中钙镁含量。其反应为：

加指示剂后：

$$Me^{2+} + HIn^{2-} \longrightarrow MeIn^- + H^+ \text{（} In^{3-} \text{为指示剂）}$$

$$\text{（蓝色）} \qquad \text{（酒红色）}$$

滴定至终点时：

$$MeIn^- + H_2Y^{2-} \longrightarrow MeY^{2-} + HIn^{2-} + H^+$$

$$\text{（酒红色）} \qquad \text{（蓝色）}$$

本法列有两种测定的具体方法：第一法适于测定硬度大于 0.5mmol/L 的水样。第二法适于测定硬度在 $1 \sim 500 \mu mol/L$ 的水样。

2. 试剂

(1) ［EDTA］$= 0.02mol/L$ 的 EDTA 标准溶液

① 配制　称取 8g 乙二胺四乙酸二钠 1L 蒸馏水中，摇匀。

② 标定　称取 0.4g（准确至 0.2mg）于 800℃灼烧至恒重的基准氧化锌，用少许蒸馏水湿润，滴加盐酸溶液（1+1）至样品溶解，移入 250mL 容量瓶中，稀释至刻度，摇匀。

取上述溶液 20.00mL 加 80mL 除盐水，用 10％氨水中和至 pH 为 7～8，加 5mL 氨—氯化铵缓冲溶液（pH=10），加 5 滴 0.5％铬黑 T 指示剂，用 $c(EDTA) = 0.02mol/L$ 的 EDTA 溶液滴定至溶液由紫色变纯蓝色。

EDTA 标准溶液的浓度按下式计算

$$c(EDTA) = \frac{m}{V \times 0.08138} \times \frac{20}{250} = \frac{0.08m}{V \times 0.08138}$$

式中　m——氧化锌之质量，g；

$\qquad V$——滴定时消耗 EDTA 溶液的体积，mL；

$\quad$ 0.08——250mL 中取 20mL 滴定，相当于 m 的 0.08 倍；

0.08138——每 $c(1/2ZnO) = 1mmol/L$ 的氧化锌的质量，g。

(2) $c(EDTA) = 0.001mol/L$ 的 EDTA 标准溶液：先配 $c(EDTA) = 0.05mol/L$ 的 EDTA 标准溶液，标定后准确稀释至 50 倍制得，浓度由计算得出。

$c(EDTA) = 0.05mol/L$ 标准溶液的配制和标定：

① 配制　称取 20g 乙二胺四乙酸二钠溶于 1L 蒸馏水中，摇匀。

② 标定　称取于 800℃灼烧至恒重的基准氧化锌 1g（称准至 0.2mg）。用少许蒸馏水湿润，加盐酸溶液（1+1）至样品溶解，移入 250mL 容量瓶中，稀释至刻度，摇匀。取上述溶液 20.00mL，加 80mL 水，用 10％氨水中和至 pH 为 7～8，加 5mL 氨-氯化铵缓冲溶液（pH=10），加 5 滴 0.5％铬黑 T 指示剂，用 $c(EDTA) = 0.05mol/L$ 的 EDTA 溶液滴定至溶液由紫色变为纯蓝色。

EDTA 标准溶液的浓度按下式计算：

$$c(EDTA) = \frac{m}{V \times 0.08138} \times \frac{20}{250} = \frac{0.08m}{V \times 0.08138}$$

式中 m ——氧化锌质量，g；

　　　　 V ——滴定时消耗 EDTA 溶液的体积，mL；

　　0.08——250mL 中取 20mL 滴定，相当于 G 的 0.08 倍；

0.08138——每 $c(1/2ZnO)=1mmol/L$ 的氧化锌的质量，g。

（3）氨—氯化铵缓冲溶液　称取 20g 氯化铵溶于 500mL 高纯水中，加入 150mL 浓氨水，用高纯水稀释至 1L，混匀，取 50.00mL 按第二法（不加缓冲溶液）测定其硬度。根据测定结果，往其余 950mL 缓冲溶液中，加所需的 EDTA 标准溶液，以抵消其硬度。

（4）硼砂缓冲溶液　称取硼砂（ $Na_2B_4O_7 \cdot 10H_2O$ ）40g 溶于 80mL 高纯水中，加入氢氧化钠 10g，溶解后用高纯水稀释至 1L，混匀。取 50.00mL，加 $c(HCl)=0.1mol/L$ 的盐酸溶液 40mL，然后按第二法测定其硬度，并按上法往其余 950mL 缓冲溶液中加入所需的 EDTA 标准溶液，以抵消其硬度。

（5）0.5％铬黑 T 指示剂（乙醇溶液）　称取 0.5g 铬黑 T（ $C_{20}H_{12}O_7N_3SNa$ ）与 4.5g 盐酸羟胺，在研钵中磨匀，混合后溶于 100mL 95％乙醇中，将此溶液转入棕色瓶中备用。

（6）酸性铬蓝 K（乙醇溶液）　称取 0.5g 酸性铬蓝 K（ $C_{16}H_9O_{12}N_2S_3Na_3$ ）与 4.5g 盐酸羟胺混合，加 10mL 氨-氯化铵缓冲溶液和 40mL 高纯水，溶解后用 95％乙醇稀释至 100mL。

3. 实验步骤

（1）水样硬度大于 0.5mmol/L 时的测定步骤

① 按表 2-3 吸取适量透明水样注于 250mL 锥形瓶中，用高纯水稀释至 100mL。

② 加入 5mL 氨-氯化铵缓冲溶液，2 滴 0.5％铬黑 T 指示剂，在不断摇动下，用 $c(EDTA)=0.02mol/L$ 的 EDTA 标准溶液滴定至溶液由酒红色变为蓝色即为终点，记录消耗 EDTA 标准溶液的体积。

③ 另取同样体积的高纯水，按操作步骤测定空白值。

表 2-3　不同硬度的水样需取水样体积

水样硬度/(mmol/L)	0.5～5.0	5.0～10.0	10.0～20.0
需取水样体积/mL	100	50	25

水样硬度（YD）的含量（mmol/L）按下式计算：

$$YD=\frac{c(EDTA)\times \Delta V\times 2}{V}\times 10^3$$

式中　 $c(EDTA)$ ——EDTA 标准溶液的浓度，mol/L；

　　　　 ΔV ——滴定水样时所消耗 EDTA 标准溶液的体积与空白值之差，mL；

　　　　 V ——水样的体积，mL。

（2）水样硬度在 1～500 μ mol/L 时的测定步骤

① 取 100mL 透明水样注于 250mL 锥形瓶中。

② 加 3mL 氨-氯化铵缓冲溶液（或 1mL 硼砂缓冲溶液）及 2 滴 0.5％酸性铬蓝 K 指示剂。

③ 在不断摇动下，以 c（EDTA）＝0.01mol/L 的 EDTA 标准溶液用微量滴定管滴定至蓝紫色即为终点。记录 EDTA 标准溶液所消耗的体积。

④ 另取同样体积的高纯水，按相同操作步骤测定空白值。

将以上实验数据填入表 2-4。

表 2-4　实验数据记录表

编　号 项　　目	1#	2#	3#
移取水样体积/mL			
EDTA 标准溶液的浓度/(mol/L)			
空白消耗 EDTA 标液体积/mL			
滴定消耗 EDTA 标液体积/mL			
水的总硬度/(mg/L)			
水的总硬度平均值/(mg/L)			
平行测定结果的相对偏差/%			

水样硬度（YD）的数量（μmol/L）按下式计算：

$$YD = \frac{c(EDTA) \times \Delta V \times 2}{V} \times 10^6$$

式中　c（EDTA）——EDTA 标准溶液的浓度，mol/L；

　　　　ΔV——滴定水样时所消耗 EDTA 标准溶液的体积与空白值之差，mL；

　　　　V——水样的体积，mL。

4. 注意事项

（1）若水样的酸性或碱性较高时，应先用 c（NaOH）＝0.1mol/L 的氢氧化钠或 c（HCl）＝0.1mol/L 的盐酸中和后再加缓冲溶液，否则加入缓冲溶液后，水样 pH 值不能保证在 10.0±0.1 范围内。

（2）对碳酸盐硬度较高的水样，在加入缓冲溶液前，应先稀释或加入所需 EDTA 标准溶液的 80%～90%（记入在所消耗的体积内），否则在加入缓冲溶液后，可能析出碳酸盐沉淀，使滴定终点拖长。

（3）冬季水温较低时，配位反应速率较慢，容易造成过滴定而产生误差。因此，当温度较低时，应将水样预先加温至 30～40℃后进行测定。

（4）如果在滴定过程中发现滴不到终点色，或加入指示剂后，颜色呈灰紫色时，可能是 Fe、Al、Cu 或 Mn 等离子的干扰。遇此情况，可在加指示剂前，用 2mL 1% 的 L-半胱胺酸盐酸盐和 2mL 三乙醇胺溶液（1+4）进行联合掩蔽。此时，若因加入 L-半胱胺酸盐酸盐，试样 pH 小于 10，可将氨缓冲溶液的加入量变为 5mL 即可。

（5）pH 10.0±0.1 的缓冲溶液，除使用氨-氯化铵缓冲溶液外，还可用氨基乙醇配制的缓冲溶液（无味缓冲液）。此缓冲溶液的优点是：无味，pH 值稳定，不受室温变化的影响。配制方法：取 400mL 高纯水，加入 55mL 浓盐酸，然后将此溶液慢慢加入 310mL 氨基乙醇中，并同时搅拌均匀，用高纯水稀释至 1L。100mL 水样中加入此缓冲溶液 1.0mL，即可使 pH 维持在 10.0±0.1 范围内。

（6）指示剂除用酸性铬蓝 K 外，还可选用酸性铬深蓝、酸性铬蓝 K＋萘酚绿 B、铬蓝 SE、依来铬蓝黑 R。

（7）新试剂瓶（玻璃、聚乙烯等）用来存放缓冲溶液时，有可能使配制好的缓冲溶液又复出现硬度。为了防止上述现象发生，贮备硼砂缓冲溶液和氨缓冲溶液的试剂瓶（包括瓶塞、玻璃管、量瓶），应用加有缓冲溶液的 ［EDTA］0.01mol/L 的 EDTA 充满约 1/2 容量处，于 60℃ 下间断地摇动，放置处理 1h。将溶液倒出，更换新溶液再处理一次。然后用高纯水充分冲洗干净。

（8）由于氢氧化钠对玻璃有较强的腐蚀性，硼砂缓冲溶液不宜在玻璃瓶内贮存。另外，此缓冲溶液只适于测定硬度为 $1\sim500\mu mol/L$ 的水样。

三、浊度的测定（福马肼浊度法）

1. 实验原理

在适当温度下，硫酸肼与六亚甲基四胺聚合，形成白色高分子聚合物，以此作为浊度标准液，在一定条件下与水样浊度相比较。

2. 试剂

除非另有说明，分析时均使用符合国家标准或专业标准分析纯试剂，去离子水或同等纯度的水。

（1）无浊度水　将蒸馏水通过 $0.2\mu m$ 滤膜过滤，收集于用滤过水洗涤过两次的烧瓶中。

（2）浊度标准贮备液

① 1g/100mL 硫酸肼溶液　称取 1.000g 硫酸肼 $[N_2H_4 \cdot H_2SO_4]$ 溶于水，定容至 100mL。

注：硫酸肼有毒、致癌！

② 10g/100mL 六亚甲基四胺溶液　称取 10.00g 六亚甲基四胺 $[(CH_2)_6N_4]$ 溶于水，定容至 100mL。

③ 浊度标准贮备液　吸取 5.00mL 硫酸肼溶液与 5.00mL，六亚甲基四胺溶液于 100mL 容量瓶中，混匀。于（25±3）℃ 下静置反应 24h。冷后用水稀释至标线，混匀。此溶液浊度为 400FTU。可保存一个月。

3. 仪器

一般实验室仪器。

（1）50mL 具塞比色管。

（2）分光光度计（图 2-3）。

4. 样品

样品应收集到具塞玻璃瓶中，取样后尽快测定。如需保存，可保存在冷暗处不超过 24h。测试前需激烈振摇并恢复到室温。

所有与样品接触的玻璃器皿必须清洁，可用盐酸或表面活性剂清洗。

图 2-3　分光光度计

5. 实验步骤

（1）标准曲线的绘制　吸取浊度标准液 0、0.50mL、1.25mL、2.50mL、5.00mL、10.00mL 及 12.50mL，置于 50mL 的比色管中，加水至标线。摇匀后，即得浊度为 0.4FTU、10FTU、20FTU、40FTU、80FTU 及 100FTU 的标准系列。于 680nm 波长，用 30mm 比色皿测定吸光度，绘制校准曲线。

注：在 680nm 波长在测定，天然水中存在淡黄色、淡绿色无干扰。

（2）测定　吸取 50.0mL 摇匀水样（无气泡，如浊度超过 100FTU 可酌情少取，用无浊度水稀释至 50.0mL），于 50mL 比色管中，按绘制校准曲线步骤测定吸光度，由校准曲线上查得水样浊度。

6. 结果的表述

$$浊度 = \frac{V_1(V_2 + V_3)}{V_3}$$

式中　V_1——稀释后水样的浊度，FTU；

V_2——稀释水体积，mL；

V_3——原水样体积，mL。

不同浊度范围测试结果的精度要求见表 2-5。

表 2-5　不同浊度范围测试结果的精度要求

浊度范围/FTU	精度/度
1~10	1
10~100	5
100~400	10
400~1000	50
>1000	100

四、氯化物的测定（莫尔法）

1. 实验原理

在 pH 为 7 左右的中性溶液中，氯化物与硝酸银作用生成氯化银沉淀，过量的硝酸银与铬酸钾作用生成红色铬酸银沉淀，使溶液显橙色，即为滴定终点。其反应为：

$$Cl^- + Ag^+ \longrightarrow AgCl \downarrow （白色）$$

$$2Ag^+ + CrO_4^{2-} \longrightarrow Ag_2CrO_4 \downarrow （红色）$$

本方法测定水样 Cl^- 时，首先将溶液调成中性或弱碱性，pH 约在 6.5~10.5 范围内。在碱性强时，是不能滴定的，因为滴入 Ag^+ 会生成 Ag_2O 暗褐色沉淀。

$$2Ag^+ + 2OH^- \longrightarrow 2AgOH（不稳定）\xrightarrow{脱水} Ag_2O \downarrow + H_2O$$

在酸性溶液中测定也是不行的，这是因为 CrO_4^{2-} 会转化成 $Cr_2O_7^{2-}$

$$2CrO_4^{2-} + 2H^+ \Longleftrightarrow Cr_2O_7^{2-} + H_2O$$

酸度越大，反应越向右进行，使 CrO_4^{2-} 降低，以致得不到 Ag_2CrO_4 沉淀。此外，$Cr_2O_7^{2-}$ 为橙红色，会妨碍终点观察的。

由于 AgCl 能显著地吸附 Cl^-，使 Ag_2CrO_4 沉淀过早生成，但在不断摇晃下，吸附的 Cl^- 也能与 Ag^+ 继续作用。因此，在测定中应将沉淀剂滴得慢些，并不断摇晃。

本方法适于测定氯化物含量为 5～10mg/L 的水样。

2. 试剂

（1）氯化钠标准溶液（1mL 含 1mg Cl^-）　取基准试剂或优级纯的氯化钠 3～4g 置于瓷坩埚内，于高温炉内升温至 500℃灼烧 10min，然后在干燥器内冷却至室温；准确称取 1.649g 氯化钠，先用少量蒸馏水溶解并稀释至 1000mL。

（2）硝酸银标准溶液（1mL 相当于 1mg Cl^-）　称取 5.0g 硝酸银溶于 1000mL 蒸馏水中，以氯化钠标准溶液标定，标定方法如下：

在三个锥形瓶中，用移液管分别注入 10mL 氯化钠标准溶液，再各加入 90mL 蒸馏水及 1mL 10%铬酸钾指示剂，均用硝酸银标准溶液滴定至橙色终点，分别记录消耗硝酸银标准溶液的体积 $V(AgNO_3)$。计算其平均值。三个标样平行试验的相对偏差应小于 0.25%。

另取 100mL 蒸馏水，不加氯化钠标准溶液，作空白试验，记录消耗硝酸银标准溶液体积 b。

硝酸银溶液的滴定度 $T(mg/mL)$ 按下式计算：

$$T = \frac{cV_3}{V_2 - V_1}$$

式中　V_1——空白消耗硝酸银标准溶液的体积，mL；

　　　　V_2——消耗硝酸盐标准溶液的体积，mL；

　　　　V_3——氯化钠标准溶液的体积，10mL；

　　　　c——氯化钠标准溶液的浓度，1mg/mL。

最后调整硝酸银溶液的浓度，使其滴定度成为 1mL，相当于 1mg Cl^- 标准溶液。

（3）10%铬酸钾指示剂。

（4）1%酚酞指示剂（乙醇溶液）。

（5）$c(NaOH)=0.1mol/L$ 的氢氧化钠溶液。

（6）$c(1/2H_2SO_4)=0.05mol/L$ 的硫酸溶液。

3. 实验步骤

（1）量取 100mL 水样于锥形瓶中，加 2～3 滴 1%酚酞指示剂，若显红色，即用硫酸溶液中和至无色；若不显红色，则用氢氧化钠溶液中和至微红色，然后以硫酸溶液滴回至无色。再加入 1mL 10%铬酸钾指示剂。

（2）用硝酸银标准溶液滴定至橙色，记录消耗硝酸银标准溶液的体积。同时作空白试验。记录消耗硝酸银标准溶液体积（b）。

水样中氯化物（Cl^-）含量 $\rho(Cl^-)(mg/L)$ 按下式计算：

$$\rho(Cl^-) = \frac{(V_1 - V_2)T}{V} \times 10^3$$

式中　V_1——滴定水样消耗硝酸银溶液的体积，mL；

　　　V_2——滴定空白消耗硝酸银溶液的体积，mL；

　　　T——硝酸银标准溶液的滴定度；

　　　V——水样的体积，mL。

4. 注意事项

① 当水样中氯离子含量大于 100mg/L 时，须按表 2-6 中规定的量取样，并用蒸馏水稀释至 100mL 后测定。

表 2-6　氯化物的含量和取水样体积

水样中氯离子含量/(mg/L)	5~100	101~200	201~400	401~1000
取水样量/mL	100	50	25	10

② 当水样中 S^{2-} 含量大于 5mg/L，Fe^{3+}、Al^{3+} 大于 3mg/L 或颜色太深时，应事先用过氧化氢脱色处理（每升水加 20mL），并煮沸 10min 后过滤；如颜色仍不消失，可于 100mL 水中加 1g 碳酸钠蒸干，将干涸物用蒸馏水溶解后进行测定。

③ 如水样中 Cl^- 含量小于 5mg/L 时，可将硝酸银溶液稀释为 1mL 相当于 0.5mg Cl^- 的溶液后用。

④ 为了便于观察终点，可另取 100mL 水样加 1mL 铬酸钾指示剂作对照。

⑤ 浑浊水样，应事先进行过滤。

⑥ 指示剂的用量对滴定有影响，一般以 5×10^{-3} mol/L 为宜。

五、溶解氧的测定（碘量法）

1. 实验原理

在碱性溶液中，水中溶解氧可以把 Mn（Ⅱ）氧化成锰 Mn（Ⅲ）、Mn（Ⅳ）；在酸性溶液中，Mn（Ⅲ）、Mn（Ⅳ）能将碘离子氧化成游离碘，以淀粉作指示剂，用硫代硫酸钠滴定，根据消耗量即能计算出水中溶解氧的含量，其反应如下。

固定溶氧：

$$MnSO_4 + 2KOH \longrightarrow Mn(OH)_2 + K_2SO_4$$
$$2MnSO_4 + O_2 \longrightarrow 2H_2MnO_3 \downarrow$$
$$4Mn(OH)_2 + O_2 + 2H_2O \longrightarrow 4Mn(OH)_3 \downarrow$$

酸化：

$$H_2MnO_3 + 2H_2SO_4 + 2KI \longrightarrow MnSO_4 + K_2SO_4 + 3H_2O + I_2$$
$$2Mn(OH)_3 + 3H_2SO_4 + 2KI \longrightarrow 2MnSO_4 + K_2SO_4 + 6H_2O + I_2$$

用硫代硫酸钠滴定碘：

$$2Na_2S_2O_3 + I_2 \longrightarrow Na_2S_4O_6 + 2NaI$$

本法适用于测定含氧量大于 $20\mu g/L$ 的水样。

2. 仪器

（1）取样桶　桶要比取样瓶高 150mm 以上，使其中能放两个取样瓶。

（2）取样瓶　250～500mL，具有严密磨口塞的无色玻璃瓶。

（3）滴定管　25mL，下部接一细长玻璃管。

3. 试剂

（1）硫代硫酸钠（$Na_2S_2O_3 \cdot 5H_2O$）。

（2）重铬酸钾（基准试剂）。

（3）碘化钾。

（4）$c(1/2H_2SO_4)=4mol/L$ 硫酸。

（5）1%淀粉指示剂　在玛瑙研钵中将10g可溶性淀粉和0.05g碘化汞研磨。将此混合物贮于干燥处。称取1.0g混合物置于研钵中，加少许蒸馏水研磨成糊状物，将其徐徐注入100mL煮沸的蒸馏水中，再继续煮沸5～10min，过滤后使用。

（6）$c(1/2Na_2S_2O_3)=0.01mol/L$ 硫代硫酸钠标准溶液。

① $c(1/2Na_2S_2O_3)=0.01mol/L$ 硫代硫酸钠标准溶液的配制与标定：

a. 配制　称取26g硫代硫酸钠（或16g无水硫代硫酸钠），溶于1L已煮沸并冷却的蒸馏水中，将溶液保存于具有磨口塞的棕色瓶中，放置数日后，过滤备用。

b. 标定　以重铬酸钾作基准标定：称取120℃烘至恒重的基准重铬酸钾0.15g（称准到0.2mg），置于碘量瓶中，加25mL蒸馏水溶解，加2g碘化钾及20mL $[1/2H_2SO_4]=4mol/L$ 硫酸，待碘化钾溶解后于暗处放置10min，加150mL蒸馏水，用 $[1/2H_2SO_4]$ 硫代硫酸钠溶液滴定，滴到溶液呈淡黄色时，加1mL1.0%淀粉指示剂，继续滴定至溶液由蓝色变成亮绿色。同时作空白试验。

硫代硫酸钠标准溶液的浓度按下式计算：

$$c(1/2Na_2S_2O_3)=\frac{m}{(V_1-V_2)\times0.04903}$$

式中　m——重铬酸钾的质量，g；

V_1——标定消耗硫代硫酸钠溶液的体积，mL；

V_2——空白试验消耗硫代硫酸钠溶液的体积，mL；

0.04903——$[1/6K_2Cr_2O_7]=1mmol/L$ 重铬酸钾的克数。

② $c(1/2Na_2S_2O_3)=0.01mol/L$ 硫代硫酸钠标准溶液的配制与标定　可采用 $c(1/2Na_2S_2O_3)=0.01mol/L$ 硫代硫酸钠标准溶液，用煮沸冷却的蒸馏水稀释至10倍制得。其浓度不需标定，由计算得出。此溶液很不稳定，宜使用时配制。

（7）氯化锰或硫酸锰溶液　称取45g氯化锰（$MnCl_2 \cdot 4H_2O$）或55g硫酸锰（$MnSO_4 \cdot 5H_2O$），溶于100mL蒸馏水中。过滤后于滤液中加1mL浓硫酸，贮存于带磨口塞的试剂瓶中，此液应澄清透明，无沉淀物。

（8）碱性碘化钾混合液　称取36g氢氧化钠、20g碘化钾、0.05g碘酸钾，溶于100mL蒸馏水中，混匀。

（9）磷酸溶液（1+1）或硫酸溶液（1+1）。

4. 实验步骤

（1）在采取水样前，先将取样瓶，取样桶洗净，并充分地冲洗取样管。然后将两个取样瓶放在取样桶内，在取样管的厚壁胶管上接一个玻璃三通，并把三通上连接的两根厚壁胶管插入瓶底，调整水样流速约为 700mL/min。并应溢流一定时间，使瓶内空气驱尽。当溢流至取样桶水位超过取样瓶 150mm 时，将取样管轻轻地由瓶中抽出。

（2）立即在水面下往第一瓶水样中加入 1mL 氯化锰或硫酸锰溶液。

（3）往第二瓶水样中加入 5mL 磷酸溶液（1+1）或硫酸溶液（1+1）。

（4）用滴定管往两瓶中各加入 3mL 碱性碘化钾混合液，将瓶塞盖紧，然后由桶中将两瓶取出，摇匀后再放置于水层下。

（5）待沉淀物下沉后，打开瓶塞，在水面下向第一瓶水样内加 5mL 磷酸溶液（1+1）或硫酸溶液（1+1），向第二瓶内加 1mL 氯化锰或硫酸锰溶液，将瓶塞盖好，立即摇匀。

（6）将溶液冷却到 15℃ 以下，从两瓶中各取出 200～250mL 溶液，分别注入两个 500mL 锥形瓶中。

（7）分别用硫代硫酸钠标准溶液滴定至浅黄色，加入 1mL 淀粉指示剂，继续滴定至蓝色消失为止。

水样中溶解氧（O_2）的含量 $\rho(O_2)$（mg/L），按下式计算：

$$\rho(O_2)=\frac{(V_1-V_2)\times 0.01\times 8-0.005}{V}\times 10^3$$

式中　V_1——第一瓶水样在滴定时所消耗的硫代硫酸钠标准溶液的体积，相当于水样中所含有的氧化剂还原剂和加入碘化钾混合液所生成的碘量，mL；

　　　　V_2——第二瓶水样在滴定时所消耗的硫代硫酸钠标准溶液的体积，mL；

　　　　8——1/2O 的物质的量，g/mol；

　　0.005——由试剂带入的溶解氧的校正系数（用容积约 500mL 的取样瓶取样，并取出 200～250mL 试样进行滴定时所采用的校正值）；

　　　　V——滴定溶液的体积，mL。

5. 注意事项

（1）当水中含有较多有还原剂（如亚硫酸盐、二价硫离子、有机悬浮物、氨和类似的化合物）时，会使结果偏低；若含有较多的氧化剂（如亚硝酸盐、铬酸盐、游离氯和次氯酸盐等）时，会使结果偏高。

（2）碘和淀粉的反应灵敏度和温度间有一定的关系，温度高时，滴定终点的灵敏度会降低。因此必须在 15℃ 以下进行滴定。

除了以上介绍的分析项目，工业用水还有许多分析项目，不同应用的工业用水的分析项目也不完全相同。在掌握了几种常用分析方法后，可通过查询工业用水国家标准 GB/T 19923—2005（见表 2-7），进行更为专业的学习。

表 2-7　工业用水水质检测方法

序　号	项　　目	测 定 方 法	方 法 来 源
1	pH 值	玻璃电极法	GB/T 6920
2	悬浮物(SS)	重量法	GB/T 11901
3	浊度	比浊法	GB/T 13200

续表

序　号	项　　目	测 定 方 法	方 法 来 源
4	色度	稀释倍数法	GB/T 11903—1989
5	生化需氧量（BOD$_5$）	稀释与接种法	GB/T 7488
6	化学需氧量（COD$_{Cr}$）	重铬酸钾法	GB/T 11914
7	铁	火焰原子吸收分光光度法	GB/T 11911
8	锰	火焰原子吸收分光光度法	GB/T 11911
9	氯化物	硝酸银滴定法	GB/T 11896
10	二氧化硅	分光光度法	GB/T 16633—1996
11	总硬度	乙二胺四乙酸二钠滴定法	GB/T 7477—1987
12	总碱度	容量法	GB/T 6276.1—1996
13	硫酸盐	重量法	GB/T 11899
14	氨氮	蒸馏和滴定法	GB/T 7478
15	总磷	钼酸铵分光光度法	GB/T 11893
16	溶解性总固体	重量法（建议温度为180℃±1℃）	GB/T 5750
17	石油类	红外光度法	GB/T 16488
18	阴离子表面活性剂	亚甲蓝分光光度法	GB/T 7494
19	余氯	邻联甲苯胺比色法	GB/T 5750
20	粪大肠菌群	多管发酵法、滤膜法	GB/T 5750

 任务评价

任务考核评价表

评价项目	评价标准	评价 方 式			权重	得分小计	总分
		自我评价 0.1	小组评价 0.2	教师评价 0.7			
职业素质	1. 遵守实验室管理规定，严格操作程序。 2. 按时完成学习任务。 3. 学习积极主动、勤学好问				0.2		
专业能力	1. 理解测定的原理。 2. 实验操作规范。 3. 实验结果准确且精确度高				0.7		
协作能力	团队中所起的作用，团队合作的意识				0.1		
教师综合评价							

拓展提高

原子吸收分光光度法测定自来水中钙、镁的含量

（一）标准曲线法

1. 目的要求

（1）学习原子吸收分光光度法的基本原理；

（2）了解原子吸收分光光度计的基本结构及其使用方法，

（3）掌握应用标准曲线法测定自来水中钙、镁的含量。

2. 实验原理

标准曲线法是原子吸收分光光度分析中一种常用的定量方法．常用于未知试液中共存的基体成分较为简单的情况．如果溶液中共存基体成分比较复杂．则应在标准溶液中加入相同类型和浓度的基体成分，以消除或减少基体效应带来的干扰，必要时须采用标准加入法而不用标准曲线法。标准曲线法的标准曲线有时会发生弯曲现象。造成标准曲线弯曲原因有以下。

（1）当标准溶液浓度超过标准曲线的线性范围时，待测元素基态原子相互之间或与其他元素基态原子之间的碰撞几率增大，使吸收线半宽度变大，中心波长偏移，吸收选择性变差，致使标准曲线向浓度坐标轴弯曲（向下）。

（2）因火焰中共存大量其他易电离的元素，由这些元素原子的电离所产生的大量电子，将抑制待测元素基态原子的电离效应，使测得的吸光度增大．使标准曲线向吸光度坐标轴方向弯曲（向上）。

（3）空心阴极灯中存在杂质成分．产生的辐射不能被待测元素基态原子所吸收，以及杂散光存在等因素，形成背景辐射，在检测器上同时被检测，使标准曲线向浓度坐标轴方向弯曲（向下）。

（4）由于操作条件选择不当，如灯电流过大，将引起吸光度降低，也使标准曲线向浓度坐标轴方向弯曲。

总之，要获得线性好的标准曲线，必须选择适当的实验条件，并严格实行。

3. 仪器

（1）原子吸收分光光度计。

（2）钙、镁空心阴极灯。

（3）无油空气压缩机或空气钢瓶。

（4）乙炔钢瓶。

（5）通风设备。

（6）容量瓶、移液管。

4. 试剂

（1）金属镁或碳酸镁（均为优级纯）。

（2）无水碳酸钙（优级纯）。

（3）浓盐酸（优级纯），稀盐酸溶液 1mol/L。

（4）纯水（去离子水或重蒸馏水）。

（5）标准溶液配制：首先配成 $1000\mu g/mL$ 贮备液，然后钙稀释成 $100\mu g/mL$，镁稀释成 $50\mu g/mL$ 使用液（参看实验教材）。

5. 实验条件（以 3200 型原子吸收分光光度计为例，若使用其他型号，实验条件应根据具体仪器而定）

指　　　标	钙	镁
1. 吸收线波长 λ/nm	422.7	285.2
2. 空心阴极灯电流 I/mA	10	10
3. 狭缝宽度 d/mm	0.2(2 挡)	0.08(1 挡)
4. 燃烧器高度 h/mm	6.0	4.0
5. 乙炔流量 $Q/(L/min)$	0.5	0.5
6. 空气流量 $Q/(L/min)$	4.5	4.5

6. 实验步骤

（1）配制标准溶液系列

① 钙标准溶液系列　准确吸取 2.00mL、4.00mL、6.00mL、8.00mL、10.00mL 上述钙标准使用液（$100\mu g/mL$），分别置于 5 只 50mL 容量瓶中，用水稀释至刻度，摇匀备用。该标准溶液系列钙的浓度分别为 $4.00\mu g/mL$、$8.00\mu g/mL$、$12.00\mu g/mL$、$16.00\mu g/mL$、$20.00\mu g/mL$。

② 镁标准溶液系列　准确吸取 1.00mL、2.00mL、3.00mL、4.00mL、5.00mL 上述镁标准使用液，分别置于 5 只 50mL 容量瓶中，用水稀释至刻度，摇匀备用。该标准溶液系列镁的浓度分别为 $1.0\mu g/mL$、$2.0\mu g/mL$、$3.0\mu g/mL$、$4.0\mu g/mL$、$5.0\mu g/mL$。

（2）配制自来水样溶液　准确吸取适量（视未知钙、镁的浓度而定）自来水置于 50mL 容量瓶中，用水稀释至刻度，摇匀。

（3）测定标准溶液吸光度　根据实验条件，将原子吸收分光光度计按仪器操作步骤进行调节，待仪器电路和气路系统达到稳定，记录仪基线平直时，即可进样。测定各标准溶液的吸光度。

（4）测定钙、镁吸光度　在相同的实验条件下，分别测定自来水样溶液中钙、镁的吸光度。

7. 数据及处理

（1）记录实验条件　仪器型号、吸收线波长（nm）、空心阴极灯电流（mA）、狭缝宽度（mm）、燃烧器高度（mm）、乙炔流量（L/min）、空气流量（L/min）、燃助比乙炔：空气。

（2）绘制标准曲线　记录测量钙、镁标准溶液系列溶液的吸光度（A），然后以吸光度为纵坐标，标准溶液系列浓度为横坐标绘制标准曲线。

（3）计算自来水中钙、镁含量　测量自来水样溶液的吸光度（A），然后在上述标准曲线上查得水样中钙、镁的浓度（$\mu g/mL$）。若经稀释需乘上相应倍数求得原始自来水中钙、镁含量。

或将数据输入微机，以一元线性回归计算程序，计算钙、镁的含量。

参照采用国际标准 ISO 7027—84《水质——浊度的测定》，用目视比浊法测定饮用水和水源水等低浊度的水。

（二）目视比浊法

1. 实验原理

将水样与用硅藻土配制的浊度标准液进行比较，规定相当于 1mg 一定粒度的硅藻土在 1000mL 水中所产生的浊度为 1 度（FTU）。

2. 试剂

除非另有说明，分析时均使用符合国家标准或专业标准分析纯试剂，去离子水或同等纯度的水。

（1）浊度标准贮备液　称取 10g 通过 0.1mm 筛孔的硅藻土于研钵中，加入少许水调成糊状并研细，移至 1000mL 量筒中，加水至标线。充分搅匀后，静置 24h。用虹吸法仔细将上层 800mL 悬浮液移至第二个 1000mL 量筒中，向其中加水至 1000mL，充分搅拌，静置 24h。吸出上层含较细颗粒的 800mL 悬浮液弃去，下部溶液加水稀释至 1000mL。充分搅拌后，贮于具塞玻璃瓶中，其中含硅藻土颗粒直径大约为 400μm。

取 50.0mL 上述悬浊液置于恒重的蒸发皿中，在水浴上蒸干，于 105℃ 烘箱中烘 2h，置干燥器冷却 30min，称重。重复以上操作，即烘 1h，冷却，称重，直至恒重。求出 1mL 悬浊液含硅藻土的质量（mg）。

（2）浊度 250FTU 的标准液　吸取含 2850mg 硅藻土的悬浊液，置于 1000mL 容量瓶中，加水至标线，摇匀。此溶液浊度为 250FTU。

（3）浊度 100FTU 的标准液　吸取 100mL 浊度为 250FTU 的标准液于 250mL 容量瓶中，用水稀释至标线，摇匀。此溶液浊度为 100FTU。

在各标准液中分别加入氯化汞以防菌类生长。

注：氯化汞剧毒！

3. 仪器

（1）100mL 具塞比色管。

（2）250mL 无色具塞玻璃瓶，玻璃质量及直径均需一致。

（3）一般实验室仪器。

4. 实验步骤

（1）浊度低于 10FTU 的水样　吸取浊度为 100FTU 的标准液 0、1.0mL、2.0mL、3.0mL、4.0mL、5.0mL、6.0mL、7.0mL、8.0mL、9.0mL 及 10.0mL 于 100mL 比色管中，加水稀释至标线，混匀，配制成浊度为 0、1.0FTU、2.0FTU、3.0FTU、4.0FTU、5.0FTU、6.0FTU、7.0FTU、8.0FTU、9.0FTU 及 10.0FTU 的标准液。

取 100mL 摇匀水样于 100mL 比色管中，与上述标准液进行比较。可在黑色底板上由上向下垂直观察，选取与水样产生相近视觉效果的标液，记下其浊度值。

（2）浊度为 10FTU 以上的水样　吸取浊度为 250FTU 的标准液 0、10mL、20mL、30mL、40mL、50mL、60mL、70mL、80mL、90mL 及 100mL 置于 250mL 容量瓶中，加水稀释至标线，混匀。即得浊度为 0、10FTU、20FTU、30FTU、40FTU、50FTU、60FTU、70FTU、80FTU、90FTU 和 100FTU 的标准液，将其移入成套的 250mL 具塞

玻璃瓶中，每瓶加入 1g 氯化汞，以防菌类生长。

取 250mL 摇匀水样置于成套 250mL 具塞玻璃瓶中，瓶后放一有黑线的白纸板作为判别标志。从瓶前向后观察，根据目标的清晰程度选出与水样产生相接近视觉效果的标准液，记下其浊度值。

水样浊度超过 100FTU 时，用无浊度水稀释后测定。

溶出度测定仪的原理及使用

溶解氧测定仪（图 2-4）是测定水中溶解氧的装置。其工作原理是氧透过隔膜被工作电极还原，产生与氧浓度成正比的扩散电流，通过测量此电流，得到水中溶解氧的浓度。根据浓度不同，隔膜电极分为极谱式和原电池式两种类型。极谱式隔膜电极以银-氯化银作为对电极，电极内部电解液为氯化钾，电极外部为厚度 $25 \sim 50 \mu m$ 的聚乙烯和聚四氟乙烯薄膜，薄膜挡住了电极内、外液体交流，使水中溶解氧渗入电极内部，两电极间的电压控制在 $0.5 \sim 0.8V$，通过外部电路测得扩散电流可知溶解氧浓度。原电池式用银作阳电极，铅作阴电极。

图 2-4　溶解氧测定仪

阳电极和银电极浸入氢氧化钾电解池中，形成两个半电池，外层同样用薄膜封住。溶解氧在阳极被还原，产生扩散电流，通过测定扩散电流可得溶解氧浓度。

思考与练习

1. 当水样的 pH 值小于 7.0 时，如何选择定位液及复定位液。

2. 在测试过程中若出现水样的 pH 值测出结果不稳定，如何处理。

3. 在 EDTA 滴定法测定硬度中，容易产生滴定误差的因素是什么？怎样排除？

4. 测定硬度的原理是什么？

5. 福马肼浊度法实验的主要影响因素有哪些？

6. 福马肼浊度法在工业用水分析中的意义是什么？

7. 莫尔法测 Cl^- 时，为什么溶液的 pH 需控制在 $6.5 \sim 10.5$？

8. 莫尔法指示剂是 $K_2Cr_2O_7$ 溶液还是 K_2CrO_4 溶液？为什么？

9. 莫尔法以 K_2CrO_4 作指示剂时，其浓度太大或太小对测定有何影响？

10. 测定水中的溶解氧的基本原理有什么？

11. 测定溶解样有何意义？

12. Fe^{3+} 对测定有何影响？如何消除？

13. 溶解氧与 BOD_5 有何关系？如何测定 BOD_5？

任务二　工业废水分析

🔖 任务目标

1. 了解工业废水化学需氧量、铬、挥发酚的测定方法原理；
2. 掌握氧化还原滴定法测定化学需氧量、二苯碳酰二肼分光光度法测定铬、重量法测定工业废水中挥发酚的基本操作技术；
3. 能够对测定的分析数据进行处理和结果判断。

🔖 任务介绍

本次任务主要介绍工业废水的化学需氧量、铬元素、挥发酚的测定方法。

化学需氧量 COD 是以化学方法测量水样中需要被氧化的还原性物质的量。废水、废水处理厂出水和受污染的水中，能被强氧化剂氧化的物质（一般为有机物）的氧当量。在河流污染和工业废水性质的研究以及废水处理厂的运行管理中，它是一个重要的而且能较快测定的有机物污染参数，常以符号 COD 表示。一般测量化学需氧量所用的氧化剂为高锰酸钾或重铬酸钾，使用不同的氧化剂得出的数值也不同，因此需要注明检测方法。为了统一具有可比性，各国都有一定的监测标准。根据所加强氧化剂的不同，分别成为重铬酸钾耗氧量（习惯上称为化学需氧量，简称 COD）和高锰酸钾耗氧量（习惯上称为耗氧量，简称 OC，也称为高锰酸盐指数）。

铬是生物体必需的微量元素之一。铬的缺乏会导致糖、脂肪等物质的代谢紊乱，但摄入量过高对生物和人类有害。六价铬比三价铬的毒性高 100 倍，并易被人体吸收而在体内蓄积，三价铬和六价铬之间还可以相互转化。我国规定铬在地面水中最高允许浓度：三价铬为 0.5mg/L，六价铬为 0.1mg/L，生活饮水最高允许浓度（六价铬）为 0.055mg/L。因此对六价铬需要一种简单、有效的分析方法。六价铬的测定方法有很多：如二苯碳酰二肼可见分光光度法、示波极谱滴定法、原子吸收分光光度法、动力学光度法、流动注射光度法等，但大多由于仪器价高难以普及使用。分光光度法则以仪器价廉，操作简单等优点，目前在我国仍具有广泛的实用价值。

根据酚类能否与水蒸气一起蒸出，分为挥发酚和不挥发酚。酚类为原生质毒，属高毒物质，人体摄入一定量会出现急性中毒症状；长期饮用被酚污染的水，可引起头痛、出疹、瘙痒、贫血及各种神经系统症状。当水中含酚 0.1～0.2mg/L，鱼肉有异味；大于 5mg/L 时，鱼中毒死亡。含酚浓度高的废水不宜用于农田灌溉，否则会使农作物枯死或减产。常根据酚的沸点、挥发性和能否与水蒸气一起蒸出，分为挥发酚和不挥发酚。通常认为沸点在 230℃ 以下为挥发酚，一般为一元酚；沸点在 230℃ 以上为不挥发酚。苯酚、甲酚、二甲酚均为挥发酚，二元酚、多元酚属不挥发酚。酚的主要污染源有煤气洗涤、炼焦、合成氨、造纸、木材防腐和化工行业的工业废水。酚类化合物是水体污染的一项重要指标，生活饮水、地表水、地下水和工业废水中挥发酚的测定（4-氨基安替比林分光光度法），测定范围是 $0.002\sim0.5mg/L$（以苯酚计）。

任务解析

通过完成本任务，学生需理解测定工业废水中化学需氧量、铬元素的意义，明确工业废水中酚类物质的危害；说明测定的基本原理；能根据标准进行规范测定，正确处理分析数据并判断结果，能对实验过程中出现的异常情况及时处理。在任务实施中教师注重对标准操作的讲解和示范，对实验中的细节引导学生思考，逐一解决。

任务实施

一、化学耗氧量的测定（重铬酸钾快速法）

1. 实验原理

本法基于在适当提高硫酸浓度的条件下，可提高重铬酸钾的氧化率，缩短回流时间，达到快速测定的目的。氯离子在此条件下也被氧化，干扰测定，可加入适量硝酸银和硝酸铋以消除其干扰。

2. 试剂

（1）硫酸银-硫酸溶液　称取 10g 硫酸银溶于 1L 浓硫酸中，贮存于棕色瓶中。

（2）试亚铁灵指示剂　称取 1.48g 邻菲啰啉和 0.70g 硫酸亚铁（$FeSO_4 \cdot 7H_2O$）溶于 200mL 二次蒸馏水，贮于棕色瓶中。

（3）$c(1/6K_2Cr_2O_7) = 0.02000mol/L$ 的重铬酸钾标准溶液　称取 0.9807g 优级纯重铬酸钾（预先在 $105\sim110℃$ 烘箱中干燥 2h），溶于二次蒸馏水，并转移至 1L 容量瓶中，稀释至刻度，摇匀。

（4）$c[1/2FeSO_4(NH_4)_2SO_4] = 0.01mol/L$ 的硫酸亚铁铵标准溶液　称取 3.92g 硫酸亚铁铵 $[FeSO_4 \cdot (NH_4)_2SO_4 \cdot 6H_2O]$，溶于蒸馏水，加浓硫酸 10mL，冷却后用二次蒸馏水稀释至 1L，摇匀。此液使用时按下法标定：

取 500mL $c(1/6K_2Cr_2O_7) = 0.02000mol/L$ 的重铬酸钾标准液，注入锥形瓶中，加 45mL 蒸馏水稀释，再加 5mL 硫酸银—硫酸溶液，冷却后加 1 滴试亚铁灵指示剂，用硫酸亚铁铵溶液滴定到颜色从蓝色变到红棕色即为终点，记录消耗硫酸亚铁铵溶液的体积 V（mL）。硫酸亚铁铵标准溶液的浓度按下式计算：

$$c[1/2FeSO_4(NH_4)_2SO_4] = \frac{0.02000mol/L \times 5.00mL}{V}$$

（5）硝酸银溶液　称取 1g 硝酸银溶于 100mL 蒸馏水，贮于棕色瓶中。

（6）硝酸铋溶液　称取 1g 硝酸铋 $[Bi(NO_3)_3 \cdot 5H_2O]$ 溶于 100mL 硫酸溶液中（1+2）。

（7）二次蒸馏水　为使空白和稀释用的水中不含有机物，于每升普通蒸馏水中加入约 5mL 浓硫酸和 0.2g 高锰酸钾，使水保持紫红色，重新蒸馏一次。凝气式电厂可用高压炉无污染的过热蒸汽凝结水代替。

3. 仪器

（1）回流装置　150mL（或 250mL）磨口锥形瓶加装一支球形冷凝器（长度为 30cm）。

（2）加热装置　600～800W 电炉上放置一块石棉网。

（3）10mL 微量滴定管一支。

4. 实验步骤

（1）取 10.00mL 水样置于回流的磨口锥形瓶中，加 1mL 硝酸银溶液，摇匀，再加 1mL 硝酸铋溶液，摇匀（氯离子含量在 500～200mg/L 时应各加 2mL）。

（2）加 5.00mL $c(1/6K_2Cr_2O_7)＝0.02mol/L$ 的重铬酸钾溶液及两颗玻璃球，然后加 20mL 硫酸银—硫酸溶液，摇匀。

（3）装上球形冷凝器，回流 10min（从沸腾算起）。

（4）稍冷后，从冷凝器管口上端慢慢加入 50mL 二次蒸馏水，洗涤管壁。取下锥瓶，在冷水浴中冷却至室温。

（5）加 1 滴试亚铁灵指示剂，过量的重铬酸钾用硫酸亚铁铵标准溶液滴定，溶液从蓝天绿色变为红棕色即为终点。

另取 10.00mL 二次蒸馏水，进行空白试验。重铬酸钾耗氧量 $(COD)_{Cr}$ 的数值 (mgO_2/L) 按下式计算：

$$(COD)_{Cr}＝\frac{(V_2－V_1)c\times8\times1000}{V}$$

式中　V_1——滴定水样时消耗硫酸亚铁铵标准溶液的体积，mL；

$\quad\quad V_2$——空白试验消耗的硫酸亚铁铵标准溶液的体积，mL；

$\quad\quad c$——硫酸亚铁铵溶液的物质的量的浓度；

$\quad\quad V$——所取水样的体积，mL；

$\quad\quad 8$——（1/2O）物质的量。

5. 注意事项

（1）加硝酸银和硝酸铋溶液的次序为：先加硝酸银，摇匀后再加硝酸铋，再摇匀。不可先加硝酸铋，后加硝酸银，也不可同时加。否则会使测定结果偏高。

（2）为防止回流时溶液沸腾时强度太大，冷凝不完全而引起冷凝管口冒蒸汽，电炉功率以 600～800W 为宜。

（3）当水样耗氧量在 50mgO_2/L 以上时，应使用 $c(1/6K_2Cr_2O_7)＝0.05000mol/L$ 的重铬酸钾标准液和 $c[1/2FeSO_4\cdot(NH_4)_2SO_4]＝0.025mol/L$ 的硫酸亚铁铵标准液，其余均不变。

（4）若回流时溶液颜色变绿，说明水样化学耗氧量数值太高，须少取水样，用二次蒸馏水稀释后重新测定。

（5）防止"爆沸"用的玻璃球，要预先经过处理。可先用洗液浸泡，再用二次蒸馏水冲洗干净，在烘箱中干燥后备用。

（6）测定后的废液因酸度极高，不能任意排放，应集中处理后再排放。

二、铬的测定（二苯碳酰二肼分光光度法）

1. 实验原理

总铬的测定是将三价铬氧化成六价铬后，用二苯碳酰二肼分光光度法测定。在酸性溶液中，试样的三价铬被高锰酸钾氧化成六价铬，六价铬与二苯碳酰二肼反应生成紫红色化合物于波长 540nm 处进行分光光度测定。过量的高锰酸钾用亚硝酸钠分解而过量的亚硝酸钠又被尿素分解。

2. 试剂

丙酮、硫酸、（1＋1）磷酸溶液、1.42g/mL 硝酸、氯仿、40g/L 高锰酸钾溶液；200g/L 尿素溶液、20g/L 亚硝酸钠溶液、（1＋1）氢氧化铵溶液、50g/L 铜铁试剂溶液、0.1000g/L 铬标准贮备溶液、1mg/L 铬标准溶液、5.00mg/L 铬标准溶液、2g/L 二苯碳酰二肼丙酮溶液（显色剂）。

3. 仪器

分光光度计，酒精灯

4. 测定条件及样品处理方法

（1）测定条件　铬含量高时小于 1mg/L，540nm 波长下测定。

（2）样品处理方法　取 50.0mL 样品置 100mL 烧杯中，加入 5mL 硝酸和 3mL 硫酸蒸发至冒白烟，如溶液仍有色再加入 5mL 硝酸重复上述操作至溶液清澈冷却。置 100mL 分液漏斗中用氨水溶液调至中性，加入 3mL 硫酸溶液，用冰水冷却后，加入 5mL 钢铁试剂后，振摇 1min 置冰水中冷却 2min 每次用 5mL 氯仿，共萃取三次弃去氯仿层。将水层移入锥形瓶中，用少量水洗涤分液漏斗洗涤水亦并入锥形瓶中加热煮沸，使水层中氯仿挥发后，置于 150mL 锥形瓶中。用氢氧化铵溶液或硫酸溶液调至中性加入几粒玻璃珠，加入 0.5mL 硫酸溶液和 0.5mL 磷酸溶液摇匀，加 2 滴高锰酸钾溶液。如紫红色消退则应添加高锰酸钾溶液保持紫红色加热煮沸至溶液体积约剩 20mL。取下冷却，加入 1mL 尿素溶液，摇匀用滴管滴加亚硝酸钠溶液，每加一滴充分摇匀至高锰酸钾的紫红色刚好退去，稍停片刻待溶液内气泡逸出转移至 50mL 比色管。

5. 实验步骤

（1）空白试验　按与试样完全相同的处理步骤进行空白试验，仅用 50mL 水代替试样。

（2）校准　向一系列 150mL 锥形瓶中分别加入 0、0.20mL、0.50mL、1.00mL、2.00mL、4.00mL、6.00mL、8.00mL 和 10.00mL 铬标准溶液，用水稀释至 50mL，然后按照测定试样的步骤进行处理，从测得的吸光度减去空白试验的吸光度后，绘制以含铬量对吸光度的曲线。

（3）测定　取 50mL 或适量处理的试样置 50mL 比色管中用水稀释至刻线，加入 2mL 显色剂摇匀，10min 后在 540nm 波长下用 10mm 或 30mm 光程的比色皿，以水做参比测定吸光度减去空白试验吸光度从校准曲线上查得铬的含量。

6. 数据处理

铬标准溶液/mL	0	0.20	0.50	1.00	2.00	4.00	6.00	8.00	10.00
吸光度									

总铬含量 c_1（mg/L）按下式计算：

$$c_1 = \frac{m}{V}$$

式中　m——从校准曲线上查得的试样中含铬量；

　　　V——试样的体积，mL。

铬含量低于 0.1mg/L 结果以三位小数表示六价铬含量高于 0.1mg/L 结果以三位有效数字表示。

7. 注意事项

① 本实验适合于低铬含量的测定。

② 实验室样品应该用玻璃瓶采集，采集时加入硝酸调节样品 pH 值小于 2，在采集后尽快测定如放置不得超过 24h。

③ 2g/L 二苯碳酰二肼丙酮溶液（显色剂）贮于棕色瓶置冰箱中，色变深后不能使用。

④ 使用的吸收池必须洁净，并注意配对使用。量瓶、移液管均应校正、洗净后使用。

⑤ 取吸收池时，手指应拿毛玻璃面的两侧，装样品以池体的 2/3～4/5 为度。

三、挥发酚的测定（4-氨基安替比林分光光度法）

1. 实验原理

在 pH 为 10±0.2 和氧化剂铁氰化钾的存在的溶液中，酚与 4-氨基安替比林反应，生成橙红色的安替比林染料。用氯仿从水溶液中萃取出来，在 460nm 波长处测定吸光度，然后求出水样中挥发酚的含量（以苯酚计，mg/L）.

2. 仪器

500mL 全玻璃蒸馏器、50mL 具塞比色管、分光光度计。

3. 试剂

（1）无酚水　于 1 升中加入 0.2g 经 200℃活化 0.5h 的活性炭粉末，充分振摇后，放置过夜。用双层中速滤纸过滤，滤出液贮于硬质玻璃瓶中备用。或加氢氧化钠使水呈强碱性，并滴加高锰酸钾溶液至紫红色，移入蒸馏瓶中加热蒸馏，收集馏出液备用。

（2）硫酸铜溶液　称取 50g 硫酸铜（$CuSO_4 \cdot 5H_2O$）溶于水，稀释至 500mL。

（3）磷酸溶液　量取 10mL 85%的磷酸用水稀释至 100mL。

（4）甲基橙指示剂溶液　称取 0.05g 甲基橙溶于 100mL 水中。

（5）苯酚标准贮备液　称取 1.00g 无色苯酚溶于水，移入 1000mL 容量瓶中，稀释至标线，置于冰箱内备用。该溶液按下述方法标定：

吸取 10.00mL 苯酚标准贮备液于 250mL 碘量瓶中，加 100mL 水和 10.00mL 0.1000mol/L 溴酸钾-溴化钾溶液，立即加入 5mL 浓盐酸，盖好瓶塞，轻轻摇匀，于暗处放置 10min。加入 1g 碘化钾，密塞，轻轻摇匀，于暗处放置 5min 后，用 0.125mol/L 硫代硫酸钠标准溶液滴定至淡黄色，加 1mL 淀粉溶液，继续滴定至蓝色刚好退去，记录用量。以水代替苯酚贮备液做空白试验，记录硫代硫酸钠标准溶液用量。苯酚贮备液质量浓度 ρ（苯酚）(mg/L) 按下式计算：

$$\rho(\text{苯酚}) = \frac{(V_1 - V_2)c \times M(1/6C_6H_5OH)}{V}$$

式中　　　　V_1——空白试验消耗硫代硫酸钠标准溶液量，mL；

　　　　　　V_2——滴定苯酚标准贮备液时消耗硫代硫酸钠标准溶液量，mL；

　　　　　　V——苯酚标准贮备液体积，mL；

　　　　　　c——硫代硫酸钠标准溶液浓度，mol/L；

$M(1/6C_6H_5OH)$——1/6C$_6$H$_5$OH 苯酚摩尔质量，15.68g/mol。

（6）苯酚标准中间液　取适量苯酚贮备液，用水稀释至每毫升含 0.010mg 苯酚。使用时当天配制。

（7）溴酸钾-溴化钾标准参考溶液 $[c(1/6KBrO_3)=0.1mol/L]$　称取 2.784g 溴酸钾（KBrO$_3$）溶于水，加 10g 溴化钾（KBr），使其溶解，移入 1000mL 容量瓶中，稀释至标线。

（8）碘酸钾标准溶液 $[c(1/6KIO_3)=0.250mol/L]$　称取预先经 180℃烘干的碘酸钾 0.8917g 溶于水，移入 1000mL 容量瓶中，稀释至标线。

（9）硫代硫酸钠标准溶液　称取 6.2g 硫代硫酸钠（Na$_2$S$_2$O$_3$·5H$_2$O）溶于煮沸放冷的水中，加入 0.2g 碳酸钠，稀释至 1000mL，临用前，用下述方法标定：

吸取 20.00mL 碘酸钾溶液于 250mL 碘量瓶中，加水稀释至 100mL，加 1g 碘化钾，再加 5mL(1+5) 硫酸，加塞，轻轻摇匀。置暗处放置 5min，用硫代硫酸钠溶液滴定至淡黄色，加 1mL 淀粉溶液，继续滴定至蓝色刚退去为止，记录硫代硫酸钠溶液用量。按下式计算硫代硫酸钠溶液浓度 $c(Na_2S_2O_3)$(mol/L)：

$$c(Na_2S_2O_3) = \frac{c(1/6KIO_3)V_4}{V_3}$$

式中　　　V_3——硫代硫酸钠标准溶液消耗体积，mL；

　　　　　V_4——移取碘酸钾标准溶液体积，mL；

$c(1/6KIO_3)$——1/6KIO$_3$ 碘酸钾标准溶液浓度，0.0250mol/L。

（10）淀粉溶液　称取 1g 可溶性淀粉，用少量水调成糊状，加沸水至 100mL，冷后，置冰箱内保存。

（11）缓冲溶液（pH 约为 10）　称取 2g 氯化铵（NH$_4$Cl）溶于 100mL 氨水中，加塞，置于冰箱中保存。

（12）2%（质量浓度）4-氨基安替比林溶液　称取 4-氨基安替比林（C$_{11}$H$_{13}$N$_3$O）2g 溶于水，稀释至 100mL，置于冰箱内保存。可使用一周。

注：固体试剂易潮解、氧化，宜保存在干燥器中。

（13）8%（质量浓度）铁氰化钾溶液　称取 8g 铁氰化钾{K$_3$[Fe(CN)$_6$]}溶于水，稀释至 100mL，置于冰箱内保存。可使用一周。

4. 实验步骤

(1) 水样预处理

① 量取 250mL 水样置于蒸馏瓶中, 加数粒小玻璃珠以防暴沸, 再加二滴甲基橙指示液, 用磷酸溶液调节至 pH 为 4 (溶液呈橙红色), 加 5.0mL 硫酸铜溶液 (如采样时已加过硫酸铜, 则补加适量)。

如加入硫酸铜溶液后产生较多量的黑色硫化铜沉淀, 则应摇匀后放置片刻, 待沉淀后, 再滴加硫酸铜溶液, 至不再产生沉淀为止。

② 连接冷凝器, 加热蒸馏, 至蒸馏出约 225mL 时, 停止加热, 放冷。向蒸馏瓶中加入 25mL 水, 继续蒸馏至馏出液为 250mL 为止。

蒸馏过程中, 如发现甲基橙的红色退去, 应在蒸馏结束后, 再加 1 滴甲基橙指示液。如发现蒸馏后残液不呈酸性, 则应重新取样, 增加磷酸加入量, 进行蒸馏。

(2) 标准曲线的绘制　于一组 8 支 50mL 比色管中, 分别加入 0、0.50mL、1.00mL、3.00mL、5.00mL、7.00mL、10.00mL、12.50mL 苯酚标准中间液, 加水至 50mL 标线。加 0.5mL 缓冲溶液, 混匀, 此时 pH 值为 10.0±0.2, 加 4-氨基安替比林溶液 1.0mL, 混匀。再加 1.0mL 铁氰化钾溶液, 充分混匀, 放置 10min 后立即于 510nm 波长处, 用 20mm 比色皿, 以水为参比, 测量吸光度。经空白校正后, 绘制吸光度对苯酚含量 (mg) 的标准曲线。

(3) 水样的测定　分取适量馏出液于 50mL 比色管中, 稀释至 50mL 标线。用与绘制标准曲线相同步骤测定吸光度, 计算减去空白试验后的吸光度。空白试验是以水代替水样, 经蒸馏后, 按与水样相同的步骤测定。

5. 数据处理

标准溶液/mL	0	0.50	1.00	3.00	5.00	7.00	10.00	12.50
吸光度								

水样中挥发酚类的含量 ρ(挥发酚类)(以苯酚计, mg/L) 按下式计算:

$$\rho(\text{挥发酚类}) = \frac{m}{V} \times 1000$$

式中　m——水样吸光度经空白校正后从标准曲线上查得的苯酚含量, mg;

　　　　V——移取馏出液体积, mL。

6. 注意事项

(1) 如水样含挥发酚较高, 移取适量水样并加至 250mL 进行蒸馏, 则在计算时应乘以稀释倍数。如水样中挥发酚类浓度低于 0.5mg/L 时, 采用 4-氨基安替比林萃取分光光度法。

(2) 当水样中含游离氯等氧化剂、硫化物、油类、芳香胺类及甲醛、亚硫酸钠等还原剂时, 应在蒸馏前先做适当的预处理。

任务评价

任务考核评价表

评价项目	评价标准	评价方式			权重	得分小计	总分
		自我评价	小组评价	教师评价			
		0.1	0.2	0.7			
职业素质	1. 遵守实验室管理规定，严格操作程序。 2. 按时完成学习任务。 3. 学习积极主动、勤学好问				0.2		
专业能力	1. 理解测定的原理。 2. 实验操作规范。 3. 实验结果准确且精确度高				0.7		
协作能力	团队中所起的作用，团队合作的意识				0.1		
教师综合评价							

 拓展提高

高锰酸钾法测定化学耗氧量

高锰酸钾指数是指在一定条件下，以高锰酸钾为氧化剂，处理水样时所消耗的氧量，以氧的 mg/L 来表示。水中部分有机物及还原性无机物均可消耗高锰酸钾。因此，高锰酸钾指数常作为水体受有机物污染程度的综合指标。

水样加入硫酸使呈酸性后，加入一定量的高锰酸钾溶液，并在沸水浴中加热反应一定的时间。剩余的高锰酸钾加入过量草酸钠溶液还原，再用高锰酸钾溶液回滴过量的草酸钠，通过计算求出高锰酸盐指数。

硫酸亚铁铵滴定法测定铬

在酸性溶液中：以银盐作催化剂，用过硫酸铵将三价铬氧化成六价铬。加入少量氯化钠并煮沸，除去过量的过硫酸铵及反应中产生的氯气。以苯基代邻氨基苯甲酸做指示剂，用硫酸亚铁铵溶液滴定，使六价铬还原为三价铬，溶液呈绿色为终点。根据硫酸亚铁铵溶液的用量，计算出样品中总铬的含量。钒对测定有干扰，但在一般含铬废水中钒的含量在允许限以下。

气相色谱法测定废水中挥发酚

气相色谱法能测定含酚浓度 1mg/L 以上的废水中简单酚类组分的分析。

（1）仪器　气相色谱仪。

（2）试剂

① 载气　高纯度的氮气。

② 氢气　高纯度的氢气。

③ 水　要求无酚高纯水，可用离子交换树脂及活性炭处理，在色谱仪上检查无杂质峰。

④ 酚类化合物　要求高纯度的基准，可采用重蒸馏、重结晶或制备色谱等方法纯制。根据测试要求，可准备下列标准物质：酚、邻二甲酚、对二甲酚、邻二氯酚、间二氯酚、对二氯酚等 1～5 种二氯酚，1～6 种二甲酚等。

（3）色谱条件

① 固定液　5％聚乙二醇＋1％对苯二甲酸（减尾剂）。

② 担体　101 酸洗硅烷化白色担体，或 Chromosorb　W（酸洗、硅烷化），60～80 目。

③ 色谱柱　柱长 1.2～3m，内径 3～4mm。

④ 柱温　114～118℃。

⑤ 检测器　氢火焰检测器，温度 250℃。

⑥ 汽化温度　300℃。

⑦ 载气　N_2 流速 20～30mL/min。

⑧ 氢气　流速 25～30mL/min。

⑨ 空气　流速 500mL/min。

⑩ 记录纸速度　300～400mm/h。

（4）实验步骤

① 标准溶液的配制　配单一标准溶液及混合标准溶液，先配制每种组分的浓度为 1000.0mg/L，然后再稀释配成 100.0mg/L、10.0mg/L、1.0mg/L 三种浓度；混合标准溶液中各组分的浓度。分别为 100.0mg/L、10.0mg/L、1.0mg/L。

② 色谱柱的处理　在 180～190℃的条件下，（通载气 20～40mL/min）预处理 16～20h。

③ 保留时间的测定　在相同的色谱条件下。分别将单一组分标准溶液注入，测定每种组分的保留时间，并求出每种组分对苯酚的相对保留时间（以苯酚为 1），以此作出定性的依据。

④ 响应值的测定　在相同的浓度范围和相同色谱条件下，测出每种组分的色谱峰面积，然后求出每种组分的响应值及每组分对苯酚响应值比率。公式如下：

$$响应值 = \frac{某组分的浓度（mg/L）}{某组分的峰面积（mm^2）}$$

$$响应值比率 = \frac{某组分的浓度（mg/L）}{某组分的峰面积（mm^2）} \bigg/ \frac{苯酚浓度}{苯酚峰面积}$$

⑤ 水样的测定　根据预先选择好的进样量及色谱仪的灵敏度范围，重复注入试样三次，求得每种组分的平均峰面积。

（5）结果的计算

$$c_i = A_i \times \frac{c（酚）}{A（酚）} \times K_i$$

式中　c_i——待测组分 i 的浓度，mg/L；

　　　A_i——待测组分 i 的峰面积，mm²；

　c（酚）——苯酚的浓度，mg/L；

　A（酚）——苯酚的峰面积，mm²；

　　　K_i——组分 i 的响应值比率。

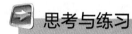 **思考与练习**

1. 重铬酸钾法测定水中化学耗氧量的原理是什么？

2. 试亚铁灵指示剂在测定过程中的作用原理是什么？

3. 测定工业废水中六价铬需如何处理？简述测定过程。

4. 用 10mm 比色皿和 30mm 比色皿测出的吸光度数值是否一致？为什么？

5. 4-氨基安替比林分光光度法测定挥发酚的原理是什么？有何干扰因素，应如何消除？反应条件如何？

项目三
煤分析技术

 项目导学

　　煤炭是工业中比较常见的物料，是我国国民经济发展的物质基础，可以作固体燃料，也可以作为冶金、化工的重要原料。煤炭企业生产的煤炭产品不仅要在数量上满足国民经济各物质生产部门的生产和人民群众的生活需要，而且也要在质量上满足不同用户的使用要求。根据煤炭产品质量特性和用途，一般煤炭质量可用一定的质量指标（或标准）来表示。如按煤的工业分析，可用煤的固定碳（C）、挥发分（V）、灰分（A）和水分（M）等指标来表示；按煤的元素分析，可用煤中碳（C）、氢（H）、氧（O）、氮（N）、硫（S）、磷（P）及微量元素含量的多少来表示；按煤的工艺性质，煤炭质量又可用煤的发热量（O）、煤的黏结性（R·I）和结焦性（y）、煤的热稳定性（TS）、煤灰的熔融性（DT、ST 或 FT）、煤的反应性、煤的燃点（T）以及煤的可选性等指标来表示。煤炭质量的高低，不仅关系到用煤单位的使用效果和产品质量，而且也关系到煤炭企业的声誉和经济效益，甚至也影响到国民经济的发展规模和水平。本项目主要结合化工生产的要求，介绍了煤的工业分析、元素分析、全硫的测定以及发热量的测定等分析技术方法。

 学习目标

认知目标

1. 了解煤的组成分类；
2. 了解煤的分析项目；
3. 熟悉煤工业分析的原理及方法；
4. 能进行各种基准的换算；
5. 知道煤的元素分析方法；
6. 知道煤的发热量的测定方法。

情感目标

1. 能正确、规范地进行实验操作；
2. 培养学生认真细致的工作态度；
3. 掌握煤分析的工作流程。

技能目标

1. 学会测定空气干燥煤样的水分、灰分、挥发分的含量；
2. 学会用碳氢测定仪测定煤中的碳氢元素含量；
3. 能用艾士卡法、库仑滴定法、高温燃烧-酸碱滴定法测定煤中全硫含量的操作；
4. 了解煤的发热量的操作。

 知识准备

一、煤的组成和分类

煤炭是一种可以用作燃料或工业原料的矿物。它是古代植物埋藏在地下经历了复杂的生物化学作用和地质作用而改变其物理、化学性质，由碳、氢、氧、氮等元素组成的黑色固体矿物。

煤是由有机质、矿物质和水组成。有机质和部分矿物质是可燃的，水和大部分矿物质是不可燃的。

煤中的有机质主要是由碳、氢、氧、氮等元素组成。其中碳氢占有机质的95％以上。煤燃烧时，主要是由机质中的碳、氢与杨的化合热放热。硫在燃烧时也放热，但燃烧产生二氧化硫气体，不但腐蚀设备而且污染环境。

矿物主要是碱金属、碱土金属、铁铝等的碳酸盐、硅酸盐、硫酸盐、磷酸盐及硫化物。除硫化物外，矿物质不能燃烧，但随着燃烧过程，变成灰分。正是由于矿物质的存在使煤的可燃部分比例降低，影响煤的发热量。

煤中的水分，主要存在于煤的孔隙中。水分的存在会影响没得燃烧稳定性和热传导，本身不放热，还吸收热量化为水蒸气。

根据成煤植物的不同，可将煤分为两大类，即腐殖煤和腐泥煤。由高等植物形成的煤称为腐殖煤，它又可以分为陆殖煤和残殖煤，通常讲的煤就是指的是腐殖煤中的陆殖煤。陆殖煤又分为泥煤、褐煤、烟煤和无烟煤四类。煤炭产品主要有原煤、精煤、商品煤等。煤在工业上主要用作固体燃料，也可以作为冶金、化工的重要原料。

煤在隔绝空气的条件下，加热干馏，水以及部分有机物裂解生成的气态产物挥发逸出，不挥发部分即为焦炭。焦炭的组成和煤相似，只是挥发份的含量较低。

二、煤的分析项目

工业上常见的和最重要的分析项目是煤的工业分析和元素分析。除此以外，煤的分析项目还有物理性质测定、工艺性质测定和煤灰成分分析。

1. 工业分析

煤的工业分析也叫做技术分析或实用分析，主要包括煤的水分、灰分、挥发分和固定碳的成分测定。有时我们也将水分、灰分、挥发分和固定碳四个项目的测定称为煤的半工业分析。煤的工业分析是了解煤质特性的主要指标，也是评价煤质的基本依据。

（1）水分（M）　水分是指单位质量的煤中水的含量。煤中的水分有外在水分、内在水分和结晶水三种存在状态。一般以煤的内在水分作为评定煤质的指标。煤化程度越低，煤的内部表面积越大，水分含量越高。水分对煤的加工利用是有害物质。在煤的贮存过程中，它能加速风化、破裂，甚至燃；在运输时，会增加运量，浪费运力，增加运费；炼焦时，消耗热量，降低炉温，延长炼焦时间，降低生产效率；燃烧时，降低有效发热量；在高寒地区的冬季，还会使煤冻结，造成装卸困难。只有在压制煤砖和煤球时，需要适量的水分才能成型。

（2）灰分（A）　灰分是指煤在规定条件下完全燃烧后剩下的固体残渣。它是煤中的矿物质经过氧化、分解而来。灰分对煤的加工利用极为不利。灰分越高，热效率越低；燃烧时，熔化的灰分还会在炉内结成炉渣，影响煤的气化和燃烧，同时造成排渣困难；炼焦时，全部转入焦炭，降低了焦炭的强度，严重影响焦炭质量。煤灰成分十分复杂，成分不同直接影响到灰分的熔点。灰熔点低的煤，燃烧和气化时，会给生产操作带来许多困难。为此，在评价煤的工业用途时，必须分析灰成分，测定灰熔点。

（3）挥发分（V）　挥发分指煤中的有机物质受热分解产生的可燃性气体。它是对煤进行分类的主要指标，并被用来初步确定煤的加工利用性质。煤的挥发分产率与煤化程度有密切关系，煤化程度低，挥发分越高，随着煤化程度加深，挥发分逐渐降低。

（4）固定碳（C）　测定煤的挥发分时，剩下的不挥发物称为焦碴。焦碴减去灰分称为固定碳。它是煤中不挥发的固体可燃物，可以用计算方法算出。焦碴的外观与煤中有机质的性质有密切关系，因此，根据焦碴的外观特征，可以定性地判断煤的黏结性和工业用途。

2. 元素分析

煤的元素分析包括碳、氢、氮、氧、硫五个项目的分析的总称。元素分析结果是对煤质进行科学分类的主要依据之一，在工业上是作为计算发热量、干馏产物产率、热量平衡的依据。元素分析结果表明了煤的固有成分，更符合煤的客观实际。

（1）碳　一般认为，煤是由带脂肪侧链的大芳环和稠环所组成的。这些稠环的骨架是由碳元素构成的。因此，碳元素是组成煤的有机高分子的最主要元素。同时，煤中还存在着少量的无机碳，主要来自碳酸盐类矿物，如石灰岩和方解石等。碳含量随煤化度的升高而增加。在我国泥炭中干燥无灰基碳含量为 $55\%\sim62\%$；成为褐煤以后碳含量就增加到 $60\%\sim76.5\%$；烟煤的碳含量为 $77\%\sim92.7\%$；一直到高变质的无烟煤，碳含量为 88.98%。个别煤化度更高的无烟煤，其碳含量多在 90% 以上，如北京、四望峰等地的无烟煤，碳含量高达 $95\%\sim98\%$。因此，整个成煤过程，也可以说是增碳过程。

（2）氢　氢是煤中第二个重要的组成元素。除有机氢外，在煤的矿物质中也含有少量的无机氢。它主要存在于矿物质的结晶水中，如高岭土（$Al_2O_3 \cdot 2SiO_2 \cdot 2H_2O$）、石膏（$CaSO_4 \cdot 2H_2O$）等都含有结晶水。在煤的整个变质过程中，随着煤化度的加深，氢含量逐渐减少，煤化度低的煤，氢含量大；煤化度高的煤，氢含量小。总的规律是氢含量随碳含量的增加而降低。尤其在无烟煤阶段就尤为明显。当碳含量由 92% 增至 98% 时，含量则由 2.1% 降到 1% 以下。通常是碳含量在 $80\%\sim86\%$ 之间时，氢含量最高。即在烟煤的气煤、气肥煤段，氢含量能高达 6.5％。在碳含量为 65％～80％ 的褐煤和长焰煤段，氢含量多数小于 6％。但变化趋势仍是随着碳含量的增大而氢含量减小。

（3）氮　煤中的氮含量比较少，一般约为 0.5％～3.0％。氮是煤中唯一的完全以有机状态存在的元素。煤中有机氯化物被认为是比较稳定的杂环和复杂的非环结构的化合物，其原生物可能是动、植物脂肪。植物中的植物碱、叶绿素和其他组织的环状结构中都含有氮，而且相当稳定，在煤化过程中不发生变化，成为煤中保留的氮化物。以蛋白质形态存在的氮，仅在泥炭和褐煤中发现，在烟煤很少，几乎没有发现。煤中氮含量随煤的变质程度的加深而减少。它与氢含量的关系是，随氢含量的增高而增大。

（4）氧　氧是煤中第三个重要的组成元素。它以有机和无机两种状态存在。有机氧主要存在于含氧官能团，如羧基（—COOH）、羟基（—OH）和甲氧基（—OCH$_3$）等中；无机氧主要存在于煤中水分、硅酸盐、碳酸盐、硫酸盐和氧化物中等。煤中有机氧随煤化度的加深而减少，甚至趋于消失。褐煤在干燥无灰基碳含量小于 70％ 时，其氧含量可高达 20％ 以上。烟煤碳含量在 85％ 附近时，氧含量几乎都小于 10％。当无烟煤碳含量在 92％ 以上时，其氧含量都降至 5％ 以下。

（5）煤的全硫分析　煤中的硫分是有害杂质，它能使钢铁热脆、设备腐蚀、燃烧时生成的二氧化硫（SO$_2$）污染大气，危害动、植物生长及人类健康。所以，硫分含量是评价煤质的重要指标之一。煤中含硫量的多少，似与煤化度的深浅没有明显的关系，无论是变质程度高的煤或变质程度低的煤，都存在着有机硫或多或少的煤。煤中硫分的多少与成煤时的古地理环境有密切的关系。在海陆相交替沉积的煤层或浅海相沉积的煤层，煤中的硫含量就比较高，且大部分为有机硫。

根据煤中硫的赋存形态，一般分为有机硫和无机硫两大类。各种形态的硫分的总和称为全硫分。所谓有机硫，是指与煤的有机结构相结合的硫。有机硫主要来自成煤植物中的蛋白质和微生物的蛋白质。煤中无机硫主要来自矿物质中各种含硫化合物，一般又分为硫化物硫和硫酸盐硫两种，有时也有微量的单质硫。硫化物硫主要以黄铁矿为主，其次为白铁矿、磁铁矿（Fe$_3$O$_4$）、闪锌矿（ZnS）、方铅矿（PbS）等。硫酸盐硫主要以石膏（CaSO$_4$·2H$_2$O）为主，也有少量的绿矾（FeSO$_4$·7H$_2$O）等。

（6）煤的发热量测定　发热量是供热用煤或焦炭的主要质量指标之一。现行企业中煤的发热量不属于常规分析项目。燃煤或炼焦工艺过程的热平衡、煤或焦炭耗量、热效率等的计算，都以此为依据。

三、煤质分析化验的基准

1. 煤质分析化验基准的概念

在煤质分析化验中，不同的煤样其化验结果是不同的。同一煤样在不同的状态下其测试结果也是不同的。如一个煤样的水分，经过空气干燥后的测试值比空气干燥前的测试值要小。所以，任何一个分析化验结果，必须标明其进行分析化验时煤样所处的状态。煤的基准状态分叙如下。

（1）分析基（ad）　进行煤质分析化验时，煤样所处的状态为空气干燥状态。

（2）干燥基（d） 进行煤质分析化验时，煤样所处的状态为无水分状态。

（3）收到基（ar） 进行煤质分析化验时，煤样所处的状态为收到该批煤所处的状态。

（4）干燥无灰基（daf） 煤样的这种状态实际中是不存在的，是在煤质分析化验中，根据需要换算出的无水、无灰状态。

（5）无水无矿物质基（dmmf） 煤样的这种状态实际中也是不存在的，也是换算出的无水、无矿质状态。

（6）恒湿无灰基（maf） 煤样的这种状态也是换算出来的。恒湿的含义是指温度在 30℃，相对湿度为 96％时测得煤样的水分（或叫最高内在水分）。

2. 煤质分析化验基准间的换算

煤质分析化验中，有些基准在实际中是不存在的，是根据需要换算出来的；有些基准在实际存在，但为了方便，有时不进行测试，而是根据已知基准的分析化验结果进行换算，这样就简单多了。

化验室中进行煤质分析化验时，使用的煤样为分析煤样。分析煤样是经过一次次破碎和缩分得到的，它所处的状态为空气干燥状态。所以，化验室中用分析煤样进行分析化验时，其基准为分析基（又称为空气干燥基）。

分析煤样分析基化验结果，是化验室中直接测到的，是最基础的化验结果，是换算其他基准的分析化验结果的基础。

各种基准间的换算公式如下。

（1）干燥基的换算

$$X_d = X_{ad} \times \frac{100\%}{100\% - M_{ad}}$$

式中　X_{ad}——分析基的化验结果；

　　　M_{ad}——分析基水分；

　　　X_d——换算干燥基的化验结果。

（2）收到基的换算

$$X_{ar} = X_{ad} \times \frac{100\% - M_{ar}}{100\% - M_{ad}}$$

式中　M_{ar}——收到基水分；

　　　X_{ar}——换算为收到基的化验结果。

（3）无水无灰基的换算

$$X_{daf} = X_{ad} \times \frac{100\%}{100\% - M_{ad} - A_{ad}}$$

式中　A_{ad}——分析基灰分；

　　　X_{daf}——换算为干燥无灰基的化验结果。

当煤中碳酸盐含量大于 2％时，上式的分母中还要减去碳酸盐中 CO_2 含量，则

$$X_{daf} = X_{ad} \times \frac{100\%}{100\% - M_{ad} - A_{ad} - (CO_2)_{ad}}$$

任务一 煤的工业分析

任务目标

1. 知道煤中水分、灰分、挥发分的测定方法；
2. 能进行煤中水分、灰分、挥发分的测定操作；
3. 学会煤中水分、灰分、挥发分的测定结果的计算；
4. 学会煤中固定碳的计算。

任务介绍

煤的工业分析主要包括煤的水分、挥发分、灰分和固定碳的成分测定。煤的工业分析是了解煤质特性的主要指标，也是评价煤质的基本依据。本任务主要介绍煤的水分、灰分、挥发分含量测定的标准方法。

固定碳含量是指去除水分、灰分和挥发分之后的残留物，它是确定煤炭用途的重要指标。

任务解析

该任务是煤分析技术中比较常见和重要的任务。也是实际生产中煤分析的常见内容。本任务是固体原料分析的首个任务。对学习固体物料分析过程有着重要的感性认识意义。所在学习本任务的时候，除了完成本任务的实验，还要学会关于固体物料分析、原料分析的有关知识。为后面的学习打下一定的基础。

任务实施

一、水分的测定

方案一 方法 A（通氮干燥法）

1. 方法提要

称取一定量的一般分析试验煤样，置于 $105\sim110℃$ 干燥箱中，在干燥氮气流中干燥到质量恒定。然后根据煤样的质量损失计算出水分的质量分数。

2. 试剂

(1) 氮气 纯度 99.9%，含氧量小于 0.01%；

(2) 无水氯化钙 化学纯，粒状；

(3) 变色硅胶 工业用品。

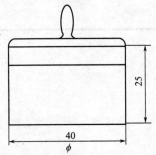

图 3-1 玻璃称量瓶（单位：mm）

3. 仪器设备

（1）小空间干燥箱　箱体严密，具有较小的自由空间，有气体进、出口，并带有自动控温装置，能保持温度在 105～110℃范围内。

（2）玻璃称量瓶　直径 40mm，高 25mm，并带有严密的磨口盖（如图 3-1）。

（3）干燥器　内装变色硅胶或粒状无水氯化钙。

（4）干燥塔　容量 250mL，内装干燥剂。

（5）流量计　量程为 100～1000mL/min。

（6）分析天平　感量 0.1mg。

4. 实验步骤

（1）在预先干燥和已称量过的称量瓶内称取粒度小于 0.2mm 的一般分析试验煤样（1±0.1）g，称准至 0.0002g，平摊在称量瓶中。

（2）打开称量瓶盖，放入预先通入干燥氮气并已加热到 105～110℃的干燥箱中。烟煤干燥 1.5h，褐煤和无烟煤干燥 2h。在称量瓶放入干燥箱前 10min 开始通氮气，氮气流量以每小时换气 15 次为准。

（3）从干燥箱中取出称量瓶，立即盖上盖，放入干燥器中冷却至室温（约 20min）后称量。

（4）进行检查性干燥，每次 30min，直到连续两次干燥煤样质量的减少不超过 0.0010g 或质量增加时为止。在后一种情况下，采用质量增加前一次的质量为计算依据。当水分在 2.00% 以下时，不必进行检查性干燥。

5. 结果的计算

按下式计算一般分析试验煤样的水分：

$$M_{ad} = \frac{m_1}{m} \times 100\%$$

式中　　M_{ad}——一般分析试验煤样水分的质量分数，%；

m——称取的一般分析试验煤样的质量，g；

m_1——煤样干燥后失去的质量，g。

6. 水分测定结果的精密度

水分测定结果的精密度如表 3-1 所示。

表 3-1　水分测定结果的精密度

水分质量分数(M_{ad})/%	重复性限/%
<5.00	0.20
5.00～10.00	0.30
>10.00	0.40

方案二　方法 B（空气干燥法）

1. 方法提要

称取一定量的一般分析试验煤样，置于 105～110℃ 鼓风干燥箱内，于空气流中干燥到质量恒定。根据煤样的质量损失计算出水分的质量分数。

2. 仪器设备

（1）鼓风干燥箱　带有自动控温装置，能保持温度在 105～110℃ 范围内。

（2）玻璃称量瓶　直径 40mm，高 25mm，并带有严密的磨口盖（如图 3-1）。单位为 mm。

（3）干燥器　内装变色硅胶或粒状无水氯化钙。

（4）分析天平　感量 0.1mg。

3. 实验步骤

（1）在预选干燥并已称量过的称量瓶内称取粒度小于 0.2mm 的一般分析试验煤样（1±0.1）g，称准至 0.0002g，平摊在称量瓶中。

（2）打开称量瓶盖，放入预先鼓风并已加热到 105～110℃ 的干燥箱中。在一直鼓风的条件下，烟煤干燥 1h，无烟煤干燥 1.5h。

（3）预先鼓风是为了使温度均匀。可将装有煤样的称量瓶放入干燥箱前 3～5min 就开始鼓风。

（4）从干燥箱中取出称量瓶，立即盖上盖，放入干燥器中冷却至室温（约 20min）后称量。

（5）进行检查性干燥，每次 30min，直到连续两次干燥煤样的质量减少不超过 0.0010g 或质量增加时为止。在后一种情况下，采用质量增加前一次的质量为计算依据。水分小于 2.00% 时，不必进行检查性干燥。

4. 结果的计算

空气干燥煤样的水分按下式计算：

$$M_{ad} = \frac{m_1}{m} \times 100\%$$

式中　M_{ad}——一般分析试验煤样水分的质量分数，%；

　　　m——称取的一般分析试验煤样的质量，g；

　　　m_1——煤样干燥后失去的质量，g。

5. 水分测定的精密度

水分测定的精密度如表 3-1 所示。

方案三　方法 C（甲苯蒸馏法）

1. 方法提要

称取一定量的空气干燥煤样于圆底烧瓶中，加入甲苯共同煮沸。分馏出的液体收集在水分测定管中并分层，量出水的体积（mL）。以水的质量占煤样质量分数作为水分含量。

2. 试剂

（1）甲苯　化学纯。

（2）无水氯化钙　化学纯，粒状。

3. 仪器、设备

（1）分析天平　最大称量为 200g，感量 0.001g。

（2）电炉　能调节温度。

（3）冷凝管　直形，管长 400mm 左右。

（4）水分测定管　量程 0～10mL，分度值 0.1mL（见图 3-2）。水分测定管须经过校正（每毫升校正一点），并绘出校正曲线方能使用。

（5）小玻璃球（或碎玻璃片）　直径 3mm 左右。

（6）微量滴定管　10mL，分度值为 0.05mL。

（7）量筒　100mL。

（8）圆底蒸馏烧瓶　500mL。

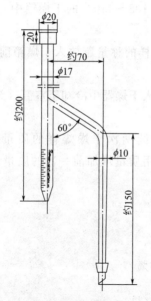
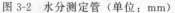

图 3-2　水分测定管（单位：mm）

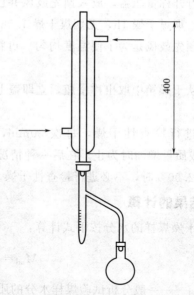

图 3-3　蒸馏装置示意图（单位：mm）

（9）蒸馏装置（见图 3-3）　由冷凝管、水分测定管和圆底蒸馏烧瓶构成。各部件连接处应具有磨口接头。

4. 分析步骤

（1）称取 25g、粒度为 0.2mm 以下的空气干燥煤样，精确至 0.001g，移入干燥的圆底烧瓶中，加入约 80mL 甲苯。为防止喷溅，可放适量碎玻璃片或小玻璃球。安置好蒸馏装置。

（2）在冷凝管中通入冷却水。加热蒸馏瓶至内容物达到沸腾状态。控制加热温度使在冷凝管口滴下的液滴数约为每秒 2～4 滴。连续加热，直到馏出液清澈并在 5min 内不再有细小水泡出现时为止。

（3）取下水分测定管，冷却至室温，读数并记下水的体积（mL），并按校正后的体积由回收曲线上查出煤样中水的实际体积（V）。

（4）回收曲线的绘制。用微量滴定管准确量取 0，1mL，2mL，3mL，…，10mL 蒸馏水，分别放入蒸馏烧瓶中。每瓶各加 80mL 甲苯，然后按上述方法进行蒸馏。根据水的加入量和实际蒸出的毫升数绘制回收曲线。更换试剂时，需重作回收曲线。

5. 结果的计算

空气干燥煤样的水分按下式计算：

$$M_{ad} = \frac{m_1}{m} \times 100\%$$

式中　　M_{ad}——一般分析试验煤样水分的质量分数，%；

　　　　m——称取的一般分析试验煤样的质量，g；

　　　　m_1——煤样干燥后失去的质量，g。

6. 水分测定的精密度

水分测定的精密度如表 3-1 所示。

二、煤中灰分的测定

方案一　缓慢灰化法

1. 方法提要

称取一定量的一般分析试验煤样，放入马弗炉中，以一定的速度加热到（815±10）℃，灰化并灼烧到质量恒定。以残留物的质量占煤样质量的质量分数作为煤样的灰分。

2. 仪器设备

（1）马弗炉　炉膛具有足够的恒温区，能保持温度为（815±10）℃。炉后壁的上部带有直径为 25～30mm 的烟囱，下部离炉膛底 20～30mm 处有一个插热电偶的小孔。炉门上有一个直径为 20mm 的通气孔。

马弗炉的恒温区应在关闭炉门下测定，并至少每年测定一次。高温计（包括毫伏计和热电偶）至少每年校准一次。

（2）灰皿　瓷质，长方形，底长 45mm，底宽 22mm，高 14mm（见图 3-4）。

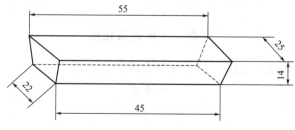

图 3-4　灰皿（单位：mm）

（3）干燥器　内装变色硅胶或粒状无水氯化钙。

（4）分析天平　感量 0.1mg。

（5）其他　耐热瓷板或石棉板。

3. 实验步骤

（1）在预先灼烧至质量恒定的灰皿中，称取粒度小于 0.2mm 的一般分析试验煤样 (1 ± 0.1) g，称准至 0.0002g，均匀地摊平在灰皿中，使其每平方厘米的质量不超过 0.15g。

（2）将灰皿送入炉温不超过 100℃ 的马弗炉恒温区中，关上炉门并使炉门留有 15mm 左右的缝隙。在不少于 30min 的时间内将炉温缓慢升至 500℃，并在此温度下保持 30min。继续升温到 (815 ± 10)℃，并在此温度下灼烧 1h。

（3）从炉中取出灰皿，放在耐热瓷板或石棉板上，在空气中冷却 5min 左右，移入干燥器中冷却至室温（约 20min）后称量。

（4）进行检查性灼烧，温度为 (815 ± 10)℃，每次 20min，直到连续两次灼烧后的质量变化不超过 0.0010g 为止。以最后一次灼烧后的质量为计算依据。灰分小于 15.00% 时，不必进行检查性灼烧。

4. 结果的计算

煤样的空气干燥基灰分按下式计算：

$$A_{ad} = \frac{m_1}{m} \times 100\%$$

式中　A_{ad}——空气干燥基灰分的质量分数，%；

　　　m——称取的一般分析实验煤样的质量，g；

　　　m_1——灼烧后残留物的质量，g。

5. 灰分测定结果的精密度

灰分测定结果的精密度如表 3-2 所示。

表 3-2　灰分测定结果的精密度

灰分质量分数/%	重复性限 A_{ad}/%	再现性临界差 A_d/%
<15.00	0.20	0.30
15.00~30.00	0.30	0.50
>30.00	0.50	0.70

方案二　快速灰化法

本部分包括两种快速灰化法：方法 A 和方法 B。

方法 A

1. 方法提要

将装有煤样的灰皿放在预先加热至 (815 ± 10)℃ 的灰分快速测定仪的传送带上，煤样自动送入仪器内完全灰化，然后送出。以残留物的质量占煤样质量的质量分数作为煤样的灰分。

2. 仪器设备

快速灰分测定仪（见图 3-5）。

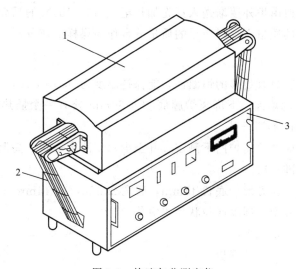

图 3-5 快速灰分测定仪
1—管式电炉；2—传递带；3—控制仪

3. 实验步骤

（1）将快速灰分测定仪预先加热至（815±10）℃。

（2）开动传送带并将其传送速度调节到 17mm/min 左右或其他合适的速度。（对于新的灰分快速测定仪，需对不同煤种与缓慢灰化法进行对比试验，根据对比试验结果及煤的灰化情况，调节传送带的传送速度。）

（3）在预先灼烧至质量恒定的灰皿中，称取粒度小于 0.2mm 的一般分析试验煤样（0.5±0.01）g，称准至 0.0002g，均匀地摊平在灰皿中，使每平方厘米的质量不超过 0.08g。

（4）将盛有煤样的灰皿放在快速灰分测定仪的传送带上，灰皿即自动送入炉中。

（5）当灰皿从炉内送出时，取下，放在耐热瓷板或石棉板上，在空气中冷却 5min 左右，移入干燥器中冷却至室温（约 20min）后称量。

4. 结果的计算

煤样的空气干燥基灰分按下式计算：

$$A_{ad} = \frac{m_1}{m} \times 100\%$$

式中 A_{ad}——空气干燥基灰分的质量分数，%；

m——称取的一般分析试验煤样的质量，g；

m_1——灼烧后残留物的质量，g。

5. 灰分测定结果的精密度

灰分测定结果的精密度如表 3-2 所示。

方法 B

1. 方法提要

将装有煤样的灰皿由炉外逐渐送入预先加热至（815±10）℃的马弗炉中灰化并灼烧至质量恒定。以残留物的质量占煤样质量的质量分数作为煤样的灰分。

2. 仪器设备

（1）马弗炉　炉膛具有足够的恒温区，能保持温度为（815±10）℃。炉后壁的上部带有直径为 25～30mm 的烟囱，下部离炉膛底 20～30mm 处有一个插热电偶的小孔。炉门上有一个直径为 20mm 的通气孔。

马弗炉的恒温区应在关闭炉门下测定，并至少每年测定一次。高温计（包括毫伏计和热电偶）至少每年校准一次。

（2）灰皿　瓷质，长方形，底长 45mm，底宽 22mm，高 14mm（见图 3-3）。

（3）干燥器　内装变色硅胶或粒状无水氯化钙。

（4）分析天平　感量 0.1mg。

（5）其他　耐热瓷板或石棉板。

3. 实验步骤

（1）在预先灼烧至质量恒定的灰皿中，称取粒度小于 0.2mm 的一般分析试验煤样（1±0.1）g，称准至 0.0002g，均匀地摊平在灰皿中，使其每平方厘米的质量不超过 0.15g。将盛有煤样的灰皿预先分排放在耐热瓷板或石棉板上。

（2）将马弗炉加热到 850℃，打开炉门，将放有灰皿的耐热瓷板或石棉板缓慢地推入马弗炉中，先使第一排灰皿中的煤样灰化。待 5～10min 后煤样不再冒烟时，以每分钟不大于 2cm 的速度把其余各排灰皿顺序推入炉内炽热部分（若煤样着火发生爆燃，实验应作废）。

（3）关上炉门并使炉门留有 15mm 左右的缝隙，在（815±10）℃温度下灼烧 40min。

（4）从炉中取出灰皿，放在空气中冷却 5min 左右，移入干燥器中冷却至室温（约20min）后，称量。

（5）进行检查性灼烧，温度为（815±10）℃，每次 20min，直到连续两次灼烧后的质量变化不超过 0.0010g 为止。以最后一次灼烧后的质量为计算依据。如遇检查性灼烧时结果不稳定，应改用缓慢灰化法重新测定。灰分小于 15.00% 时，不必进行检查性灼烧。

4. 结果的计算

煤样的空气干燥基灰分按下式计算：

$$A_{ad} = \frac{m_1}{m} \times 100\%$$

式中　A_{ad}——空气干燥基灰分的质量分数，%；

$\quad\quad m$——称取的一般分析试验煤样的质量，g；

$\quad\quad m_1$——灼烧后残留物的质量，g。

5. 灰分测定结果的精密度

灰分测定结果的精密度如表 3-2 所示。

三、挥发分的测定

本任务主要采用 GB/T 212—2008 的分析技术，本标准适用于褐煤、烟煤、无烟煤和水煤浆。

1. 方法提要

称取一定量的一般分析试验煤样，放在带盖的瓷坩埚中，在（900±10）℃下，隔绝空气加热 7min。以减少的质量占煤样质量的质量分数，减去该煤样的水分含量作为煤样的挥发分。

2. 仪器设备

（1）挥发分坩埚 带有配合严密盖的瓷坩埚，形状和尺寸如图 3-6 所示，坩埚总质量为 15～20g。

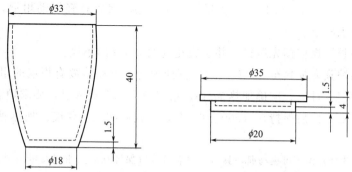

图 3-6 挥发分坩埚（单位：mm）

（2）马弗炉 带有高温计和调温装置，能保持温度在（900±10）℃，并有足够的（900±5）℃的恒温区。炉子的热容量为当起始温度为 920℃左右时，放入室温下的坩埚架和若干坩埚，关闭炉门后，在 3min 内恢复到（900±10）℃。炉后壁有一个排气孔和一个插热电偶的小孔。小孔位置应使热电偶插入炉内后其热接点在坩埚底和炉底之间，距炉底 20～30mm 处。

马弗炉的恒温区应在关闭炉门下测定，并至少每年测定一次。高温计（包括毫伏计和热电偶）至少每年校准一次。

（3）坩埚架 用镍铬丝或其他耐热金属丝制成。其规格尺寸以能使所有的坩埚都在马弗炉的恒温区内，并且坩埚底部紧邻热电偶热接点上方（见图 3-7）。

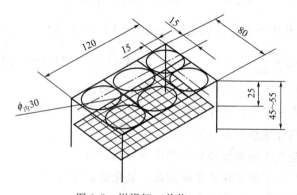

图 3-7 坩埚架（单位：mm）

(4) 坩埚架夹　坩埚架夹见图 3-8。

图 3-8　坩埚架夹（单位：mm）

(5) 干燥器　内装变色硅胶或粒状无水氯化钙。

(6) 分析天平　感量 0.1mg。

(7) 压饼机　螺旋式或杠杆式压饼机，能压制直径约 10mm 的煤饼。

(8) 其他　秒表。

3. 实验步骤

(1) 在预先于 900℃ 温度下灼烧至质量恒定的带盖瓷坩埚中，称取粒度小于 0.2mm 的一般分析试验煤样 (1 ± 0.1) g，称准至 0.0002g，然后轻轻振动坩埚，使煤样摊平，盖上盖，放在坩埚架上。

(2) 褐煤和长焰煤应预先压饼，并切成宽度约 3mm 的小块。

(3) 将马弗炉预先加热至 920℃ 左右。打开炉门，迅速将放有坩埚的坩埚架送入恒温区，立即关上炉门并计时，准确加热 7min。坩埚及坩埚架放入后，要求炉温在 3min 内恢复至 (900 ± 10)℃，此后保持在 (900 ± 10)℃，否则此次试验作废。加热时间包括温度恢复时间在内。

注：马弗炉预先加热温度可视马弗炉具体情况调节，以保证在放入坩埚及坩埚架后，炉温在 3min 内恢复至 (900 ± 10)℃ 为准。

(4) 从炉中取出坩埚，放在空气中冷却 5min 左右，移入干燥器中冷却至室温（约 20min）后称量。

4. 结果的计算

煤样的空气干燥基挥发分按下式计算：

$$V_{ad}=\frac{m_1}{m}\times100\%-M_{ad}$$

当空气中干燥煤样中碳酸盐二氧化碳含量为 2%～12% 时，有

$$V_{ad}=\frac{m_1}{m}\times100\%-M_{ad}-(CO_2)_{ad}$$

当空气中干燥煤样中碳酸盐二氧化碳含量为 >12% 时，有

$$V_{ad}=\frac{m_1}{m}\times100\%-M_{ad}-[(CO_2)_{ad}-(CO_2)_{(焦碴)}]$$

式中　　　V_{ad}——空气干燥基煤样的挥发分质量分数，%；

m——空气干燥基煤样的质量，g；

m_1——煤样加热后减少的质量，g；

M_{ad}——空气干燥基煤样水分的质量分数，%；

$(CO_2)_{ad}$——空气干燥基煤样中碳酸盐二氧化碳的含量，%；

$(CO_2)_{(焦碴)}$——焦碴中二氧化碳占煤样量的质量分数，%。

5. 挥发分测定结果的精密度

挥发分测定结果的精密度如表 3-3 所示。

表 3-3　挥发分测定结果的精密度

挥发分质量分数/%	重复性限 V_{ad}/%	再现性临界差 V_d/%
<20.00	0.30	0.50
20.00~40.00	0.50	1.00
>40.00	0.80	1.50

四、固定碳的计算

固定碳含量是指去除水分、灰分和挥发分之后的残留物，它是确定煤炭用途的重要指标。从 100 减去煤的水分、灰分和挥发分后的差值即为煤的固定碳含量。

空气干燥基固定碳按下式计算：

$$FC_{ad} = 100 - (M_{ad} + A_{ad} + V_{ad})$$

式中　FC_{ad}——空气干燥基固定碳的质量分数，%；

　　　M_{ad}——一般分析试验煤样水分的质量分数，%；

　　　A_{ad}——空气干燥基灰分的质量分数，%；

　　　V_{ad}——空气干燥基挥发分的质量分数，%。

 任务评价

任务考核评价表

评价项目	评价标准	评价方式			权重	得分小计	总分
		自我评价	小组评价	教师评价			
		0.1	0.2	0.7			
职业素质	1. 遵守实验室管理规定,严格操作程序。 2. 按时完成学习任务。 3. 学习积极主动、勤学好问				0.2		
专业能力	1. 知道测定的标准方法的原理。 2. 能正确、规范地进行实验操作。 3. 实验结果准确且精确度高				0.7		
协作能力	团队中所起的作用,团队合作的意识				0.1		
教师综合评价							

拓展提高

中国煤炭种类

中国从低变质程度的褐煤到高变质程度的无烟煤都有贮存。根据煤的煤化程度和工艺性能指标把煤划分成的大类。根据煤的性质和用途的不同，把大类进一步细分的类别。

中国煤炭分类，首先按煤的挥发分，将所有煤分为褐煤、烟煤和无烟煤；对于褐煤和无烟煤，再分别按其煤化程度和工业利用的特点分为 2 个和 3 个小类；烟煤部分按挥发分 $>10\%\sim20\%$、$>20\%\sim28\%$、$28\%\sim37\%$ 和 $>37\%$ 的四个阶段分为低、中、中高及高挥发分烟煤。关于烟煤黏结性，则按黏结指数 G 区分：$0\sim5$ 为不黏结和微黏结煤；$>5\sim20$ 为弱黏结煤；$>20\sim50$ 为中等偏弱黏结煤；$>50\sim65$ 为中等偏强黏结煤；>65 则为强黏结煤。对于强黏结煤，又把其中胶质层最大厚度 $Y>25mm$ 或奥亚膨胀度 $b>150\%$（对于 $V_{daf}>28\%$ 的烟煤，$b>220\%$）的煤分为特强黏结煤。在煤类的命名上，考虑到新旧分类的延续性，仍保留气煤、肥煤、焦煤、瘦煤、贫煤、弱黏煤、不黏煤和长焰煤 8 个煤类。

（1）褐煤 煤化程度低的煤，外观多呈褐色，光泽暗淡，含有较高的内在水分和不同数量的腐殖酸。

（2）次烟煤 国际煤层煤分类中，含水无灰基高位发热量为等于、大于 20 到小于 24MJ/kg 的低煤阶煤。

（3）烟煤 煤化程度高于褐煤而低于无烟煤的煤，其特点是挥发分产率范围宽，单独炼焦时从不结焦到强结焦均有，燃烧时有烟。

（4）无烟煤 煤化程度高的煤，挥发分低、密度大，燃点高，无黏结性，燃烧时多不冒烟。

（5）硬煤 烟煤和无烟煤的总称，或者指恒温（应该是恒湿）无灰基高位发热量等于或大于 24MJ/kg 或小于 24MJ/kg，但镜质组平均随即反射率等于或大于 0.6% 的煤。

（6）长焰煤 变质程度最低，挥发分最高的烟煤，一般不结焦，燃烧室火焰长。

（7）不黏煤 变质程度较低，挥发分范围较宽、无黏结性的烟煤。

（8）弱黏煤 变质程度较低，挥发分范围较宽的烟煤。黏结性介于不黏煤和 1/2 中黏煤之间。

（9）1/2 中黏煤 黏结性介于气煤和弱黏煤之间的、挥发分范围较宽的烟煤。

（10）气煤 变质程度较低、挥发分较高的烟煤。单独炼焦时，焦炭多细长、易碎，并有较多的纵裂纹。

（11）1/3 焦煤 介于焦煤、肥煤、与气煤之间的含中等或较高挥发分的强黏结性煤。单独炼焦时，能生成强度较高的焦炭。

（12）气肥煤 挥发分高、黏结性强的烟煤。单独炼焦时，能生成强度较高的焦炭。

（13）肥煤 变质程度中等的烟煤。单独炼焦时，能生成熔融性良好的焦炭，但有较多的横裂纹，焦根部分有蜂焦。

（14）焦煤　变质程度较高的烟煤。单独炼焦时，产生的胶质体热稳定性好，所得焦炭的块度大、裂纹少、强度高。

（15）瘦煤　变质程度较高的烟煤。单独炼焦时，大部分能结焦。焦炭的块度大。裂纹少，但熔融较差，耐磨强度低。

（16）贫瘦煤　变质程度高，黏结性较差，挥发分低的烟煤。结焦性低于瘦煤。

（17）贫煤　变质程度高、挥发分最低的烟煤，不结焦。

（18）风化煤　受风化作用，使含氧量增高，发热量降低，并含有再生腐植酸等性质有明显变化的煤。

（19）天然焦　煤受岩浆侵入，在高温的烘烤和岩浆中热液、挥发气体等的影响下受热干馏而形成的焦炭。

在烟煤类中，对 $G > 85$ 的煤需再测定胶质层最大厚度 Y 值或奥亚膨胀度 b 值来区分肥煤、气肥煤与其他烟煤类的界限。

当 Y 值大于 25mm 时，如 $V_{daf} > 37\%$，则划分为气肥煤。如 $V_{daf} < 37\%$，则划分为肥煤。如 Y 值 $< 25mm$，则按其 V_{daf} 值的大小而划分为相应的其他煤类。如 $V_{daf} > 37\%$，则应划分为气煤类，如 $V_{daf} > 28\% \sim 37\%$，则应划分为 1/3 焦煤，如 V_{daf} 在 28% 以下，则应划分为焦煤类。

这里需要指出的是，对 G 值大于 100 的煤来说，尤其是矿井或煤层若干样品的平均 G 值在 100 以上时，则一般可不测 Y 值而确定为肥煤或气肥煤类。

在我国的煤类分类国标中还规定，对 G 值大于 85 的烟煤，如果不测 Y 值，也可用奥亚膨胀度 b 值（%）来确定肥煤、气肥与其他煤类的界限，即对 $V_{daf} < 28\%$ 的煤，暂定 b 值 $> 150\%$ 的为肥煤；对 $V_{daf} > 28\%$ 的煤，暂定 b 值 $> 220\%$ 的为肥煤（当 V_{daf} 值 $< 37\%$ 时）或气肥煤（当 V_{daf} 值 $> 37\%$ 时）。当按 b 值划分的煤类与按 Y 值划分的煤类有矛盾时，则以 Y 值确定的煤类为准。因而在确定新分类的强黏结性煤的牌号时，可只测 Y 值而暂不测 b 值。

 思考与练习

1. 煤主要由哪些组分组成的？各组分所起的作用如何？

2. 煤的工业分析和元素分析项目和任务有什么不同？

3. 挥发分主要由哪些组分组成？各组分测定的主要条件如何？

4. 什么是灰分？

5. 什么是挥发分？其测定条件如何？

6. 为什么说煤的挥发分测定是一个条件很强的实验？

7. 如何获得煤的固定碳数据？

8. 煤的灰分与煤中矿物质有无区别？为什么？

任务二 煤的元素分析

任务目标

1. 知道煤中碳、氢、氮元素的测定方法；
2. 能进行煤中碳、氢、氮元素的测定操作；
3. 学会煤中碳、氢元素结果的计算；
4. 学会煤中氧元素结果的计算。

任务介绍

煤的碳氢含量是评价煤及有机质的重要指标之一，对于了解煤的变质程度和性质及研究有机质的结构有重要意义。在工业生产中，根据煤中碳、氢含量来推算燃烧设备的理论燃烧温度及计算锅炉燃烧热平衡；在气化工业中，根据它们计算煤炭气化时的物料平衡。所以在煤质分析中碳氢测定是必不可少的。

氮是煤中唯一的完全以有机状态存在的元素。煤中的氮含量比较少，一般约为 $0.5\sim3.0\%$。煤中氮含量随煤的变质程度的加深而减少。它与氢含量的关系是，随氢含量的增高而增大。

氧是煤中第三个重要的组成元素。它以有机和无机两种状态存在。煤中有机氧随煤化度的加深而减少，甚至趋于消失。

任务解析

本任务中主要介绍现行的方法：重量法。重量法作为经典方法，具有测值准确，重复性好等特点，但其操作繁琐。影响因素较多，较难掌握。影响煤中碳氢测定的主要因素有气流速度、空白测定、药品、气密、煤样推进速度等。为了完成本任务，要加强基础操作，要结合实际操作中的经验，加强操作练习，熟练掌握操作要领。

通过本次任务的学习，让学生掌握煤的工业分析项目的测定方法和原理。任务的重点和难点在于能采用凯氏定氮法测定煤中氮元素含量。教学中利用创设工作任务，引导学生联系实际，阅读整理资料，交流探讨问题，主动积极探究任务完成的条件方法等。学生在交流探讨与实验探究中，获取基础知识，训练基本技能，同时获得相关体验。教师在指导时做到把时间、过程、方法留给学生。

任务实施

一、碳和氢的测定

本方法采用标准 GB/T 476—2008 的分析技术，主要采用三节炉法和二节炉法，适用于褐煤、烟煤、无烟煤、水煤浆。

1. 方法提要

称取一定量的空气干燥煤样在氧气流中燃烧，生成的水和二氧化碳分别用吸水剂和二氧化碳吸收剂吸收，由吸收剂的增重计算煤中碳和氢的含量。煤样中硫和氯对测定的干扰在三节炉中用铬酸铅和银丝卷消除，在二节炉中用高锰酸银热解产物消除。氮对碳测定的干扰用粒状二氧化锰消除。

2. 试剂与材料

（1）碱石棉　化学纯，粒度 1～2mm；或碱石灰：化学纯，粒度 0.5～2mm。

（2）无水氯化钙　分析纯，粒度 2～5mm；或无水过氯酸镁；分析纯，粒度1～3mm。

（3）氧化铜　分析纯，粒度 1～4mm，或线状（长约 5mm）。

（4）铬酸铅　分析纯，粒度 1～4mm。

（5）银丝卷　丝直径约 0.25mm。

（6）铜丝卷　丝直径约 0.5mm。

（7）氧气　不含氢。

（8）三氧化二铬　化学纯，粉状，或由重铬酸铵、铬酸铵加热分解制成。取少量铬酸铵放在较大的蒸发皿中，微微加热，铵盐立即分解成墨绿色、疏松状的三氧化二铬。收集后放在马弗炉中，在（600±10)℃下灼烧 40min，放在空气中使呈空气干燥状态，保存在密闭容器中备用。

（9）粒状二氧化锰　用化学纯硫酸锰和化学纯高锰酸钾备。称取 25g 硫酸锰（$MnSO_4·5H_2O$），溶于 500mL 蒸馏水中，另称取 16.4g 高锰酸钾，溶于 300mL 蒸馏水中，分别加热到 50～60℃。然后将高锰酸钾溶液慢慢注入硫酸锰溶液中，并加以剧烈搅拌。之后加入 10mL、（1+1）硫酸（化学纯），将溶液加热到 70～80℃并继续搅拌 5min，停止加热，静置 2～3h。用热蒸馏水以倾泻法洗至中性，将沉淀物移至漏斗过滤，然后放入干燥箱中，在 150℃左右干燥，得到褐色、疏松状的二氧化锰，小心破碎和过筛，取粒度 0.5～2mm 的备用。

（10）氧化氮指示胶　在瓷蒸发皿中将粒度小于 2mm 的无色硅胶 40g 和浓盐酸 30mL 搅拌均匀。在沙浴上把多余的盐酸蒸干至看不到明显的蒸气逸出为止。然后把硅胶粒浸入 30mL、10％硫酸氢钾溶液中，搅拌均匀取出干燥。再将它浸入 30mL、0.2％的雷夫奴尔（乳酸-6，9-二氨基-2-乙氧基吖啶）溶液中，搅拌均匀，用黑色纸包好干燥，放在深色瓶中，置于暗处保存，备用。

（11）高锰酸银热解产物　当使用二节炉时，需制备高锰酸银热解产物。称取 100g 化学纯高锰酸钾，溶于 2L 蒸馏水中，另取 107.5g 化学纯硝酸银先溶于约 50mL 蒸馏水中，在不断搅拌下，倾入沸腾的高锰酸钾溶液中。搅拌均匀，逐渐冷却，静置过夜。将生成的具有光泽的、深紫色晶体用蒸馏水洗涤数次。在 60～80℃下干燥 4h。将晶体一点一点地放在瓷皿中，在电炉上缓缓加热至骤然分解，得疏松状、银灰色产物，收集在磨口瓶中备用。未分解的高锰酸钾不宜大量贮存，以免受热分解，不安全。

3. 仪器设备

（1）碳氢测定仪　碳氢测定仪包括净化系统、燃烧装置和吸收系统三个主要部分，结

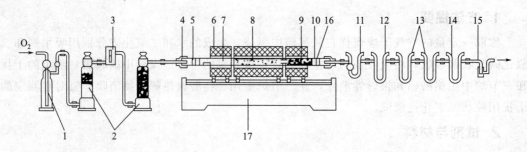

图 3-9　碳氢测定仪

1—鹅头洗气瓶；2—气体干燥塔；3—流量计；4—橡胶帽；5—铜丝卷；6—燃烧舟；7—燃烧管；8—氧化铜；
9—铬酸铅；10—银丝卷；11—吸水 U 形管；12—除氮 U 形管；13—吸二氧化碳 U 形管；
14—保护用 U 形管；15—气泡计；16—保温套管；17—三节电炉

构如图 3-9 所示。

① 净化系统　包括以下部件。

a. 鹅头洗气瓶　容量 250～500mL，内装 40%氢氧化钾（或氢氧化钠）溶液；

b. 气体干燥塔　容量 500mL 2 个，一个上部（约 2/3）装氯化钙（或过氯酸镁），下部（约 1/3）装碱石棉（或碱石灰）；另一个装氯化钙（或过氯酸镁）；

c. 流量计　量程 0～150mL/min。

② 燃烧装置　由一个三节（或二节）管式炉及其控制系统构成，主要包括以下部件。

a. 电炉　三节炉或二节炉（包括双管炉或单管炉），炉膛直径约 35mm。三节炉：第一节长约 230mm，可加热到（800±10）℃并可沿水平方向移动；第二节长 330～350mm，可加热到（800±10）℃；第三节长 130～150mm，可加热到（600±10）℃。二节炉：第一节长约 230mm，可加热到（800±10）℃并可沿水平方向移动；第二节长 130～150mm，可加热到（500±10）℃。每节炉装有热电偶，测温和控温装置。

b. 燃烧管　瓷、石英、刚玉或不锈钢制成，长 1100～1200mm（使用二节炉时，长约 800mm），内径 20～22mm，壁厚约 2mm。

c. 燃烧舟　瓷或石英制成，长约 80mm。

d. 保温套　铜管或铁管，长约 150mm，内径大于燃烧管，外径小于炉膛直径；

e. 橡皮帽　最好用耐热硅橡胶或铜接头。

③ 吸收系统　包括以下部件。

a. 吸水 U 形管　如图 3-10 所示，装药部分高 100～120mm，直径约 15mm，进口端有一个球形扩大部分，内装无水氯化钙或无水过氯酸镁。

b. 二氧化碳吸收管　2 个，如图 3-11 所示。装药部分高 100～120mm，直径约 15mm，前 2/3 装碱石棉或碱石灰，后 1/3 装无水氯化钙或无水过氯酸镁。

c. 除氮 U 形管　如图 3-11 所示。装药部分高 100～120mm，直径约 15mm，前 2/3 装二氧化锰，后 1/3 装无水氯化钙或无水过氯酸镁。

d. 气泡计　容量约 10mL。

（2）分析天平　感量 0.0001g。

（3）贮气桶　容量不小于 10L。

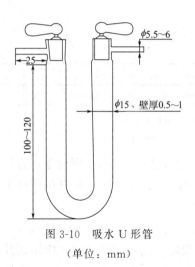

图 3-10 吸水 U 形管

（单位：mm）

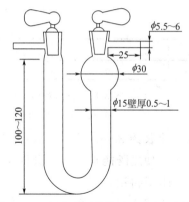

图 3-11 二氧化碳吸收管（或除氮 U 形管）

（单位：mm）

（4）下口瓶 容量约 10L。

（5）其他 带磨口塞的玻璃管或小型干燥器（不装干燥剂）。

4. 实验准备

（1）净化系统各容器的充填和连接 在上面所述的净化系统各容器中装入相应的净化剂，然后按图 3-9 顺序将各容器连接好。

氧气可采用贮气桶和下口瓶或可控制流速的氧气瓶供给。为指示流速，在两个干燥塔之间接入一个流量计。净化剂经 70~100 次测定后，应进行检查或更换。

（2）吸收系统各容器的充填和连接 在上面所述的吸收系统各容器中装入相应的吸收剂，然后按图 3-9 顺序将各容器连接好。吸收系统的末端可连接一个空 U 形管（防止硫酸倒吸）和一个装有硫酸的气泡计。如果作吸水剂用的氯化钙含有碱性物质，应先以二氧化碳饱和。然后除去过剩的二氧化碳。处理方法如下：

把无水氯化钙破碎至需要的粒度（如果氯化钙在保存和破碎中已吸水，可放入马弗炉中在约 300℃下灼烧 1h）装入干燥塔或其他适当的容器内（每次串联若干个）。缓慢通入干燥的二氧化碳气 3~4h，然后关闭干燥塔，放置过夜。通入不含二氧化碳的干燥空气，将过剩的二氧化碳除尽。处理后的氯化钙贮于密闭的容器中备用。当出现下列现象时，应更换 U 形管中试剂。

① U 形管中的氯化钙开始溶化并阻碍气体畅通。

② 第二个吸收二氧化碳的 U 形管做一次试验、其质量增加达 50mg 时，应更换第一个 U 形管中的二氧化碳吸收剂。

③ 二氧化锰一般使用 50 次左右应进行检查或更换。

检查方法：将氧化氮指示胶装在玻璃管中，两端堵以棉花，接在除氮管后面。或将指示胶少许放在二氧化碳吸收管进气端棉花处。燃烧煤样，若指示胶由草绿色变成血红色，表示应更换二氧化锰。

上述 U 形管更换试剂后，通入氧气待质量恒定后方能使用。

（3）燃烧管的填充 使用三节炉时，按图 3-12 填充。

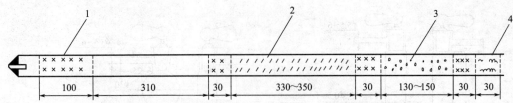

图 3-12　三节炉燃烧管填充示意图（单位：mm）

1—铜丝卷；2—氧化铜；3—铬酸铅；4—银丝卷

首先制作三个长约 30mm 和一个长约 100mm 的丝直径约 0.5mm 铜丝卷，直径稍小于燃烧管的内径，使之既能自由插入管内又与管壁密接。制成的铜丝卷应在马弗炉中于800℃左右灼烧 1h 后再用。

燃烧管出气端留 50mm 空间，然后依次充填 30mm 丝直径约 0.25mm 银丝卷，30mm 铜丝卷，130～150mm（与第三节电炉长度相等）铬酸铅（使用石英管时，应用铜片把铬酸铅与管隔开），30mm 铜丝卷，330～350mm（与第二节电炉长度相等）粒状或线状氧化铜，30mm 铜丝卷，310mm 空间（与第一节电炉上燃烧舟长度相等）和 100mm 铜丝卷。燃烧管两端装以橡胶帽或铜接头，以便分别同净化系统和吸收系统连接。橡胶帽使用前应预先在 105～110℃下干燥 8h 左右。

燃烧管中的填充物（氧化铜、铬酸铅和银丝卷）经 70～100 次测定后应检查或更换。

注意以下几点：

① 下列几种填充剂经处理后可重复使用：氧化铜用 1mm 孔径筛子筛去粉末，筛上的氧化铜备用；铬酸铅可用热的稀碱液（约 5% 氢氧化钠溶液）浸渍，用水洗净、干燥，并在 500～600℃下灼烧 0.5h 以上后使用；银丝卷用浓氨水浸泡 5min，在蒸馏水中煮沸5min，用蒸馏水冲洗干净，干燥后再用。

② 使用二节炉时按图 3-13 填充：首先制成两个长约 10mm 和一个长约 100mm 的铜丝卷，再用 3～4 层 100 目铜丝布剪成的圆形垫片与燃烧管密接，用以防止粉状高锰酸银热解产物被氧气流带出，然后按图 3-13 装好。

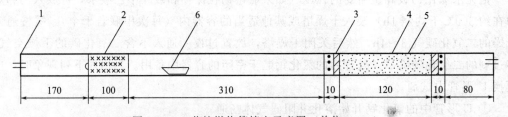

图 3-13　二节炉燃烧管填充示意图（单位：mm）

1—橡胶帽；2—铜丝卷；3—铜丝布圆垫；4—保温套管；5—高锰酸银热解产物；6—瓷舟

（4）炉温的校正　将工作热电偶插入三节炉的热电偶孔内，使热端稍进入炉膛，热电偶与高温计连接。将炉温升至规定温度，保温 1h。然后将标准热电偶依次插到空燃烧管中对应于第一、第二、第三节炉的中心处（注意勿使热电偶和燃烧管管壁接触）。调节电压，使标准热电偶达到规定温度并恒温 5min。记下工作热电偶相应的读数，以后即以此为准控制温度。

（5）空白试验　将装置按图 3-9 连接好，检查整个系统的气密性，直到每一部分都不漏气以后，开始通电升温，并接通氧气。在升温过程中，将第一节电炉往返移动几次，并将新装好的吸收系统通气 20min 左右。取下吸收系统，用绒布擦净，在天平旁放置 10min 左右，称量。当第一节和第二节炉达到并保持在（800±10）℃，第三节炉达到并保持在（600±10）℃后开始作空白试验。此时将第一节炉移至紧靠第二节炉，接上已经通气并称量过的吸收系统。在一个燃烧舟上加入氧化铬（数量和煤样分析时相当）。打开橡胶帽，取出铜丝卷，将装有氧化铬的燃烧舟用镍铬丝推至第一节炉入口处，将铜丝卷放在燃烧舟后面，套紧橡胶帽，接通氧气，调节氧气流量为 120mL/min。移动第一节炉，使燃烧舟位于炉子中心。通气 23min，将炉子移回原位。2min 后取下 U 形管，用绒布擦净，在天平旁放置 10min 后称量。吸水 U 形管的质量增加数即为空白值。重复上述试验，直到连续两次所得空白值相差不超过 0.0010g，除氮管、二氧化碳吸收管最后一次质量变化不超过 0.0005g 为止。取两次空白值的平均值作为当天氢的空白值。

在做空白试验前，应先确定保温套管的位置，使出口端温度尽可能高又不会使橡胶帽热分解。如空白值不易达到稳定，则可适当调节保温管的位置。

5. 实验步骤

（1）将第一节和第二节炉温控制在（800±10）℃，第三节炉温控制在（600±10）℃，并使第一节炉紧靠第二节炉。

（2）在预先灼烧过的燃烧舟中称取粒度小于 0.2mm 的空气干燥煤样 0.2g，精确至 0.0002g，并均匀铺平。在煤样上铺一层三氧化二铬。可把燃烧舟暂存入专用的磨口玻璃管或不加干燥剂的干燥器中。

（3）接上已称量的吸收系统，并以 120mL/min 的流量通入氧气。关闭靠近燃烧管出口端的 U 形管，打开橡胶帽，取出铜丝卷，迅速将燃烧舟放入燃烧管中，使其前端刚好在第一节炉口。再将铜丝卷放在燃烧舟后面，套紧橡胶帽，立即开启 U 形管，通入氧气，并保持 120mL/min 的流量。1min 后向净化系统方向移动第一节炉，使燃烧舟的一半进入炉子。过 2min，使燃烧舟全部进入炉子。再过 2min，使燃烧舟位于炉子中心。保温18min 后，把第一节炉移回原位。2min 后，停止排水抽气。关闭和拆下吸收系统，用绒布擦净，在天平旁放置 10min 后称量（除氮管不称量）。

（4）也可使用二节炉进行碳、氢测定。此时第一节炉控温在（800±10）℃，第二节炉控温在 500±10℃，并使第一节炉紧靠第二节炉。每次空白试验时间为 20min。燃烧舟位于炉子中心时，保温 13min。

（5）为了检查测定装置是否可靠，可称取 0.2~0.3g 分析纯蔗糖或分析纯苯甲酸，加入 20~30mg 纯"硫华"进行 3 次以上碳、氢测定。测定时，应先将试剂放入第一节炉炉口，再升温，且移炉速度应放慢，以防标准有机试剂爆燃。如实测的碳、氢值与理论计算值的差值，氢不超过 ±0.10%，碳不超过 ±0.30%，并且无系统偏差，表明测定装置可用，否则须查明原因并彻底纠正后才能进行正式测定。如使用二节炉，则在第一节炉移至紧靠第二节炉 5min 以后，待炉口温度降至 100~200℃，再放有机试剂，并慢慢移炉，而不能采用上述降低炉温的方法。

6. 结果的计算

空气干燥煤样的碳氢含量按下式计算：

$$C_{ad} = \frac{0.2729 m_1}{m} \times 100\%$$

$$H_{ad} = \frac{0.1119(m_2 - m_3)}{m} \times 100\% - 0.1119 M_{ad}$$

式中　C_{ad}——空气干燥煤样中碳含量，%；

　　　H_{ad}——空气干燥煤样中氢含量，%；

　　　m_1——吸收二氧化碳 U 形管的增重，g；

　　　m_2——吸收水分 U 形管的增重，g；

　　　m_3——水分空白值，g；

　　　m——煤样的质量，g；

　0.2729——将二氧化碳换算为碳的因数；

　0.1119——将水换算成氢的因数；

　　　M_{ad}——空气干燥煤样中水分的含量，%。

当空气干燥煤样中碳酸盐二氧化碳含量大于 2% 时，碳的含量用下式计算：

$$C_{ad} = \frac{0.2729 m_1}{m} \times 100\% - 0.2729(CO_2)_{ad}$$

式中　$(CO_2)_{ad}$——空气干燥煤样中碳酸盐二氧化碳含量，%。

7. 碳、氢测定结果的精密度

碳、氢测定结果的精密度如表 3-4 所示。

表 3-4　碳、氢测定结果的精密度

项　目	重复性/%	项　目	重复性/%
C_{ad}	0.05	C_d	1.00
H_{ad}	0.15	H_d	0.25

二、氮的测定

1. 方法提要

称取一定量的空气干燥煤样，加入混合催化剂和硫酸，加热分解，氮转化为硫酸氢铵。加入过量的氢氧化钠溶液，把氨蒸出并吸收在硼酸溶液中，用硫酸标准溶液滴定。根据用去的硫酸量计算煤中氮的含量。

2. 试剂

（1）混合催化剂　将分析纯无水硫酸钠 32g、分析纯硫酸汞 5g 和分析纯硒粉 0.5g 研细，混合均匀备用。

（2）铬酸酐　分析纯。

（3）硼酸　分析纯，3% 水溶液，配制时加热溶解并滤去不溶物。

（4）混合碱溶液　将分析纯氢氧化钠 37g 和化学纯硫化钠 3g 溶解于蒸馏水中，配制成 100mL 溶液。

（5）甲基红和亚甲基蓝混合指示剂　称取 0.175g 分析纯甲基红研细，溶于 50mL 95％乙醇中，得溶液 a。称取 0.083g 亚甲基蓝，溶于 50mL95％乙醇中，得溶液 b。将溶液 a 和 b 分别存于棕色瓶中，用时按（1＋1）混合。混合指示剂使用期不应超过 1 周。

（6）蔗糖　分析纯。

（7）硫代硫酸钠标准溶液　$c(1/2H_2SO_4)＝0.025mol/L$。

3. 仪器设备

（1）开氏瓶　容量 50mL 和 250mL。

（2）直形玻璃冷凝管　长约 300mm。

（3）短颈玻璃漏斗　直径约 30mm。

（4）铝加热体（图 3-14）　使用时四周围以绝热材料，如石棉绳等。

（5）开氏球。

（6）圆盘电炉　带有调温装置。

（7）锥形瓶　容量 250mL。

（8）圆底烧瓶　容量 1000mL。

（9）万能电炉。

（10）微量滴定管　10mL，分度值为 0.05mL。

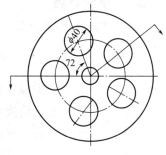

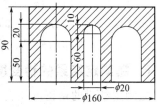

图 3-14　铝加热体

4. 分析步骤

（1）在薄纸上称取粒度小于 0.2mm 的空气干燥煤样 0.2g，精确至 0.0002g。把煤样包好，放入 50mL 开氏瓶中，加入混合催化剂 2g 和浓硫酸（相对密度 1.84）5mL。然后将开氏瓶放入铝加热体的孔中，并用石棉板盖住开氏瓶的球形部分。在瓶口插入一小漏斗，防止硒粉飞溅。在铝加热体中心的小孔中放温度计。接通电源，缓缓加热到 350℃左右，保持此温度，直到溶液清澈透明，漂浮的黑色颗粒完全消失为止。遇到分解不完全的煤样时，可将 0.2mm 的空气干燥煤样磨细至 0.1mm 以下，再按上述方法消化，但必须加入铬酸酐 0.2～0.5g。分解后如无黑色粒状物且呈草绿色浆状，表示消化完全。

（2）将冷却后的溶液，用少量蒸馏水稀释后，移至 250mL 开氏瓶中。充分洗净原开氏瓶中的剩余物，使溶液体积约为 100mL。然后将盛溶液的开氏瓶放在蒸馏装置上准备蒸馏。蒸馏装置如图 3-15 所示。

（3）把直形玻璃冷凝管的上端连接到开氏球上，下端用橡胶管连上玻璃管，直接插入一个盛有 20mL、3％硼酸溶液和 1～2 滴

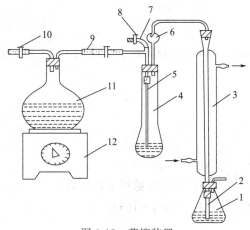

图 3-15　蒸馏装置

1—锥形瓶；2,7—橡胶管；3—直形玻璃冷凝管；

4—开氏瓶；5—玻璃管；6—开氏球；8—夹子；

9,10—橡胶管和夹子；11—圆底烧瓶；12—万能电炉

混合指示剂的锥形瓶中。玻璃管浸入溶液并距离底约 2mm。

（4）在 250mL 开氏瓶中注入 25mL 混合碱溶液，然后通入蒸汽进行蒸馏，蒸馏至锥形瓶中溶液的总体积达到 80mL 为止，此时硼酸溶液由紫色变成绿色。

（5）蒸馏完毕后，拆下开氏瓶并停止供给蒸汽。插入硼酸溶液中的玻璃管内、外用蒸馏水冲洗。洗液收入锥形瓶中，用硫酸标准溶液滴定到溶液由绿色变成微红色即为终点。由硫酸用量（校正空白）求出煤中氮的含量。

空白试验采用 0.2g 蔗糖代替煤样，实验步骤与煤样分析相同。

5. 结果的计算

空气干燥煤样的氮含量按下式计算：

$$N_{ad}=\frac{c(V_1-V_2)\times0.014}{m}\times100\%$$

式中　N_{ad}——空气干燥煤样中氮含量，%；

　　　c——硫酸标准溶液浓度，mol/L；

　　　V_1——硫酸标准溶液的体积，mL；

　　　V_2——空白试验时硫酸标准溶液的体积，mL；

　　0.014——氮（$1/2N_2$）的毫摩尔质量，g/mmol；

　　　m——煤样的质量，g。

6. 氮测定结果的精密度

氮测定结果的精密度如表 3-5 所示。

表 3-5　煤中氮测定结果的精密度

重复性（N_{ad}）/%	再现性（N_d）/%
0.08	0.15

7. 注意事项

每日在煤样分析前，冷凝管须用蒸汽进行冲洗，待馏出物体积达 100～200mL 后，再做正式煤样。

三、氧的计算

空气干燥煤样的氧含量按下式计算：

$$O_{ad}=100-C_{ad}-H_{ad}-N_{ad}-S_{t,ad}-M_{ad}-A_{ad}$$

当空气干燥煤样中碳酸盐二氧化碳含量大于 2% 时，氧的含量用下式计算：

$$O_{ad}=100-C_{ad}-H_{ad}-N_{ad}-S_{t,ad}-M_{ad}-A_{ad}-(CO_2)_{ad}$$

式中　O_{ad}——空气干燥煤样中氧含量，%；

　　　C_{ad}——空气干燥煤样中碳含量，%；

　　　H_{ad}——空气干燥煤样中氢含量，%；

　　　N_{ad}——空气干燥煤样中氮含量，%；

$S_{t,ad}$——空气干燥煤样中全硫含量,%;

M_{ad}——空气干燥煤样中水分的含量,%;

A_{ad}——空气干燥煤样中灰分的含量,%;

$(CO_2)_{ad}$——空气干燥煤样中碳酸盐二氧化碳含量,%。

 任务评价

任务考核评价表

评价项目	评价标准	评价方式			权重	得分小计	总分
		自我评价	小组评价	教师评价			
		0.1	0.2	0.7			
职业素质	1. 遵守实验室管理规定,严格操作程序。 2. 按时完成学习任务。 3. 学习积极主动、勤学好问				0.2		
专业能力	1. 理解测定的方法原理。 2. 能基本完成实验,操作正确、规范。 3. 实验结果复合实验要求精确度				0.7		
协作能力	团队中所起的作用,团队合作的意识				0.1		
教师综合评价							

 思考与练习

1. 煤的元素分析包括哪些项目?

2. 简述碳、氢元素测定分析法的原理。

3. 简述碳氢测定仪的设备的构成。

任务三 煤的全硫含量分析

任务目标

1. 知道煤中全硫测定的方法;

2. 能进行煤中全硫的测定操作；

3. 学会煤中全硫测定结果的计算。

任务介绍

全硫的测定是煤的工业分析中比较重要的一个项目。煤中总硫是指无机硫和有机硫的总和。在一般分析中不要求分别测定，而是测定全硫。全硫测定的方法有很多，主要有艾士卡法、高温中和燃烧法、库仑法等方法。

任务解析

通过本次任务的学习，让学生掌握全硫分析项目的测定方法和原理。任务的重点和难点在于能采用艾士卡法、高温燃烧中和法、库仑法测定煤中全硫含量。教学中利用创设工作任务，引导学生联系实际，阅读整理资料，交流探讨问题，主动积极探究任务完成的条件方法等。学生在交流探讨与实验探究中，获取基础知识，训练基本技能，同时获得相关体验。教师在指导时做到把时间、过程、方法留给学生。

任务实施

一、重量法（艾士卡法）

1. 方法要点

将煤样与艾士卡剂混合灼烧，煤中硫生成硫酸盐，然后使硫酸根离子生成硫酸钡沉淀。根据硫酸钡的质量计算煤样中全硫的含量。

2. 仪器设备

（1）分析天平　感量 0.1mg。

（2）箱形电炉　附有热电偶高温计，能升温到 900℃，温度可调节并可通风。

（3）瓷坩埚　容量 30mL 和 10～20mL 两种。

（4）滤纸　中速定性滤纸和致密无灰定量滤纸。

3. 试剂

（1）艾士卡试剂（以下简称艾氏剂）　以 2 份重的化学纯轻质氧化镁与 1 份重的化学纯无水碳酸钠混合均匀并研细至粒度小于 0.2mm 后，保存在密闭容器中。

（2）盐酸溶液　（1+1），1 体积盐酸（化学纯）加 1 体积水混匀。

（3）氯化钡溶液　100g/L，10g 氯化钡溶于 100mL 水中。

（4）甲基橙溶液　2g/L，0.2g 甲基橙溶于 100mL 水中。

（5）硝酸银溶液　10g/L，1g 硝酸银溶于 100mL 水中，并加入几滴硝酸，贮于深色瓶中。

4. 实验步骤

（1）于 30mL 坩埚内称取粒度为 0.2mm 以下的分析煤样 1g（全硫含量超过 8% 时称取 0.5g)(称准到 0.0002g) 和艾氏剂 2g，仔细混合均匀，再用 1g 艾氏剂覆盖在煤样上面

（艾氏剂称准到 0.1g）。

（2）将装有煤样的坩埚移入通风良好的箱形炉中，必须在 1～2h 内将电炉从室温逐渐升到 800～850℃，并在该温度下加热 1～2h。

（3）将坩埚从电炉中取出，冷却到室温，再将坩埚中的灼烧物用玻璃棒仔细搅松捣碎（如发现有未烧尽的煤的黑色颗粒，应在 800～850℃ 下继续灼烧 30min），然后放入 400mL 烧杯中，用热蒸馏水冲洗坩埚内壁，将冲洗液加入烧杯中，再加入 100～150mL 刚煮沸的蒸馏水，充分搅拌，如果此时发现尚有未烧尽的煤的黑色颗粒漂浮在液面上，则本次测定作废。

（4）用中速定性滤纸以倾泻法过滤，用热蒸馏水倾泻冲洗 3 次，然后将残渣移入滤纸中，用热蒸馏水仔细冲洗，其次数不得少于 10 次，洗液总体积约为 250～300mL。

（5）向滤液中滴入 2～3 滴甲基橙指示剂，然后用盐酸溶液至中性，再过量加入 2mL，使溶液呈微酸性。将溶液加热到沸腾，在用玻璃棒不断搅拌下，缓慢加入氯化钡溶液 10mL，保持近沸状态约 2h，最后溶液体积为 200mL 左右。

（6）溶液冷却后或静置过夜后用致密无灰定量滤纸过滤，并用热蒸馏水洗至无氯离子为止（用硝酸银检验无浑浊）。

（7）将沉淀连同滤纸移入已知质量的瓷坩埚中，先在低温下灰化滤纸，然后在温度为 800～850℃ 箱形电炉内灼烧 20～40min，取出坩埚在空气中稍加冷却后，再放入干燥器中冷却到室温后称重。

（8）每配制一批艾氏剂或改换其他任一试剂时，应进行两个以上空白试验，硫酸钡最高值与最低值相差不得大于 0.0010g，取算术平均值作为空白值。

5. 结果的计算

测定结果按下式计算：

$$S_{t,ad} = \frac{(m_1 - m_2) \times 0.1374}{m} \times 100\%$$

式中　$S_{t,ad}$——空气干燥煤样的全硫含量，%；

$\quad\quad m_1$——硫酸钡质量，g；

$\quad\quad m_2$——空白试验中硫酸钡质量，g；

$\quad\quad 0.1374$——由硫酸钡换算为硫的系数，g；

$\quad\quad m$——煤样质量，g。

6. 全硫测定结果的精密度

全硫测定结果的精密度如表 3-6 所示。

表 3-6　煤中全硫测定结果的精密度

全硫质量分数 S_t/%	重复性限 $S_{t,ad}$/%	再现性临界差 $S_{t,ad}$/%
≤1.50	0.05	0.10
1.50（不含 1.50）～4.00	0.10	0.20
＞4.00	0.20	0.30

二、库仑滴定法

1. 方法要点

煤样在不低于 1150℃高温和催化剂作用下，于净化的空气流中燃烧分解。生成的二氧化硫以电解碘化钾和溴化钾溶液所产生的碘和溴进行库仑滴定。电生碘和电生溴所消耗的电量由库仑积分仪积分，并显示煤样中所含硫的毫克数。

2. 仪器设备

主要设备有库仑自动测硫仪，包括下列各部分：

（1）送样程序控制器：煤样可按指定的程序前进、后退。

（2）高温炉　用硅碳管或硅碳棒做加热元件，有不少于 90mm 长的高温带（1150±5）℃。燃烧管需耐温 1300℃以上。采用铂铑-铂热电偶。燃烧舟由耐温 1300℃以上的瓷制成。

（3）搅拌器和电解池　搅拌器转速 500r/min，连续可调。电解池高约 12cm，容量约 400mL，内安有两块面积为 150mm² 的铂电解电极和两块面积为 15mm² 的铂指示电极。指示电极响应时间应小于 1s。

（4）库仑积分器　电解电流 0～350mA 范围内积分线性度应为 ±0.1%。配有 5～6 位数字的数码管显示硫的毫克数或配有不少于 5 位数字的打印机。

（5）空气净化系统　由泵供出的约 1500mL/min 的空气，经内装氢氧化钠及变色硅胶的管净化、干燥。

3. 试剂

（1）碘化钾　分析纯。

（2）溴化钾　分析纯。

（3）冰乙酸　分析纯。

（4）三氧化钨　化学纯。

（5）变色硅胶　工业品。

（6）氢氧化钠　化学纯。

（7）电解液　碘化钾、溴化钾各 5g，冰乙酸 10mL，蒸馏水 250～300mL。

4. 试验准备

（1）接上电源后，使高温炉升温到 1150℃，另取一组已校正的铂铑-铂热电偶高温计测定燃烧管中高温带的位置、长度及 600℃预分解的位置。

（2）调节程序控制器，使预分解及高温分解的位置分别处于高温炉的 600℃ 和 1150℃处。

（3）在燃烧管中充填厚度为 3mm 的硅酸铝棉，位于高温带后端。在燃烧管出口处充填洗净、干燥的玻璃纤维棉。

（4）将程序控制器、高温炉（内装燃烧管）、库仑积分器、搅拌器和电解池及空气净化系统组装在一起。燃烧管、活塞及电解池的玻璃口对玻璃口处需用硅橡胶管封接。

（5）开动送气抽气泵，将抽速调节到 1000mL/min。然后关闭电解池与燃烧管间的活塞。如抽速降到 500mL/min 以下，表示电解池、干燥管等部件均气密。否则需重新检查电解池等各部件。

5. 实验步骤

（1）将炉温控制在（1150±5）℃。

（2）将抽气泵的抽速调节到 1000mL/min。于供气和抽气条件下，将 250～300mL 电解液倒入电解池内。开动搅拌器后，再将旋钮转至自动电解位置。

（3）于瓷舟中称取粒度小于 0.2mg 的煤样 0.05g 左右（称准到 0.0002g），在煤样上盖一薄层三氧化钨。将舟置于送样的石英托盘上，开启程序控制器，石英托盘即自动进炉，库仑滴定随即开始。积分仪显示出硫的毫克数或打印机打出硫的含量。

6. 允许差

全硫测定的最大允许差不得超过表 3-6 所示。

三、高温燃烧中和法

1. 方法要点

将煤样在氧气流中进行高温燃烧，使煤中各种形态硫都氧化分解成硫的氧化物，然后捕集在过氧化氢溶液中，使其形成硫酸溶液，用氢氧化钠溶液进行滴定，计算煤样中全硫含量。

2. 仪器和材料

（1）高温炉　要求炉温能保持 80～100mm 长的高温带（1200±5）℃。高温计应事先进行校正。

（2）燃烧管　耐温 1300℃以上。管总长约 750mm。一端外径 22mm，内径 19mm，长约 690mm；另一端外径 10mm，内径约 7mm，长约 60mm。

（3）燃烧舟　用高温瓷或刚玉制成，长 77mm，上宽 12mm，高 8mm。

（4）热电偶　铂铑-铂热电偶。

（5）镍铬丝推棒　直径约 2mm、长约 650mm 的镍铬丝，把一端卷成螺旋状，使其成为直径约 10mm 的圆垫，作为推进燃烧舟用。

（6）镍铬丝钩　直径约 2mm、长约 650mm 的镍铬丝，把一端弯成小钩，作为取出燃烧舟用。

（7）硅橡胶管　外径 11mm，内径 8mm，长约 30mm，接在燃烧管的细径一端，作为连接吸收系统用。

（8）T 形玻璃管　T 形管的水平方向一端装上一个 3 号橡胶塞，作为密闭燃烧管用。水平方向的另一端装上一个翻胶帽，翻胶帽穿一个小孔使镍铬丝推棒能穿过小孔而又通过T 形管的水平方向穿出。T 形管的垂直方向接上橡胶管，作为通入氧气用。

（9）流量计　能测量每分钟 350mL 以上的氧气流量。

（10）吸收瓶　250mL 或 300mL 锥形瓶。

（11）气体过滤器　由玻璃砂烧结而成的玻璃熔板，熔板型号 G1～G3，接在吸收瓶的出气口一端。

（12）干燥塔　250mL，下部 2/3 装碱石棉，上部 1/3 装无水氯化钙。

（13）贮气桶　容量 30～50L。

（14）酸滴定管　25mL 和 10mL 两种。

（15）碱滴定管　25mL 和 10mL 两种。

3. 试剂

（1）氧气。

（2）过氧化氢　分析纯，浓度 30%。

（3）碱石棉　粒状（三级）。

（4）三氧化钨　化学纯。

（5）混合指示剂　0.125g 甲基红溶于 100mL 乙醇中，0.083g 亚甲基蓝溶于 100mL 乙醇中，分别贮存于棕色瓶中，使用前按等体积混合。

（6）氢氧化钠　0.03mol/L 溶液。

（7）羟基氰化汞溶液　称取约 6.5g 羟基氰化汞，溶于 500mL 蒸馏水中，充分搅拌后，放置片刻，过滤，滤液中加入 2～3 滴混合指示剂，用稀硫酸溶液中和至中性，贮存于棕色瓶中，此溶液应在一星期内使用。

4. 实验准备

（1）仪器设备　包括三个主要部分，即氧气净化系统、燃烧装置和氧化产物（二氧化硫和三氧化硫气体）吸收系统。

（2）高温炉的准备

① 把燃烧管插入高温炉，使细径管端伸出炉口 100mm，并接上一段长约 30mm 的硅橡胶管。

② 高温炉接上电源以后，必须测定炉中燃烧管的各区段温度的分布情况及其高温带的长度，以选择煤样在燃烧管中放置的位置，测量温度的方法如下：

接通电源，使炉膛温度逐渐升到 1200℃，并恒定在 ±5℃ 的温度范围内，另取一组已校对的铂铑-铂热电偶高温计，把热电偶插入燃烧管中，以每 2min 推进 2cm 的距离，测量并记录各点的温度，即可确定燃烧舟在燃烧管内 500℃ 以下预热的位置，以及高温带的位置。

③ 在镍铬丝推棒上作上两个记号：一是把燃烧舟前端推到 500℃ 的距离；二是把燃烧舟推入高温带的距离。

（3）气密实验　将仪器连接之后，紧闭通氧管，在吸收系统接上一个吸收瓶。在用水力泵连续抽气后，如吸收瓶中不发生气泡即表示系统不漏气。

（4）吸收液的准备

① 3% 过氧化氢吸收液　取 30mL 30% 过氧化氢溶液，加入 970mL 蒸馏水，加 2 滴混合指示剂，根据溶液的酸碱性，加入稀的硫酸或氢氧化钠溶液中和至溶液呈钢灰色。此溶液中和后，应当天使用，过夜以后，溶液略显微弱酸性，故需重新中和。

② 用量筒分别量取 100mL 已中和的过氧化氢吸收液，倒入 2 个吸收瓶中，塞好带有气体过滤器的橡胶塞。

③ 煤样的称取　称取 0.2g 左右（称准到 0.0002g）的煤样于燃烧舟中，再盖上一薄层三氧化钨催化剂。

5. 实验步骤

（1）先将炉温控制在（1200±5）℃，并在燃烧管的细径管端接上两个吸收瓶，把盛有煤样的燃烧舟放在燃烧管的末端，随即用带有 T 形管的橡胶塞密闭燃烧管的末端，打开通氧管上的弹簧夹，通入氧气，并保持每分钟通入氧气 350mL，把镍铬丝推棒推到预热的记号处，使盛有煤样的燃烧舟的前端在预先测好温度 500℃ 左右的位置，并预热 5min，再把镍铬丝推棒往前推进到高温带的记号处，立即把推棒往后拔出以免熔化。煤样在高温带燃烧 10min。

（2）燃烧终了后，用弹簧夹夹住连接通氧的橡胶管，停止通入氧气。先取下紧连硅橡胶管的吸收瓶，然后逐个取下，关闭水力泵。

（3）打开燃烧管末端的橡胶塞，用镍铬丝钩取出燃烧舟。

（4）打开吸收瓶的橡胶塞，用蒸馏水分别清洗气体过滤器 2～3 次，要用洗耳球加压，否则洗液不易流出，在各个吸收瓶中分别加入 3～4 滴混合指示剂，用氢氧化钠溶液进行滴定，溶液由桃红色变为钢灰色，即为滴定终点，记下氢氧化钠溶液的用量。

（5）空白试验。在燃烧舟内装入一薄层三氧化钨（不加煤样）按上述实验步骤测定空白值。

6. 结果的计算

测定结果按如下计算：

（1）用氢氧化钠标准溶液来计算煤中全硫的含量

$$S_{t,ad} = \frac{(V - V_0)c \times 0.016 f}{m} \times 100\%$$

式中　$S_{t,ad}$——煤样中的全硫含量，%；

V——煤样测定时氢氧化钠溶液的用量，mL；

V_0——空白测定时氢氧化钠溶液的用量，mL；

c——氢氧化钠溶液的物质的量浓度，mmol/mL；

0.016——1/2S 的毫摩尔质量，g/mmol；

m——煤样质量，g；

f——校正系数，当 $S_{t,ad} < 1\%$ 时，$f = 0.95$；当 $S_{t,ad}$ 在 $1\% \sim 4\%$ 时，$f = 1$；当 $S_{t,ad} > 4\%$ 时，$f = 1.05$。

（2）用氢氧化钠标准溶液的滴定度计算煤中全硫含量

$$S_{t,ad} = \frac{(V - V_0)T}{m} \times 100\%$$

式中　$S_{t,ad}$——煤样中的全硫含量，%；

V——煤样测定时氢氧化钠溶液的用量，mL；

V_0——空白测定时氢氧化钠溶液的用量，mL；

T——氢氧化钠溶液的滴定度，g/mL；

m——煤样质量，g。

（3）氯的校正方法 一般原煤中氯含量极少，可不作校正，但对氯含量高于 0.02％ 的原煤以及用氯化锌减灰的精煤，应按以下方法进行氯的校正：在氢氧化钠标准溶液滴定 到终点后的溶液中加入 10mL 羟基氰化汞溶液，以使氯离子与羟基氰化汞产生置换反应， 溶液变成碱性，呈现绿色。用硫酸标准溶液进行反滴定，记下硫酸溶液的用量，全硫结果 则按下式进行计算：

$$S_{t,ad} = S_{t,ad}^n - \frac{cV_2 \times 0.016}{m} 100\%$$

式中　$S_{t,ad}$——空气干燥煤样中的全硫含量，％；

　　　$S_{t,ad}^n$——煤样中的全硫含量，％；

　　　c——硫酸标准溶液的物质的量浓度，mmol/mL；

　　　V_2——硫酸标准溶液的用量，mL；

　　0.016——$\frac{1}{2}$S 的毫摩尔质量，g/mmol；

　　　m——煤样质量，g。

7. 全硫测定结果的精密度

全硫测定结果的精密度如表 3-6 所示。

 任务评价

任务考核评价表

评价项目	评价标准	评价方式			权重	得分小计	总分
		自我评价	小组评价	教师评价			
		0.1	0.2	0.7			
职业素质	1. 遵守实验室管理规定，严格操作程序。 2. 按时完成学习任务。 3. 学习积极主动、勤学好问				0.2		
专业能力	1. 知道全硫测定的标准方法。 2. 能正确、规范地进行实验操作。 3. 实验结果准确且精密度高				0.7		
协作能力	团队中所起的作用，团队合作的意识				0.1		
教师综合评价							

拓展提高

HKCL-8000A 微机全自动测硫仪

HKCL-8000A 微机全自动测硫仪适用于电力、煤炭、冶金、石化、环保、水泥、造纸、地质勘探、科研院校等行业部门测量煤炭、焦炭及石油等物质中的全硫含量，符合国标 GB/T 214—2007《煤中全硫的测定方法》。

1. 性能特点

（1）计算机全自动控制，自动化程度高，最新蓝牙通讯功能，操作方便：具有连续自动送样、丢样装置，可一次性放入 35 个试样，并可随时连续加样，大大减少化验员工作量。测试精确度优于国标。链条式自动送样装置，所有试样的送样、实验、出样、丢样均自动、连续完成；

（2）采用一体化结构，将自动送样、丢样装置、裂解炉、电解池、搅拌器、送样机构、空气净化系统等部件装配在整个箱体内　使仪器结构紧凑，造型美观。

（3）测定时间可根据不同煤样自动判别，结果准确，速度快。只要选取 1～2 种标煤简单标定仪器，无论高硫、中硫、低硫煤，都能测试精准，不存在"高硫偏低，低硫偏高"的弊病；

（4）程序控制自动升温、控温、送样、退样、电解、计算、结果　自动存盘、打印，化验人员所做的工作只是称样。

（5）标准串口，强大的数据处理、报表统计与打印功能；可联网、联天平。自动输入数据。

（6）卧式炉膛，样品在（≥90mm）超宽恒温区内完全燃烧，燃烧更充分

2. 技术指标

测试温度：1150℃

控温精度：±5℃

测硫分辨率：0.01％

测硫范围：0.01％～40％

测试时间：3～6min/样

样品数量：1～35 个/次（可连续加样）

功率：≤4kW

电源：AC(220±22)V、50Hz

外形尺寸：780mm×510mm×405mm

 思考与练习

1. 为什么测定煤中全硫含量？测定方法有哪几种？

2. 艾士卡试剂中 MgO 的作用是什么？

3. 艾士卡法测煤中全硫的基本原理是什么？

任务四 煤的发热量分析

🔥 任务目标

1. 了解煤发热量的表示方法和测定方法；
2. 能进行煤发热量的测定操作；
3. 学会计算各种发热量。

🔥 任务介绍

发热量是供热用煤或焦炭的主要质量指标之一。现行企业中煤的发热量不属于常规分析项目。燃煤或炼焦工艺过程的热平衡、煤或焦炭耗量、热效率等的计算，都以此为依据。煤的发热量可以直接测定，也可以通过工业分析得结果粗略地计算。

🔥 任务解析

通过本次任务的学习，让学生掌握煤发热量的测定方法和原理。任务的重点和难点在于能采用氧弹式量热计法测定煤的发热量含量。教学中利用创设工作任务，引导学生联系实际，阅读整理资料，交流探讨问题，主动积极探究任务完成的条件方法等。学生在交流探讨与实验探究中，获取基础知识，训练基本技能，同时获得相关体验。教师在指导时做到把时间、过程、方法留给学生。

🔥 任务实施

一、认识发热量的表示

煤的发热量，也叫热值，是指单位质量的没完全燃烧时所产生的热量，用符号 Q 表示，其测定结果以 MJ/kg（兆焦/千克）表示。

1. 弹筒发热量

单位质量的试样在充有过量氧气的氧弹内燃烧，其燃烧产物组成为氧气、氮气、二氧化碳、硝酸和硫酸、液态水以及固态灰时放出的热量称为弹筒发热量。

2. 恒容高位发热量

单位质量的试样在充有过量氧气的氧弹内燃烧，其燃烧产物组成为氧气、氮气、二氧化碳、二氧化硫、液态水以及固态灰时放出的热量称为恒容高位发热量。

高位发热量也即由弹筒发热量减去硝酸和硫酸校正热后得到的发热量。

3. 恒容低位发热量

单位质量的试样在充有过量氧气的氧弹内燃烧，其燃烧产物组成为氧气、氮气、二氧化碳、二氧化硫、气态水以及固态灰时放出的热量称为恒容低位发热量。

低位发热量也即由高位发热量减去水（煤中原有的水和煤中氢燃烧生成的水）的汽化热后得到的发热量。

二、发热量的测定操作

GB/T213—2007 规定的煤的高位发热量的测定方法和低位发热量的计算方法，适用于泥炭、褐煤、烟煤、无烟煤和碳质页岩，以及焦炭的发热量测定。在此简单介绍该标准经中的经典方法氧弹式量热计法即发热量的计算。

1. 实验原理

煤的发热量在氧弹热量计中进行测定，一定量的分析试样在氧弹热量计中，在充有过量氧气的氧弹内燃烧。氧弹热量计的热容量通过在相似条件下燃烧一定量的基准量热物苯甲酸来确定，根据试样点燃前后量热系统产生的温升，并对点火热等附加热进行校正后即可求得试样的弹筒发热量。

从弹筒发热量中扣除硝酸形成热和硫酸校正热（硫酸与二氧化硫形成热之差）后即得高位发热量。

对煤中的水分（煤中原有的水和氢燃烧生成的水）的汽化热进行校正后求得煤的低位发热量。

2. 仪器设备

（1）**热量计** 通用的热量计有两种：恒温式和绝热式。包括以下主件和附件。

① **氧弹** 由耐热、耐腐蚀的镍铬或镍铬钼合金钢制成。弹筒容积为 250～350mL，弹盖上应装有供充氧和排气的阀门以及点火电源的接线电极。

② **内筒** 用紫铜、黄铜或不锈钢制成，断面可为圆形、菱形或其他适当形状。

③ **外筒** 为金属制成的双壁容器，并有上盖。外壁为圆形，内壁形状则依内筒的形状而定，原则上要保持两者之间有 10～12mm 的间距，外筒底部有绝缘支架，以便放置内筒。

④ **搅拌器** 螺旋桨式，转速 400～600r/min 为宜，并应保持稳定。

⑤ **量热温度计** 内筒温度测量误差是发热量测定误差的主要来源。对温度计的正确使用具有特别重要的意义。

（2）**温度计读数放大镜和照明灯** 为了使温度计读数能估计到 0.001K，需要一个大约 5 倍的放大镜。通常放大镜装在一个镜筒中，筒的后部装有照明灯，用以照明温度计的刻度。镜筒借适当装置可沿垂直方向上、下移动，以便跟踪观察温度计中水银柱的位置。

（3）**振荡器** 电动振荡器，用以在读取温度前振动温度计，以克服水银柱和毛细管间的附着力。

（4）**燃烧皿** 铂制品最理想，一般可用镍铬钢制品。规格可采用高 17mm、上部直径 26～27mm、底部直径 19～20mm、厚 0.5min。其他合金钢或石英制的燃烧皿也可使用，但以能保证试样燃烧完全而本身又不受腐蚀和产生热效应为原则。

（5）**压力表和氧气导管** 压力表应由两个表头组成：一个指示氧气瓶中的压力；另一个指示充氧时氧弹内的压力。

（6）点火装置　点火采用 12～24V 的电源，可由 220V 交流电源经变压器供给。

（7）压饼机　螺旋式或杠杆式压饼机。能压制直径 10mm 的煤饼或苯甲酸饼。模具及压杆应用硬质钢制成，表面光洁，易于擦拭。

（8）秒表或其他能指示 10s 的计时器。

（9）分析天平　感量 0.1mg。

（10）工业天平　载重量 4～5kg，感量 1g。

3. 试剂与材料

（1）氧气　不含可燃成分，因此不许使用电解氧。

（2）苯甲酸　经计量机关检定并标明热值的苯甲酸。

（3）氢氧化钠标准溶液（供测弹筒洗液中硫用）：浓度为 0.1mol/L。

（4）0.2% 的甲基红指示剂。

（5）点火丝　直径 0.1mm 左右的铂、铜、镍铬丝或其他已知热值的金属丝，如使用棉线，则应选用粗细均匀、不涂蜡的白棉线。

（6）酸洗石棉绒　使用前在 800℃ 下灼烧 30min。

（7）擦镜纸　使用前先测出燃烧热。方法：抽取 3～4 张纸，用手团紧，称准质量，放入燃烧皿中，然后按常规方法测定发热量。取两次结果的平均值作为标定值。

4. 实验步骤（恒温式热量计法）

（1）在燃烧皿中精确称取分析试样（小于 0.2mm）1～1.1g（称准到 0.0002g）。燃烧时易于飞溅的试样，可先用已知质量的擦镜纸包紧，或先在压饼机中压饼并切成 2～4mm 的小块使用。不易燃烧完全的试样，可先在燃烧皿底铺上一个石棉垫，或用石棉绒做衬垫（先在皿底铺上一层石棉绒，然后以手压实）。石英燃烧皿不需任何衬垫。如加衬垫仍燃烧不完全，可提高充氧压力至 3.0～3.2MPa(30～32atm)，或用已知质量和发热量的擦镜纸包裹称好的试样并用手压紧，然后放入燃烧皿中。

（2）取一段已知质量的点火丝，把两端分别接在两个电极柱上，注意与试样保持良好接触或保持微小的距离（对易飞溅和易燃的煤），并注意勿使点火丝接触燃烧皿，以免形成短路而导致点火失败，甚至烧毁燃烧皿。同时还应注意防止两电极间以及燃烧皿与另一电极之间的短路。

往氧弹中加入 10mL 蒸馏水。小心拧紧氧弹盖，注意避免燃烧皿和点火丝的位置因受震动而改变。接上氧气导管，往氧弹中缓缓充入氧气，直到压力达到 2.6～2.8MPa（26～28atm）。充氧时间不得少于 30s。当钢瓶中氧气压力降到 5.0MPa（50atm）以下时，充氧时间应酌量延长。

（3）往内筒中加入足够的蒸馏水，使氧弹盖的顶面（不包括突出的氧气阀和电极）淹没在水面下 10～20mm。每次试验时用水量应与标定热容量时一致（相差 1g 以内）。水量最好用称重法测定。如用容量法，则需对温度变化进行补正。注意恰当调节内筒水温，使终点时内筒比外筒温度高 1K 左右，以使终点时内筒温度出现明显下降。外筒温度应尽量接近室温，相差不得超过 1.5K。

（4）把氧弹放入装好水的内筒中。如氧弹中无气泡漏出，则表明气密性良好，即可把内筒放在外筒的绝缘架上；如有气泡出现，则表明漏气，应找出原因，加以纠正，重新充氧。然后接上点火电极插头，装上搅拌器和量热温度计，并盖上外筒和盖子。温度计的水银球应对准氧弹主体（进、出气阀和电极除外）的中部，温度计和搅拌器均不得接触氧弹和内筒。靠近量热温度计的露出水银柱的部位，应另悬一支普通温度计，用以测定露出柱的温度。

（5）开动搅拌器，5min 后开始计时和读取内筒温度（t_0）并立即通电点火。随后记下外筒温度（t_j）和露出柱温度（t_e）。外筒温度至少读到 0.05K，内筒温度借助放大镜读到 0.001K。读取温度时，视线、放大镜中线和水银柱顶端应位于同一水平上，以避免视差对读数的影响。每次读数前，应开动振荡器振动 3~5s。

（6）观察内筒温度（注意：点火后 20s 内不要把身体的任何部位伸到热量计上方）。如在 30s 内温度急剧上升，则表明点火成功。点火后 1min40s 时读取一次内筒温度（$t\ 1'40''$），读到 0.01K 即可。

（7）接近终点时，开始按 1min 间隔读取内筒温度。读温前开动振荡器，要读到 0.001K。

以第一个下降温度作为终点温度（t_n）。试验主要阶段至此结束。

注：一般热量计由点火到终点的时间为 8~10min。对一台具体热量计，可根据经验，恰当掌握。

（8）停止搅拌，取出内筒和氧弹，开启放气阀，放出燃烧废气，打开氧弹，仔细观察弹筒和燃烧皿内部，如果有试样燃烧不完全的迹象或有炭黑存在，试验应作废。找出未烧完的点火丝，并量出长度，以便计算实际消耗量。用蒸馏水充分冲洗弹内各部分、放气阀、燃烧皿内外和燃烧残渣。把全部洗液（共约 100mL）收集在一个烧杯中供测硫使用。

绝热式量热计和恒温式量热计的基本构造相似，其不同在于热交换的控制方式不同。绝热式量热计是让外筒的水温追随内筒水温而变化，故在测定过程中内外筒之间可以进行热交换。恒温式量热计在外桶内装了大量的水，使外筒的水温基本保持不变，以减少热交换。

三、发热量的计算方法

（1）弹筒发热量（$Q_{b,ad}$）的计算

① 恒温式量热计

$$Q_{b,ad} = \frac{EH\left[(t_n + h_n) - (t_0 + h_0) + C\right] - (q_1 + q_2)}{m}$$

② 绝热式量热计

$$Q_{b,ad} = \frac{EH\left[(t_n + h_n) - (t_0 + h_0)\right] - (q_1 + q_2)}{m}$$

上面两式中　$Q_{b,ad}$——分析试样的弹筒发热量，J/g；

　　　　　　E——量热计的热容量，J/K；

　　　　　　t_n——主期终点温度，℃；

　　　　　　t_0——主期起点温度，℃；

　　　　　　h_n——当温度为 t_n 时温度计读数的校正值，℃；

　　　　　　h_0——当温度为 t_0 时温度计读数的校正值，℃；

C——辐射校正值，℃；

q_1——点火热，J；

q_2——添加物产生的总热量，J；

m——试样质量，g；

H——贝克曼温度计的平均分度值。

（2）恒容高位发热量（$Q_{gr,V,ad}$）的计算

$$Q_{gr,V,ad}=Q_{b,ad}-(95S_{b,ad}+\alpha Q_{b,ad})$$

式中　$Q_{gr,V,ad}$——分析试样的恒容高位发热量，J/g；

$Q_{b,ad}$——分析试样的弹筒发热量，J/g；

$S_{b,ad}$——由弹筒洗液测得的硫含量，%，通常用全硫含量代替；

95——硫酸生成热校正系数，为 0.01g 硫生成硫酸的化学生成热和溶解热之和，J；

α——硝酸生成热校正系数，当 $Q_{b,ad}\leqslant16.70kJ/g$ 时，$\alpha=0.01$；当 $16.70kJ/g<Q_{b,ad}\leqslant25.10kJ/g$ 时，$\alpha=0.0012$；当 $Q_{b,ad}>25.10kJ/g$ 时，$\alpha=0.0016$。

（3）恒容地位发热量（$Q_{gnet,V,ad}$）的计算

$$Q_{gnet,V,ad}=Q_{gr,V,ad}-25(M_{ad}+9H_{ad})$$

式中　H_{ad}——分析试样中氢的含量，%；

M_{ad}——分析试样中水分的含量，%；

25——常数，相当于 0.01g 水的蒸发热，J。

煤的发热量除直接计算外，还可以利用煤的工业分析和元素分析的数据进行计算。

 任务评价

任务考核评价表

评价项目	评价标准	评价方式			权重	得分小计	总分
		自我评价	小组评价	教师评价			
		0.1	0.2	0.7			
职业素质	1. 遵守实验室管理规定，严格操作程序。 2. 按时完成学习任务。 3. 学习积极主动、勤学好问				0.2		
专业能力	1. 知道煤发热量的表示方法。 2. 能正确、规范地进行实验操作。 3. 实验结果准确且精确度高				0.7		
协作能力	团队中所起的作用，团队合作的意识				0.1		
教师综合评价							

拓展提高

全自动汉字热量仪

1. 全自动汉字热量仪原理

全自动汉字热量仪根据氧弹量热法的基本原理：将一定量的试样放在充有过量氧气的氧弹内燃烧、放出的热量被一定量的水吸收，根据水温的升高来计算试样的发热量（热值、大卡）。

2. 全自动汉字热量仪种类

全自动汉字热量仪又称高精度量热仪、智能汉字量热仪、全自动量热仪、自动快速量热仪、快速量热仪、微机全自动量热仪、智能量热仪、发热量、煤炭量热仪、量热计、汉字量热仪、电脑量热仪

3. 全自动汉字热量仪的仪器特点

（1）采用高级单片微机系统，配合仪器完整而独特的水系和量热系统来自动完成：内筒水更换和定量、冷却；自动搅拌、自动点火、数据采集和处理、数据保存、显示仪器状态、声响提示或报警、打印输出各式报表。具有功能完备、测量准确、计算精细、显示直观、人性化中文界面、操作简便、高效耐用维护方便的特点。是煤炭发热量的测定设备。

化验员只需安装氧弹的手工操作，其他过程均由仪器自动完成。

（2）采用进口高档大规模集成 AD 器件，实现双路高速、高精度温度测量。使得操作更简便，测量更准确。

（3）采用大尺寸图文液晶示屏，来显示仪器的各种状态、数据和图形。中文菜单式操作界面，直观、友好；易学易用。试验过程温度曲线模拟显示，生动直观。

（4）采用面板式打印机输出各式报表。打印格式允许用户自定义，或简或全，随时设定。

（5）采取高级实时时钟电路，可在屏幕上随时显示当前日期及时刻，

试验过程中自动记录试验完成的时刻，并在报告上打印，使试验报告更具时效性；可永久记录上次标定仪器的日期，以备确认下一次标定仪器的日期。停电时时钟电路正常计时。

（6）完善的数据处理系统，仪器自动保存试验数据，可方便地查阅；仪器的标定数据自动求平均、自动剔除离散数据，数据可永久保存

4. 全自动汉字热量仪实验操作步骤

（1）准备氧弹：①将绕制好的点火丝紧固在氧弹的两个点火电极上，确保接触良好。点火丝的阻值一般取 $4\sim6\Omega$（对于 $\phi0.2$ 的镍络合金丝约 100mm）。②将引火的棉线系在点火丝的螺旋部位，将另一端穿过火焰罩中间的小孔，压在坩埚内已准确称量过的试样的下边（是粉末的，可以将棉线线头插入其中）。③在弹杯中加入 10mL 的水（用来吸收试样燃烧所生成的酸性或有毒气体）。④小心闭合氧弹，旋紧弹帽。⑤给氧弹充氧气，压力在 $2.8\sim3.0$ MPa 之间，充气时间不应少于 20s；若发现试样燃烧不完全时，可适当增加

压力，一般不超过 3.2MPa；当氧气瓶内压力低于 4MPa 时（或氧弹压力无法达到 3.0MPa 时）需更换氧气瓶。

（2）将氧弹平稳放入小筒中，闭合上盖，轻轻压平，使得上盖的中心电极与氧弹弹头接触良好。

（3）选择试验的项目（标定或测量）；输入试样数据；开始试验⋯⋯

（4）试验结束，记录结果（若设定为"自动"打印时，仪器将自动输出一份报告）；掀起上盖，取出小筒和氧弹，将氧弹放气，拆开氧弹，清洗弹杯。准备下一次试验。

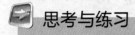 **思考与练习**

什么是弹筒发热量、高位发热量和低位发热量？

项目四
硅酸盐分析技术

 项目导学

　　硅酸盐是硅酸中的氢被铁、铝、钙、镁、钾、钠及其他金属离子取代而形成的盐。将分析化学的方法原理与硅酸盐材料生产中的原材料、成品和半成品的分析检测项目和检测技术相结合，针对性、实用性强。通过硅酸盐分析，对控制生产过程，提高产品质量降低成本，改进工艺、发展新产品，起着重要作用，是生产中的眼睛，指导生产。

 学习目标

认知目标

1. 熟悉硅酸盐基础知识，了解分析硅酸盐的目的和意义；

2. 掌握硅酸盐分析项目的基本原理、操作方法和数据记录及处理方法；

3. 了解硅酸盐各分析项目的一些相关知识。

情感目标

1. 培养学生认真、细心的化学分析人员基本素质；

2. 认识到硅酸盐分析在化工生产分析中的重要性；

3. 让学生感知化工分析工的辛苦，为将来的上岗做好预先的心理准备。

技能目标

1. 能正确选择和使用滴定操作中的玻璃仪器；

2. 能正确操作使用分光光度计；

3. 能根据硅酸盐试样分析项目，选择正确分析测定方法；

4. 能够进行试样的处理和保存。

 知识准备

一、基础知识

1. 硅酸盐

硅酸盐就是硅酸的盐类，就是由二氧化硅和金属氧化物所形成的盐类。

换句话说，是硅酸（$x\mathrm{SiO_2 \cdot} y\mathrm{H_2O}$）中的氢被 Al、Fe、Ca、Mg、K、Na 及其他金属取代形成的盐。

（1）分布　在自然界中分布极广、种类繁多，硅酸盐约占地壳组成的 3/4，是构成地壳岩石、土壤和许多矿物的主要成分。

（2）种类多的原因　由于硅酸分子 $x\mathrm{SiO_2 \cdot} y\mathrm{H_2O}$ 中 x、y 的比例不同，而形成偏硅酸、正硅酸及多硅酸。因此，不同硅酸分子中的氢被金属取代后，就形成元素种类不同、含量也有很大差异的多种硅酸盐。

（3）分类

① 天然硅酸盐　长石、石英、云母、滑石、石棉、黏土、高岭土。

常见的天然硅酸盐矿物有：正长石、钠长石、钙长石、滑石、白云母、高岭土、石棉、橄榄石、绿柱石、石英、蛋白石、锆英石等。

②人造硅酸盐　水泥、玻璃、陶瓷、耐火材料、砖瓦、搪瓷。

（4）分子式　硅酸盐需用复杂的分子式表示。

通常将硅酸酐分子（$\mathrm{SiO_2}$）和构成硅酸盐的所有氧化物的分子式分开来写，例如：

正长石　$\mathrm{K_2AlSi_6O_{16}}$ 或 $\mathrm{K_2O \cdot Al_2O_3 \cdot 6SiO_2}$

高岭土　$\mathrm{H_4Al_2Si_2O_9}$ 或 $\mathrm{Al_2O_3 \cdot 2SiO_2 \cdot 2H_2O}$

2. 硅酸盐制品（即人造硅酸盐）

人造硅酸盐是以天然硅酸盐为主要原料，经加工而制成的各种硅酸盐材料和制品。如：硅酸盐水泥、玻璃及制品、陶瓷及制品、耐火材料等。例如：

$$\left.\begin{array}{l}\text{石灰石（}\mathrm{CaCO_3}\text{）}\\\text{黏土（}\mathrm{Al_2O_3 \cdot 2SiO_2 \cdot 2H_2O}\text{）}\\\text{铁矿石（}\mathrm{Fe_2O_3}\text{）}\end{array}\right\}\xrightarrow{\text{高温}}\text{水泥}\left\{\begin{array}{l}\mathrm{C_3S{:}3CaO \cdot SiO_2}\\\mathrm{C_2S{:}2CaO \cdot SiO_2}\\\mathrm{C_3A{:}3CaO \cdot Al_2O_3}\\\mathrm{C_4FA{:}4CaO \cdot Fe_2O_3 \cdot Al_2O_3}\end{array}\right.$$

$$\left.\begin{array}{l}\text{砂子（}\mathrm{SiO_2}\text{）}\\\text{石灰石（}\mathrm{CaCO_3}\text{）}\\\text{碱金属（}\mathrm{Na_2CO_3}\text{）}\end{array}\right\}\xrightarrow{\text{高温}}\text{玻璃}\left\{\begin{array}{l}\mathrm{Na_2O \cdot SiO_2}\\\mathrm{CaO \cdot SiO_2}\end{array}\right.$$

（1）硅酸盐水泥　凡细磨成粉末状，加入适量水后可成为塑性浆体，既能在空气中硬化又能在水中继续硬化，并能将砂、石等胶结在一起的水硬性胶凝材料，通称为水泥。

（2）玻璃　普通硅酸盐玻璃的主要成分为：$\mathrm{SiO_2}$、$\mathrm{Al_2O_3}$、CaO、MgO、$\mathrm{K_2O}$、$\mathrm{Na_2O}$、$\mathrm{Fe_2O_3}$、$\mathrm{B_2O_3}$ 等。

（3）陶瓷　陶瓷有普通陶瓷和特种陶瓷。普通陶瓷以黏土为主要原料，与其他矿物原料经过破碎、混合、成型，经过烧制而成的制品。特种陶瓷是指具有某些特殊性能的陶瓷制品，广泛应用于电子、航空、航天、生物医学等领域。

陶瓷原料的主要成分为：$\mathrm{SiO_2}$、$\mathrm{Al_2O_3}$、CaO、MgO、$\mathrm{K_2O}$、$\mathrm{Na_2O}$、$\mathrm{Fe_2O_3}$、$\mathrm{CaF_2}$、$\mathrm{SO_3}$ 等。

（4）耐火材料　耐火材料是耐火温度不低于 1580℃ 并能在高温下经受结构应力和各

种物理作用、化学作用和机械作用的无机非金属材料。

大部分耐火材料是以天然矿石为原料制造的。按化学成分可分为酸性耐火材料、中性耐火材料和碱性耐火材料。

耐火材料的主要测定的项目有：烧失量、SiO_2、Al_2O_3、CaO、MgO、K_2O、Na_2O、Fe_2O_3、TiO_2 等。

二、硅酸盐分析的任务和作用

1. 任务

硅酸盐分析是分析化学在硅酸盐生产中的应用。主要研究硅酸盐生产中的原料、材料、成品、半成品的组成的分析方法及其原理。任务要求如下：

（1）对原料进行分析检验，是否符合要求，为产品配方确是原材料的选样，为工艺控制提供数据。

（2）对生产过程中的配料及半成品进行控制分析，保证产品合格。

（3）对产品进行全分析，是否符合要求。

（4）特定项目检验。

2. 作用

通过硅酸盐分析，对控制生产过程，提高产品质量降低成本，改进工艺、发展新产品，起着重要作用，是生产中的眼睛，指导生产。

三、硅酸盐分析项目与全分析结果的表示

1. 硅酸盐的分析项目

在硅酸盐工业中，应根据工业原料和工业产品的组成、生产过程等要求来确定分析项目。一般测定项目为：水分、烧失量、不溶物、SiO_2、Al_2O_3、CaO、MgO、K_2O、Na_2O、Fe_2O_3、TiO_2、MnO、等。而 Fe、Al、Ca、Mg、Si 为常规分析项目。

2. 硅酸盐全分析结果的表示

硅酸盐全分析报告中各组分的测定结构应按该组分在物料中的实际存在状态来表示。

硅酸盐矿物、岩石可认为是由组成酸根的非金属氧化物和各种金属氧化物构成的，故均用氧化物的形式表示。

本项目硅酸盐分析技术以分析硅酸盐水泥进行做任务。

任务一　水分和烧失量的分析

任务目标

1. 掌握电子天平、干燥器、烘箱、马弗炉等设备正确操作；

2. 掌握硅酸盐水分和灼烧失重的实验原理；

3. 学会数据记录及处理。

🔥 任务介绍

硅酸盐水分和烧失量的测定主要是以称量操作和恒重操作为主。固体试样称量练习如何使用称量工具，称量时的注意事项。

🔥 任务解析

通过完成本次任务，让学生体会到硅酸盐水分和烧失量的测定分析基本理论知识，同时也让学生加深巩固对电子天平、干燥器、烘箱、马弗炉等设备的熟练操作。该实验关键点在于恒重，在从干燥器中拿取称量瓶时应迅速，否则恒重样品易吸水引起误差。

🔥 任务实施

一、实验原理

1. 水分测定

在恒重扁形称量瓶中称得样品质量及称量瓶质量，经恒重后称量瓶及样品质量之和与恒重前样品及称量瓶质量和的差值即为水分。

2. 烧失量的测定

在恒重坩埚中称得干燥样品质量及称量瓶质量，经恒重后坩埚及样品质量之和与恒重前样品及坩埚质量和的差值即为烧失量。

计算公式如下：

$$w(H_2O) = \frac{m_1 - m_2}{m} \times 100\%$$

$$烧失量 = \frac{m_3 - m_4}{m} \times 100\%$$

式中　$m_1(m_3)$——恒重前称量瓶（坩埚）及试样总质量，g；

　　　$m_2(m_4)$——恒重后称量瓶（坩埚）及试样总质量，g；

　　　m——试样质量，g。

二、仪器与药品

1. 仪器

电子天平、干燥器、烘箱、马弗炉、称量瓶等、坩埚。

2. 药品

高岭土样品。

三、实验步骤

1. 水分测定

将扁形称量瓶洗净在烘箱中恒重，用已恒重的称量瓶称取样品1～2g(准至0.0001g)，记录样品及称量瓶质量 m_1，将称好样的称量瓶至于烘箱中恒重。记录恒重后称量瓶及样品的质量和 m_2。恒重前后差值即为水分量。

2. 烧失量测定

称取干燥样品0.5～1g（准至0.0001g）于恒重坩埚中，记录样品与称量瓶总质量 m_3 放于马弗炉中在950～1000℃烧至恒重，冷却后称量，记录恒重后称量瓶及样品的质量和 m_4，恒重前后质量差即为烧失量。

四、数据记录及处理

1. 水分测定

编号	1	2	3
$m_{样}$/g			
m_1/g			
m_2/g			
水分含量/%			
水分含量平均值			
相对极差/%			

2. 烧失量测定

编号	1	2	3
$m_{样}$/g			
m_3/g			
m_4/g			
烧失量/%			
烧失量含量平均值			
相对极差/%			

任务评价

任务考核评价表

评价项目	评价标准	评价方式			权重	得分小计	总分
		自我评价	小组评价	教师评价			
		0.1	0.2	0.7			
职业素质	1. 遵守实验室管理规定,严格操作程序。 2. 按时完成学习任务。 3. 学习积极主动、勤学好问				0.2		
专业能力	1. 电子天平、马沸炉、干燥器正确操作。 2. 实验操作规范。 3. 数据记录及实验结果准确且精确度高				0.7		
协作能力	团队中所起的作用,团队合作的意识				0.1		
教师综合评价							

 拓展提高

烧失量

烧失量是指坯料在烧成过程中所排出的结晶水,碳酸盐分解出的 CO_2,硫酸盐分解出来 SO_2,以及有机杂质被排除后物量的损失。烧失量是用来限制石膏和混合材中杂质的,以保证水泥质量。所以一般建筑用水泥的常规试验都有做烧失量分析。

试样溶液的制备

称取约 0.5g 试样（精确到 0.0001g），置于银坩埚中，加入 6～7g 氢氧化钠。在 650～700℃ 的高温下熔融 20min，取出冷却。

将坩埚放入盛有 100mL 接近沸腾水的烧杯中，盖上表面皿，于电热板上适当加热，待熔块完全浸出后取出坩埚，用水冲洗坩埚和盖，在搅拌下一次加入 25～30mL 盐酸，再加入 1mL 硝酸。用热盐酸（1+5）洗净坩埚和盖，将溶液加热至沸，冷却，然后移入 250mL 容量瓶中，用水稀释至标线，摇匀，即得试样溶液。该试样溶液可供测定二氧化硅、三氧化二铁、氧化铝、氧化钙、氧化镁和二氧化钛。

坩埚

坩埚是用极耐火的材料（如黏土、石墨、瓷土、石英或较难熔化的金属铁等）所制的器皿或熔化罐。坩埚为一陶瓷深底的碗状容器。当有固体要以大火加热时，就必须使用坩埚。因为它比玻璃器皿更能承受高温。坩埚使用时通常会将坩埚盖斜放在坩埚上，以防止受热物跳出，并让空气能自由进出以进行可能的氧化反应。坩埚因其底部很小，一般需要架在泥三角上才能以火直接加热。坩埚在铁三脚架上用正放或斜放皆可，视实验的需求可以自行安置。坩埚加热后不可立刻将其置于冷的金属桌面上，以避免它因急剧冷却而破裂。

 思考与练习

1. 如何操作干燥器？
2. 使用坩埚时要注意哪些事项？
3. 资料查找，坩埚的分类有哪些？

任务二　二氧化硅含量的分析

🔖 任务目标

1. 掌握电子天平、干燥器、马弗炉等设备正确操作；
2. 掌握二氧化硅含量测定的原理及操作过程；
3. 熟练漏斗过滤操作。

🔖 任务介绍

硅酸盐中二氧化硅的测定方法较多，通常采用重量法和氟硅酸钾容量法。对于硅含量低的试样，可采用硅铝蓝光度法和原子吸收分光光度法进行测定。氟硅酸钾容量法确切地应称为氟硅酸钾沉淀分离-酸碱滴定法，该法应用广泛，在国家标准 GB/T 176 中被列为代用法。

🔖 任务解析

本次二氧化硅含量的测定任务是以重量法为依据，所以在恒重过程中要掌握干燥器的正确使用、天平的正确称量操作和恒重的要求等。

该实验中由于使用到一些高温加热设备，应该注意实验的安全。

🔖 任务实施

一、氯化铵重量法

1. 实验原理

试样用无水碳酸钠烧结，便不溶的硅酸盐转化为可溶性的硅酸钠，用盐酸分解熔融块。

$$Na_2SiO_3 + 2HCl \longrightarrow H_2SiO_3 + 2NaCl$$

加入足量的固体氯化铵,于沸水浴上加热蒸发,使硅酸迅速脱水析出。沉淀用中速滤纸过滤,沉淀经灼烧后,得到含有铁、铝等杂质的不纯二氧化硅。

然后用氢氟酸处理沉淀,使沉淀中的二氧化硅量以 SiF_4 形式挥发,失去的质量即为纯二氧化硅的量。

$$SiO_2 + 6HF \longrightarrow H_2SiF_6 + 2H_2O$$

$$H_2SiF_6 \longrightarrow SiF_4 \uparrow + 2HF \uparrow$$

用分光光度法测定滤液中可溶性的二氧化硅量,二者之和即为二氧化硅的总量。

2. 仪器

马弗炉、铂坩埚、瓷蒸发皿、电炉、容量瓶。

3. 试剂

(1) 盐酸　　(1+1)、(3+97)。

(2) 硫酸　　(1+4)。

(3) 无水碳酸钠。

(4) 焦硫酸钾。

(5) 硝酸银溶液　5g/L。

(6) 钼酸铵溶液　50g/L。

(7) 抗坏血酸溶液　5g/L。

4. 实验步骤

(1) 称取约 0.5g 试样 (精确至 0.0001g),置于铂坩埚中,在 950～1000℃下灼烧 5min,冷却。用玻璃棒仔细压碎块状物,加入 (0.3±0.01)g 已磨细的无水碳酸钠,混匀,再将坩埚置于 950～1000℃下灼烧 10min,取出坩埚放冷。

(2) 将烧结块移入瓷蒸发皿中,加少量水润湿,用平头玻璃棒压碎块状物,盖上表面皿,从皿口滴入 5mL 盐酸及 2～3 滴硝酸,待反应停止后取下表面皿,用平头玻璃棒压碎块状物使分解完全,用热盐酸 (1+1) 清洗数次,洗液合并于蒸发皿中。将蒸发皿置于沸水浴上,皿上放一玻璃三脚架,再盖上表面皿。蒸发至糊状后,加入 1g 氯化铵,充分搅匀,继续在沸水浴上蒸发至干后继续蒸发 10～15min。中间过程搅拌数次,并压碎块状物。

(3) 取下蒸发皿,加入 10～20ml 热盐酸 (3+97),搅拌使可溶性盐类溶解。用中速滤纸过滤,用胶头扫棒以热盐酸擦洗玻璃棒及蒸发皿,热盐酸 (3+97) 洗涤沉淀 3～4 次。然后用热水充分洗涤沉淀,直至检验无氯离子为止。滤液及洗液保存在 250mL 容量瓶中。

(4) 在沉淀上加 3 滴硫酸,然后将沉淀连同滤纸一并移入铂坩埚中,烘干并灰化后放入 950～1000℃的马弗炉内灼烧 1h。取出坩埚,置于干燥器中,冷却至室温,称量,反复灼烧,直至恒重 (m_1)。

(5) 向坩埚中加数滴水润湿沉淀,加 3 滴硫酸 (1+4) 和 10mL 氢氟酸,放入通风橱内电热板上缓慢蒸发至干,升高温度继续加热至三氧化硫白烟完全逸尽。将坩埚放入

950～1000℃的马弗炉内灼烧 30min，取出坩埚，置于干燥器中，冷却至室温，称量，反复灼烧，直至质量恒定（m_2）。

（6）在上述经过氢氟酸处理后得到的残渣中加入 0.5g 焦硫酸钾，熔融，熔块用热水和数滴盐酸（1+1）溶解，溶液并入分离二氧化硅后得到的滤液和洗液中。用水稀释至标线，摇匀。此溶液 A 用来测定溶液残留的可溶性二氧化硅、氧化铁、氧化铝、氧化钙、氧化镁、二氧化钛等。

5. 可溶性二氧化硅的测定（硅铝分光光度法）

（1）二氧化硅标准溶液的配制 称取 0.2000g 经 1000～1100℃新灼烧过 30min 以上的二氧化硅，置于铂坩埚中，加入 2.0g 无水碳酸钠，搅拌均匀，在 1000～1100℃高温下熔融 15min，冷却。用热水将熔块浸出，放于盛有热水的 300mL 塑料杯中，待全部溶解后冷却至室温，移入 1000mL 容量瓶中，用水稀释至标线，摇匀，移入塑料瓶中保存。此标准溶液中二氧化硅的浓度为 0.2000mg/mL。

吸取 10.00mL 上述标准溶液于 100mL 容量瓶中，用水稀释至标线，摇匀，移入塑料瓶中保存。此标准溶液中二氧化硅的浓度为 0.0200mg/mL。

（2）工作曲线的绘制

吸取 0.0200mg/mL 二氧化硅标准溶液 0.00mL、2.00mL、4.00mL、5.00mL、6.00mL、8.00mL、10.00mL 分别放入不同的 100mL 容量瓶中，加水稀释至约 40mL，依次加入 5mL 盐酸（1+1）、8mL 乙醇（95%）、6mL 钼酸铵溶液（50g/L）。放置 30min 后，加入 20mL 盐酸（1+1）、5mL 抗坏血酸溶液（5g/L），用水稀释至标线，摇匀。放置 60min 后，以水作参比，于 660nm 处测定溶液的吸光度，绘制工作曲线或求出线性回归方程。

（3）样品测定

从待测溶液 A 中吸取 25.00mL 放入 10mL 容量瓶中，按照工作曲线绘制中的测定方法测定溶液的吸光度，然后求出二氧化硅的含量（m_3）。

6. 结果的计算

纯二氧化硅的质量分数按下式计算：

$$w(SO_2 纯) = \frac{m_1 - m_2}{m} \times 100\%$$

可溶性二氧化硅的质量分数按下式计算：

$$w(SO_2 可溶) = \frac{m_3 \times 10^{-3}}{m \times \frac{25.00}{250.00}} \times 100\%$$

式中　m_1——灼烧后未经氢氟酸处理的沉淀及增塌的质量，g；

　　　m_2——用氢氟酸处理并经灼烧后的残渣及增塌的质量，g；

　　　m_3——测定的 100mL 溶液中二氧化硅的含量，g；

　　　m——试料的质量，g。

7. 讨论

（1）试样的处理 由于水泥试样中或多或少含有不溶物，如用盐酸直接溶解样品，不溶物将混入二氧化硅沉淀中，造成结果偏高。所以，在国家标准中规定，水泥试样要用碳酸钠烧结后再用盐酸溶解。若需准确测定，应以氢氟酸处理。

以碳酸钠烧结法分解试样，应预先将固体碳酸钠用玛瑙研钵研细，碳酸钠的加入量要相对准确，需用分析天平称量 0.30g 左右。若加入量不足，试料烧结不完全，测定结果不稳定；若加入量过多，烧结块不易脱坩埚。加入碳酸钠后，要用细玻璃棒仔细混匀，否则试料烧结不完全。

用盐酸浸出烧结块后，应控制溶液体积，若溶液太多，蒸干耗时太长。通常加浓盐酸溶解烧结块，再以约 5mL 盐酸（1+1）和少量的水洗净坩埚。

（2）加入氯化铵可起的作用 因为氯化铵是强电解质，当浓度足够大时，对硅酸胶体有盐析作用，从而加快硅酸胶体的凝聚。由于大量铵离子的存在，还减少了硅酸胶体对其他阳离子的吸附，而硅酸胶粒吸附的铵离子在加热时即可除去，从而获得比较纯净的硅酸沉淀。

（3）脱水的温度与时间 脱水的温度不要 110℃ 超过。若温度过高，某些氯化物将变成碱式盐，甚至与硅酸结合成难溶的硅酸盐，用盐酸洗涤时不易除去，使硅酸沉淀夹带较多的杂质，结果偏高。反之，若脱水温度不够或时间不够，则可溶性硅酸不能完全转变成不溶性硅酸，使二氧化硅结果偏低，且过滤速率很慢。

为保证硅酸充分脱水，又不致温度过高，应采用水浴加热。不宜使用砂浴或红外线灯加热，因其温度难以控制。

为加速脱水，氯化铵不要在一开始就加入，否则由于大量氯化铵的存在，使溶液的沸点升高，水的蒸发速率反而降低。应在蒸至糊状后再加氯化铵，继续蒸发至干。黏土试样要多蒸发一些时间，直至蒸发到干粉状。

（4）沉淀的洗涤 为防止钛、铝、铁水解产生氢氧化物沉淀及硅酸形成胶体漏失，首先应以温热的稀盐酸（3+97）将沉淀中夹杂的可溶性盐类溶解，用中速滤纸过滤，以热稀盐酸溶液（3+97）洗涤沉淀 3~4 次，然后再以热水充分洗涤沉淀，直到 Cl^- 为止。但洗涤次数也不要过多，否则漏失的可溶性硅酸会明显增加。一般洗液体积不超过 120mL。另外，洗涤的速率要快，防止因温度降低而使硅酸形成胶冻，以致过滤更加困难。

（5）沉淀的灼烧 实验证明，只要在 950~1000℃ 充分灼烧（约 1.5h），并且在干燥器中冷却至与室温一致，灼烧温度对结果的影响并不显著。

灼烧后生成的无定形二氧化硅极易吸水，故每次灼烧后冷却的条件应保持一致，且称量要迅速。

灼烧前滤纸一定要缓慢灰化完全。坩埚盖要半开，不要产生火焰，以防造成二氧化硅沉淀的损失。同时，也不能有残余碳存在，以免高温灼烧时发生下述反应而使结果产生负误差。

$$SiO_2 + 3C \longrightarrow SiC + 2CO\uparrow$$

（6）氢氟酸的处理 即使严格掌握烧结、脱水、洗涤等步骤的实验条件，在二氧化硅沉淀中吸附的铁、铝等杂质的量也能达到 0.1%~0.2%，如果在脱水阶段蒸发得过干，吸附量还会增加。消除此吸附现象的最好办法就是将灼烧过的不纯二氧化硅沉淀用氢氟酸加硫酸处理。其反应式如下：

$$SO_2 + 4HF \longrightarrow SiF_4\uparrow + 2H_2O$$

处理后，SiO_2 以 SiF_4 形式逸出，减轻的质量即为纯的质量。

（7）漏失二氧化硅的回收　实验证明，当采用盐酸-氯化铵法一次脱水蒸干、过滤测定二氧化硅时，会有少量硅酸漏失到滤液中，其量约为 0.1％左右。为得到比较准确的结果，在基准法中规定对二氧化硅滤液进行比色测定，以回收漏失的二氧化硅。

当然，在的日常分析中，既不用氢氟酸处理，又不用比色法从滤液中回收漏失的二氧化硅，分析结果也能满足生产要求。因为，一方面二氧化硅吸附杂质使结果偏高；另一方面二氧化硅漏失使结果偏低，两者能部分抵消。

二、氟硅酸钾容量法（代用法）

1. 实验原理

在试样经苛性碱（NaOH 或 KOH 熔剂）熔融后，加入硝酸使硅生成游离硅酸。在有过量的氟离子和钾离子存在的强酸性溶液中，使硅形成氟硅酸钾沉淀，反应式如下：

$$2K^+ + H_2SiO_3 + 6F^- + 4H^+ \longrightarrow K_2SiF_6\uparrow + 3H_2O$$

沉淀经过滤、洗涤及中和残余酸后，加沸水使氟硅酸钾沉淀水解，然后以酚酞为指示剂，用氢氧化钠标准滴定溶液滴定生成的氢氟酸，终点颜色为粉红色。

$$K_2SiF_6 + 3H_2O \longrightarrow 2KF + H_2SiO_3 + 4HF$$
$$HF + NaOH \longrightarrow NaF + H_2O$$

2. 仪器

马弗炉、银（镍）坩埚、塑料杯、碱式滴定管、容量瓶。

3. 试剂

（1）氢氧化钾固体　分析纯。

（2）氟化钾溶液　150g/L。

（3）氯化钾溶液　50g/L。

（4）氯化钾-乙醇溶液　50g/L。

（5）酚酞指示剂溶液　10g/L。

（6）氢氧化钠标准滴定溶液　$c(NaOH)=0.15mol/L$。

4. 实验步骤

（1）称取约 0.5g 试样（精确至 0.0001g），置于银坩埚中，加入 6～7g 氢氧化钾，盖上坩埚盖（留有缝隙），在 650～700℃的高温下熔融 20min，取出冷却。

（2）将坩埚放入盛有 100mL 近沸腾水的烧杯中，盖上表面皿，于电热板上适当加热，待熔块完全浸出后，取出坩埚，用水冲洗坩埚和盖，在搅拌下一次加入 25～30mL 盐酸，再加入 1mL 硝酸，用热盐酸（1+1）洗净坩埚和盖，将溶液加热至沸，冷却，然后移入 250mL 容量瓶中，用水稀释至标线，摇匀。此溶液（B）供测定二氧化硅、三氧化二铁、三氧化二铝、氧化钙、氧化镁、二氧化铁用。

（3）吸取 50.00mL 待测溶液 B，放入 300mL 塑料杯中，加入 10～15mL 硝酸，搅拌，冷却至 30℃以下，加入氯化钾，仔细搅拌至饱和并有少量氯化钾析出，再加 2g 氯化钾及 10mL 氟化钾溶液（150g/L），仔细搅拌（如氯化钾析出量不够，应再补充加入），在 30℃以下放置 15～20min，期间搅拌 1～2 次。

（4）用中速滤纸过滤，用氯化钾溶液（50g/L）洗涤塑料杯及沉淀 3 次。将滤纸连同沉淀取下置于塑料杯中，沿杯壁加入 10mL 30℃以下的氯化钾-乙醇溶液（50g/L）及 1mL 酚酞指示剂溶液（10g/L），用 0.15mol/L 氢氧化钠标准滴定溶液中和未洗尽的酸，仔细搅动滤纸并洗涤杯壁直至溶液呈淡红色。向杯中加入约 200mL 沸水（煮沸并用氢氧化钠溶液中和至酚酞呈微红色），用氢氧化钠标准滴定溶液滴定至微红色。

5. 结果的计算

二氧化硅的质量分数按下式计算：

$$w(\mathrm{SiO_2}) = \frac{T_{\mathrm{SiO_2}} V \times 5}{m \times 1000} \times 100\%$$

式中 $T_{\mathrm{SiO_2}}$——每毫升氢氧化钠标准滴定溶液相当于二氧化硅的质量，mg/mL；

V——滴定时消耗氢氧化钠标准滴定溶液的体积，mL；

m——试料的质量，g。

6. 讨论

（1）试样的分解 单独称样测定二氧化硅时，可采用氢氧化钾为熔剂，在镍坩埚中熔融或以碳酸钾作熔剂，在铂坩埚中熔融。进行系统分析时，多采用氢氧化钠作熔剂，在银坩埚中熔融。对于高铝试样，最好改用氢氧化钾或碳酸钾熔样，因为在溶液中易生成比 $\mathrm{K_3AlF_6}$ 溶解度更小的 $\mathrm{Na_3AlF_6}$ 而干扰测定。

（2）溶液的酸度 溶液的酸度应保持在氢离子浓度为 3mol/L 左右。在使用硝酸时，于 50mL 试液中加入 10~15mL 硝酸即可。酸度过低易形成其他金属的氟化物沉淀而干扰测定；酸度过高将使 $\mathrm{K_2SiF_6}$ 沉淀反应不完全，还会给后面的沉淀洗涤、残余酸的中和操作带来麻烦。

使用硝酸比盐酸好，既不易析出硅酸胶体，又可以减弱铝的干扰。溶液中共存的 $\mathrm{Al^{3+}}$ 在生成 $\mathrm{K_2SiF_6}$ 的条件下亦能生成 $\mathrm{K_3SiF_6}$ 或 $\mathrm{Na_3SiF_6}$ 沉淀，从而严重干扰硅的测定。

由于 $\mathrm{K_3SiF_6}$ 在硝酸介质中的溶解度比在盐酸中的大，不会析出沉淀，从而防止了 $\mathrm{Al^{3+}}$ 的干扰。

（3）氯化钾的加入量 氯化钾应加至饱和，过量的钾离子有利于 $\mathrm{K_2SiF_6}$ 沉淀完全，这是本法的关键之一。加入固体氯化钾时，要不断搅拌，压碎氯化钾颗粒，溶解后再加，直到不再溶解为止，再过量 1~2g。

（4）氟化钾的加入量 氟化钾的加入量要适宜。一般硅酸盐试样在含有 0.1g 试料的试验溶液中，加入 10mLKF·2H$_2$O 溶液（150g/L）。如加入量过多，则 $\mathrm{Al^{3+}}$ 易与过量的氟离子生成沉淀，该沉淀水解生成氢氟酸而使结果偏高，反应式如下：

$$\mathrm{K_3AlF_6 + 3H_2O \longrightarrow 3KF + H_3AlO_3 + 3HF}$$

（5）氟硅酸钾沉淀的陈化 从加入氟化钾溶液开始，以沉淀放置 15~20min 为宜。放置时间短，$\mathrm{K_2SiF_6}$ 沉淀不完全；放置时间过长，会增强 $\mathrm{Al^{3+}}$ 的干扰。特别是高铝试样，更要严格控制。$\mathrm{K_2SiF_6}$ 的沉淀反应是放热反应，所以冷却有利于沉淀反应完全，沉淀时的温度不超过 25℃。

（6）氟硅酸钾的过滤和洗涤 氟硅酸钾属于中等细度晶体，过滤时用一层中速滤纸。为加快过滤速度，宜使用带槽长颈塑料漏斗，并在漏斗颈中形成水柱。

过滤时应采用倾泻法，先将溶液倒入漏斗中，而将氯化钾固体和氟硅酸钾沉淀留在塑料杯中，溶液滤完后，再用氯化钾（50g/L）溶液洗涤烧杯2次，洗涤漏斗1次，洗涤液总量不超过25mL。洗涤液的温度不宜超过30℃。

（7）中和残余酸　氟硅酸钾晶体中夹杂的金属阳离子不会干扰测定，而夹杂的硝酸却严重干扰测定。当采用洗涤法来彻底除去硝酸时，会使氟硅酸钾严重水解，因而只能洗涤2～3次，残余的酸则采用中和法消除。

中和残余酸的操作十分关键，要快速、准确，以防氟硅酸钾提前水解。中和时，要将滤纸展开、捣烂，用塑料棒反复挤压滤纸，使其吸附的酸能进入溶液而被碱中和，最后还要用滤纸擦洗杯内壁，中和至溶液呈红色。中和完放置后如有退色，则不能再作为残余酸继续中和了。

（8）水解和滴定过程　氟硅酸钾沉淀的水解反应分为两个阶段，即氟硅酸钾沉淀的溶解反应及氟硅酸根离子的水解反应，反应式如下：

$$K_2SiF_6 \longrightarrow 2K^+ + [SiF_6]^{2-}$$

$$[SiF_6]^{2-} + 3H_2O \longrightarrow H_2SiO_3 + 2F^- + 4HF$$

两步反应均为吸热反应，水温越高、体积越大，越有利于反应进行。故实际操作中，应用刚刚沸腾的水，并使总体积在200mL以上。

上述水解反应是随着氢氧化钠溶液的加入，K_2SiF_6不断水解，直到滴定终点时才趋于完全。故滴定速度不宜过快，且以保持溶液的温度在终点时不低于70℃为宜。若滴定速度太慢，硅酸会发生水解而使终点不敏锐。

 任务评价

任务考核评价表

评价项目	评价标准	评 价 方 式			权重	得分小计	总分
		自我评价	小组评价	教师评价			
		0.1	0.2	0.7			
职业素质	1. 遵守实验室管理规定,严格操作程序。 2. 按时完成学习任务。 3. 学习积极主动、勤学好问				0.2		
专业能力	1. 掌握马弗炉、天平和干燥器的正确操作和使用注意事项。 2. 实验操作规范。 3. 实验结果准确且精确度高				0.7		
协作能力	团队中所起的作用,团队合作的意识				0.1		
教师综合评价							

拓展提高

马弗炉应用范围

（1）热加工、工业工件处理、水泥、建材行业，进行小型工件的热加工或处理。

（2）医药行业：用于药品的检验、医学样品的预处理等。

（3）分析化学行业：作为水质分析、环境分析等领域的样品处理。也可以用来进行石油及其分析。

（4）煤质分析：用于测定水分、灰分、挥发分、灰熔点分析、灰成分分析、元素分析。也可以作为通用灰化炉使用。

思考与练习

1. 什么叫做恒重？
2. 干燥器在使用时要注意哪些事项？

任务三　氧化铁含量的分析

任务目标

1. 掌握分光光度计的正确操作；
2. 掌握氧化铁含量的测定原理及方法；
3. 熟练移液管、容量瓶等的正确操作；
4. 掌握磺基水杨酸钠指示剂终点的判断。

任务介绍

此任务在这介绍两种方案：一种是EDTA配位滴定法，利用控制酸度来使EDAT与Fe^{3+}形成稳定的配合物，根据滴定消耗的EDTA可得出三氧化二铁含量；另一种是分光光度计标准曲线法，利用在氨性溶液中，三价铁与磺基水杨酸生成稳定的黄色配合物，颜色强度与铁的含量成正比，而得出三氧化二铁含量。EDTA配位滴定法在国家标准GB/T176中列为基准法，而原子吸收分光光度法在国标中列为代用法。

任务解析

本任务在操作过程中，要看学生熔样是否完全，酸度控制好不好，滴定操作中温度的控制，滴定终点判断等；分光光度计使用操作是否熟练，比色皿是否使用有问题，移液管操作是否有不正确之处等。

在测定三氧化二铁时，Fe^{3+} 在 pH＝1.8～2.0 的酸性溶液中，在温度为 60～70℃ 的条件下，能与 EDTA 作用生成稳定的配合物：

$$Fe^{3+} + H_2Y^{2-} \longrightarrow FeY^- + 2H^+$$

所以，EDTA 配位滴定法是测铁最常用的方法之一。

任务实施

一、EDTA 滴定法（基准法）

1. 实验原理

在 pH 为 1.8～2.0 的溶液中，以磺基水杨酸为指示剂，用 EDTA 标液直接滴定溶液中的 Fe^{3+}。反应如下：

$$Fe^{3+} + SSal^{2-} \longrightarrow [Fe(SSal)]^+（紫红色）$$

$$[Fe(SSal)]^+ + H_2Y^{2-} \longrightarrow FeY^-（黄色）+ Sal^{2-}（无色）+ 2H^+$$

2. 测定方法

吸取 25.00mL 溶液放入 300mL 烧杯中，加水稀释至约 100mL，用氨水（1＋1）和盐酸（1＋1）调节溶液 pH 在 1.8～2.0 之间（用精密 pH 试纸检验），将溶液加热至 70℃，加 10 滴磺基水杨酸钠指示剂溶液（100g/L），用 EDTA 标准溶液滴定溶液 $[c(EDTA)＝0.015mol/L]$ 缓慢地滴定至亮黄色（终点时溶液温度应不低于 60℃），保留此溶液可供测定氧化铝用。同时做空白。

3. 结果的计算

Fe_2O_3 的质量分数及滴定度的计算公式如下：

$$w(Fe_2O_3) = \frac{T_{Fe_2O_3} V_2 \times 10}{m \times 1000} \times 100\%$$

$$T_{Fe_2O_3} = c(EDTA) \times 79.84$$

式中　$w(Fe_2O_3)$——三氧化二铁的质量分数，％；

$\qquad T_{Fe_2O_3}$——每毫升 EDTA 标准滴定溶液相当于三氧二铁的质量（EDTA 标准滴定溶液对三氧二铁的滴定度），mg/mL；

$\qquad c(EDTA)$——EDTA 标准滴定溶液的浓度，mol/L；

$\qquad 79.84$——（$1/2Fe_2O_3$）的摩尔质量，g/mol；

$\qquad V_2$——滴定时消耗 EDTA 标准溶液的体积，mL；

$\qquad m$——试样的质量，g。

允许差：同一试验室的允许差为 0.15％；不同试验室的允许差为 0.20％。

二、分光光度法

1. 基本原理

在 pH＝8～11 的氨性溶液中，三价铁与磺基水杨酸生成稳定的黄色配合物，在最大吸收波长 430nm，颜色强度与铁的含量成正比。

2. 仪器与试剂

（1）仪器　可见分光光度计、比色管等。

（2）试剂　铁标准溶液（相当于 Fe_2O_3 0.1mg/mL）、（1＋1）氨水、20％磺基水杨酸

3. 实验步骤

（1）标准曲线的绘制　根据样品的含量，分别取 0.00、0.50mL、1.00mL、3.00mL、5.00mL、7.00mL、9.00mL 铁标准溶液于 100mL 容量瓶中，各加水稀释至 50mL。各加入 20％磺基水杨酸 10mL，各用（1＋1）氨水中和至溶液颜色由紫红色变为黄色并过量 4mL，用水稀释至刻度，摇匀。静止 10min 后，用分光光度计在 430nm 波长处进行测定其吸光度值 A。

（2）样品测定　称取试样 m 进行溶解，制成样液 1L，取试样液 10.00mL 置于 100mL 容量瓶中，用水稀释至约 50mL，加入 20％磺基水杨酸 10mL，1∶1 氨水至溶液变黄，再过量 3mL，用水稀释至刻度，摇匀。静止 10min 后，在同一条件下测定吸光度值 A。

4. 实验记录及数据处理

编号	1	2	3	4	5	6	试样1	试样2
$c/(mg/mL)$								
A								

（1）标准曲线的绘制　以测得吸光度的吸光度值 A 为纵坐标，对应 c 为横坐标绘制标准曲线。以测得试样的吸光度值，从标准曲线查出对应的含铁量。根据下式算出铁的含量：

$$w(Fe_2O_3) = \frac{c \times 100.0}{m_{试样} \times \dfrac{V}{1000.0} \times 1000} \times 100\%$$

式中　c——从标准曲线查得试液的含铁量，mg/mL；

　　　V——移取水样的体积，mL；

　　$m_{试样}$——称取试样质量，g。

（2）测定结果记录

测定次数	1	2
铁含量/％		
测定结果平均值/％		
相对极差/％		

任务评价

任务考核评价表

评价项目	评价标准	评价方式			权重	得分小计	总分
		自我评价	小组评价	教师评价			
		0.1	0.2	0.7			
职业素质	1. 遵守实验室管理规定,严格操作程序。 2. 按时完成学习任务。 3. 学习积极主动、勤学好问				0.2		
专业能力	1. 掌握分光光度计正确操作、标准工作曲线法和比色皿的使用。 2. 实验操作规范。 3. 数据处理及实验结果准确且精确度高				0.7		
协作能力	团队中所起的作用,团队合作的意识				0.1		
教师综合评价							

 拓展提高

用 EDTA 配位滴定法测定 Fe^{3+} 时的条件控制

1. 溶液的酸度

控制酸度为 pH=1.8～2.0 以前,先加入数滴浓硝酸,以氧化 Fe^{2+}。滴定 Fe^{3+} 时,溶液的酸度应控制在 pH=1.8～2.0 之间。如果 pH 太低(pH<1.5),磺基水杨酸的配位能力低,EDTA 与 Fe^{3+} 就不能定量配位,使测定结果偏低;如果 pH 过高(pH>3),磺基水杨酸(SSal)可与 Fe^{3+} 形成很高的 $[Fe(SSal)_2]^-$ 或 $[Fe(SSal)_2]^{3-}$,影响 EDTA 滴定铁时的置换作用,使终点拖长,并且,Fe^{3+} 开始水解,往往无滴定终点,共存的 Ti^{3+}、Al^{3+} 也可能与 EDTA 作用,影响增大,使结果偏高。

另外,磺基水杨酸与 Fe^{3+} 的配合物颜色也与酸度有关。由于在 pH=2～2.5 时,此化合物为红紫色,而磺基水杨酸本身为无色,Fe^{3+} 与 EDTA 配合物为黄色。所以终点时溶液由红紫色变为黄色。

2. 滴定的温度

由于 Fe^{3+} 与 EDTA 配位反应速率较慢,所以滴定时应将溶液加热到 60～70℃。温度较低时(<50℃),反应很慢,终点拖长,不易得到准确的终点;温度过高(>75℃)时,Al^{3+} 等能与 EDTA 反应干扰滴定,使 Fe_2O_3 测定值偏高,而 Al_2O_3 测定值偏低。

EDTA 配位滴定法测铁,常用于铁、铝的连续测定和铁、铝、钛的连续测定。该法比较适合于测定铁含适中（1％～10％）的水泥试样。

 思考与练习

1. 对比用 EDTA 滴定分析法和分光光度法测定 Fe_2O_3 含量有何优缺点？
2. 取用氨水时要注意那些事项？
3. 比色皿使用时要注意那些问题？

任务四　氧化铝含量的分析

任务目标

1. 熟练滴定管的正确使用；
2. 掌握此任务的操作过程；
3. 掌握二甲酚橙指示剂终点的判断；
4. 掌握氧化铝含量测定的数据记录及处理。

任务介绍

在滴定铁含量或铁和钛含量之后的同一溶液中进行铝含量的测定。Al^{3+} 对二甲酚橙、铬黑 T 等常用的金属指示剂均有封闭作用，所以一般不用 EDAT 标准溶液直接滴定铝，而是采用返滴法来进行 Al^{3+} 的测定。

任务解析

Al^{3+} 与 EDTA 可形成稳定的无色配合物，但在室温下配位反应速率很慢，只有在煮沸的溶液中才能较快进行。本任务在操作过程中，要看学生酸度控制好不好，滴定操作中温度的控制，滴定终点判断等。

任务实施

一、实验原理

通过调节 pH 在过量的 EDTA 条件下，控制 pH＝2～3，在温度 60～70℃时，Al^{3+} 大部分与 EDTA 配位且配位反应较快，此时钛也与 EDTA 定量配位；在 pH≈4.2，加热煮沸 2min 左右，Al^{3+} 则全部与 EDTA 定量配位：

$$Al^{3+} + H_2Y^{2-} \longrightarrow AlY^- + 2H^+$$

稍冷却、以二甲酚橙指示剂，以 $Zn(Ac)_2$ 标准溶液滴定过量的 EDTA 到溶液出现橙红色为终点。

二、仪器与试剂

1. 仪器

滴定管、移液管等。

2. 试剂

0.02mol/L 醋酸锌标液，0.02mol/L EDTA 标液、 （1＋3）硝酸、二甲酚橙指示剂等。

三、实验步骤

用移液管吸取 25mL 试样于烧杯中加（1＋3）硝酸 1mL，煮沸 3min，再以移液管加入 0.02mol/L EDTA 溶液 30～40mL（其用量也可视试液中的 Fe_2O_3 含量来确定），加 50mL 沸腾蒸馏水，加热至 60～70℃。加入 10mL 醋酸-醋酸钠缓冲溶液，加热煮沸 2～3min，冷却后加入少量二甲酚橙指示剂，以 0.02mol/L Zn（Ac）₂ 标准溶液滴定到溶液出现橙红色为终点。同时做空白，计算公式如下：

$$w(Al_2O_3) = \frac{(cV-c_1V_1)\times\frac{101.96}{2000}}{m\times\frac{25}{250}}\times100\% - 0.6384\times w(Fe_2O_3) - 0.6380\times w(TiO_2)$$

式中
c——加入 EDTA 的浓度，mol/L；

V——加入 EDTA 的体积，mL；

c_1——消耗醋酸锌标液的浓度，mol/L；

V_1——消耗醋酸锌标液的体积，mL；

m——试样称取量，g；

$w(Fe_2O_3)$——Fe_2O_3 的质量分数；

$w(TiO_2)$——TiO_2 的质量分数；

0.6384——钛换算为铝的转换因素；

0.6380——铁换算为铝的转换因素。

四、实验记录及数据处理

内容　　　测定次数	1	2	3
c/(mol/L)			
V/mL			
V_1/mL			
试样称取量 m/g			
Al_2O_3 含量/%			
平均值/%			
相对平均偏差/%			

任务评价

任务考核评价表

评价项目	评价标准	评价方式			权重	得分小计	总分
		自我评价	小组评价	教师评价			
		0.1	0.2	0.7			
职业素质	1. 遵守实验室管理规定,严格操作程序。 2. 按时完成学习任务。 3. 学习积极主动、勤学好问				0.2		
专业能力	1. 掌握滴定管、移液管操作。 2. 实验操作规范。 3. 终点判断和数据处理。 4. 实验结果准确且精确度高				0.7		
协作能力	团队中所起的作用,团队合作的意识				0.1		
教师综合评价							

 拓展提高

返滴定法

当待测物质与滴定剂反应速率很慢或者用滴定剂直接滴定固体时,可以先准确加入过量的标准溶液,使待测物质与标准溶液反应,待反应完成后,再用另一种标准溶液返滴定剩余的标准溶液。有时采用返滴定法是由于某些反应没有适合的指示剂。

【例 4-1】Al^{3+} 与 EDTA 的反应速率很慢,可以先准确加入过量的 EDTA 标准溶液,在加热的条件下使 Al^{3+} 与 EDTA 充分反应后再用 Zn^{2+} 或者 Cu^{2+} 标准溶液返滴定过量的 EDTA。

【例 4-2】在酸性溶液中用 $AgNO_3$ 滴定 Cl^-,缺乏适合的指示剂,此时可以先准确加入 $AgNO_3$ 标准溶液,再以三价铁盐作指示剂,用 NH_4SCN 标准溶液返滴定过量的 Ag^+,出现 $[Fe(SCN)]^{2+}$ 淡红色即为终点。

 思考与练习

1. 什么是返滴定法?

2. 为什么测定 Al^{3+} 时要把 pH 调节在 2～3 之间?

任务五　二氧化钛含量的分析

任务目标

1. 掌握二氧化钛含量测定原理及方法；
2. 掌握分光光度计的正确操作；
3. 熟练移液管、比色管的正确使用方法。

任务介绍

二氧化钛的测定，一般可采用重量法、滴定法、分光光度法和极谱法。硅酸盐类矿物中钛的含量一般较低，通常均采用光度法进行测定。主要的分析方法有过氧化氢分光光度法、钛铁试剂分光光度法、变色酸分光光度法和二安替比林甲烷分光光度法等。本次任务主要介绍过氧化氢分光光度法。

任务解析

通过学生对分光光度计使用操作是否熟练，比色皿是否使用有问题，移液管操作是否有不正确之处等。学生对本任务的知识技能要求、数据记录及处理是否正确来进行对学生评价。

任务实施

一、实验原理

在强酸性溶液中钛盐以 TiO^{2+} 形式存在，在 $1 \sim 2mol/L$ H_2SO_4 溶液中，TiO^{2+} 与过氧化氢生成黄色配合物。在波长 440nm 处有定量响应。

二、仪器与试剂

1. 仪器

可见分光光度计、比色管、移液管等。

2. 试剂

0.1mg/mL 钛标液、30％双氧水、5％硫酸。

三、实验步骤

1. 标准曲线的绘制

吸取氧化钛标液 0.00、2.00mL、4.00mL、6.00mL、8.00mL、10.00mL 于一组

50mL 比色管中，加水稀释至 25mL，加 5 滴 30％的过氧化氢，用 5％的硫酸溶液稀释至刻度，摇匀，以 1cm 比色皿于波长 440nm 处比色。

2. 试样的制备

称取试样 m(g) 精确至 0.0001g 溶解制成 1L 的试液。吸取试液 25.00mL（视氧化钛含量而定）于 50mL 比色管中，加水稀释至 25mL 加入 1mL 浓磷酸，以下处理同上。

四、实验记录及数据处理

编号	1	2	3	4	5	6	试液
$c/(\text{mg/L})$							
A 吸光度							

由浓度 c 和吸光度 A 画出标准曲线图。根据试样的吸光度值，从标准曲线图上查出样中含二氧化钛的量带入下式中算出待测液中 TiO_2 含量，则本硅酸盐样品中 TiO_2 含量为：

$$w(TiO_2) = \frac{c_x \times 50 \times 10^{-3}}{m \times \dfrac{25.00}{1000}} \times 100\%$$

式中　c_x——从标准曲线上查出试液含量，mg；

　　　m——称取试样的质量，g。

任务评价

任务考核评价表

评价项目	评价标准	评价方式 自我评价	评价方式 小组评价	评价方式 教师评价	权重	得分小计	总分
		0.1	0.2	0.7			
职业素质	1. 遵守实验室管理规定，严格操作程序。 2. 按时完成学习任务。 3. 学习积极主动、勤学好问				0.2		
专业能力	1. 掌握分光光度计、移液管、比色管正确操作。 2. 实验操作规范。 3. 数据处理及实验结果准确且精确度高				0.7		
协作能力	团队中所起的作用，团队合作的意识				0.1		
教师综合评价							

拓展提高

二氧化钛

二氧化钛（化学式：TiO_2），白色固体或粉末状的两性氧化物，相对分子质量：79.87，是一种白色无机颜料，具有无毒、最佳的不透明性、最佳白度和光亮度，被认为是目前世界上性能最好的一种白色颜料。钛白的黏附力强，不易起化学变化，永远是雪白的。广泛应用于涂料、塑料、造纸、印刷油墨、化纤、橡胶、化妆品等工业。它的熔点很高，也被用来制造耐火玻璃，釉料，珐琅、陶土、耐高温的实验器皿等。

二氧化钛可由金红石用酸分解提取，或由四氯化钛分解得到。二氧化钛性质稳定，大量用作油漆中的白色颜料，它具有良好的遮盖能力，和铅白相似，但不像铅白会变黑；它又具有锌白一样的持久性。二氧化钛还用作搪瓷的消光剂，可以产生一种很光亮的、硬而耐酸的搪瓷釉罩面。

二氧化钛一般分锐钛矿型（Anatase，简称 A 型）和金红石型（Rutile，简称 R 型）。

 思考与练习

1. 如何清洗比色皿？
2. 所使用的可见分光光度计的波长范围是多少？
3. 如何正确使用移液管？

任务六　氧化镁和氧化钙含量的分析

任务目标

1. 掌握氧化镁和氧化钙含量测定原理及方法；
2. 掌握钙黄绿素-酚酞混合指示剂和 K-B 指示剂的终点判断；
3. 了解 EDTA 的配配制及标定方法原理；
4. 掌握数据记录及处理方法。

任务介绍

钙镁普遍存在矿物和岩石中。在大部分硅酸盐物料中，钙或镁的含量不足 1%。目前常用的方法有 EDTA 滴定法、分光光度法及原子吸收分光光度法等测定氧化钙和氧化镁。

任务解析

本任务主要介绍 EDTA 滴定法测定硅酸盐中的氧化钙和氧化镁。注意在滴定过程中指示剂的选择和用量控制好，怎么消除干扰，滴定速度要控制好。

任务实施

一、实验原理

(1) 在 pH＝12～13 钙指示剂（NN）呈蓝色，它能与 Ca^{2+} 配合生成酒红色 Ca-NN 配合物：

$$NN+Ca \longrightarrow Ca\text{-}NN$$
$$\text{纯蓝色} \qquad \text{酒红色}$$

用 EDTA 滴定，EDTA 会与 Ca^{2+} 配合生成无色配合物：

$$Y+Ca \longrightarrow CaY$$
$$\text{无色}$$

用 EDTA 过量，则会夺取 Ca-NN 中的 Ca^{2+}，使 NN 游离出来：

$$EDTA+Ca\text{-}NN \longrightarrow CaY+NN$$
$$\text{酒红色} \qquad \text{纯蓝色}$$

(2) 在 pH＝10 时，Ca^{2+} 与 Mg^{2+} 同时与 EDTA 以 1：1 定量配合，因此，消耗的 EDTA 体积为 Ca^{2+} 和 Mg^{2+} 的总量。从总体积中减去上面所测得 CaO 消耗的 EDTA 体积，即为 MgO 消耗的 EDTA 体积，可求得 MgO 含量。滴定时，用酸性 K-B 指示剂。

二、仪器与试剂

1. 仪器

滴定管、移液管、锥形瓶等。

2. 试剂

0.02mol/L ETDA、（1＋1）三乙醇胺、盐酸羟胺、20％氢氧化钠、钙指示剂、BET 指示剂、络蓝 K-萘酚绿 B。

三、实验步骤

准确称取试样 m，溶解制成 250mL 试液。

准确移取试液 25.00mL，置于 250mL 锥形瓶，加水至 100mL 左右，加入（1＋1）三乙醇胺 5mL，加甲基橙一滴，缓缓加入 20％ NaOH 溶液至溶液恰好变黄，再过量 10mL，加水稀释至 200mL，加入钙黄绿素-酚酞混合指示剂少许，以 0.02mol·L^{-1} EDTA 标准溶液滴定至荧光绿消失，突变玫瑰红为终点。记下 V_1。另移取试液 25mL，置于锥形瓶中，加水至约 150mL，缓缓加入（1＋1）三乙醇胺 5mL，加（1＋1）氨水 20mL，加 20mL pH＝10 的氨性缓冲溶液，加酸性 K-B 指示剂少许，以 0.02mol/L EDTA 标液滴定至稳定蓝色，即为终点，此为 CaO 和 MgO 含量。记为 V_2。公式如下：

$$w(CaO)=\frac{cV_1M(CaO)}{25/250m\times1000}\times100\%$$

$$w(MgO)=\frac{c(V_2-V_1)M(MgO)}{25/250m\times1000}\times100\%$$

式中　　V_1——滴定钙含量时所消耗的 EDTA 标准溶液的体积，mL；

　　　　V_2——滴定钙、镁总量时所消耗的 EDTA 标准溶液的体积，mL；

　　　　　c——EDTA 标准溶液浓度，mol/L；

　　　　　m——称取试样的质量，g。

 任务评价

任务考核评价表

评价项目	评价标准	评价方式			权重	得分小计	总分
		自我评价	小组评价	教师评价			
		0.1	0.2	0.7			
职业素质	1. 遵守实验室管理规定,严格操作程序。 2. 按时完成学习任务。 3. 学习积极主动、勤学好问				0.2		
专业能力	1. 掌握滴定条件的控制、终点判断和数据记录处理。 2. 实验操作规范。 3. 实验结果准确且精确度高				0.7		
协作能力	团队中所起的作用,团队合作的意识				0.1		
教师综合评价							

 拓展提高

测定 CaO、MgO 时的条件控制

（一）测定 CaO 时的条件控制

1. 指示剂的选择

测定钙、镁的金属指示剂很多，常用于滴定钙的指示剂是钙黄绿素和钙指示剂。在 pH＝12～13 时，钙黄绿素能与 Ca^{2+} 产生绿色荧光，滴定到终点时绿色荧光消失；而钙指示剂则与 Ca^{2+} 形成紫红色的配合物，滴定到终点时配合物被破坏，从而使溶液呈现游离指示剂的颜色——纯蓝色。

对于钙、镁含量的测定，常选择铬黑 T 或酸性铬蓝 K-萘酚绿 B（简称 K-B）混合指示剂。在 pH＝10 时，铬黑 T 或 K-B 指示剂均与 Ca^{2+}、Mg^{2+} 形成紫红色配合物，终点时溶液也是变为纯蓝色。其中铬黑 T 对 Mg^{2+} 较灵敏，K-B 指示剂对 Ca^{2+} 较灵敏。所以试样中镁含量低时，应用铬黑 T 指示剂，而钙的含量低时应用 K-B 指示剂。

2. 指示剂的用量

钙指示剂的加入量要适当，加入量太少，指示剂易被氢氧化镁沉淀吸附，使指示剂失

灵而滴定过终点,在近终点时,可补加一点固体指示剂。

3. 干扰的消除

用 EDTA 配位法测钙、镁时,溶液中 Fe^{3+}、Al^{3+} 和 Mg^{2+} 等也能和 EDTA 发生配位反应,一般加三乙醇胺、酒石酸钾及氟化物进行掩蔽。由于三乙醇胺与 Fe^{3+} 和 Al^{3+} 分别生成稳定的配合物而不与 EDTA 配合,因此加入(1+1)三乙醇胺可掩蔽 Fe^{3+}、Al^{3+}。

但是滴定钙时溶液中应避免引入酒石酸,因酒石酸与镁微弱配合后抑制氢氧化镁的沉淀,少量未形成氢氧化镁沉淀的镁离子也同时被滴定。

4. 滴定速度

当 pH 大于 12.5 后,溶液表面的 Ca^{2+} 易吸收空气中 CO_2 形成非水溶性的碳酸钙,引起结果偏低。因此,应逐份调整 pH 并迅速滴定,以避免上述误差出现。

(二)测定 MgO 时的条件控制

1. 干扰的消除及试剂加入顺序

(1)消除 Fe^{3+}、Al^{3+} 的干扰 用 EDTA 配位法测钙、镁时,共存的 Fe^{3+}、Al^{3+} 等有干扰,可通过加三乙醇胺、酒石酸钾及氟化物进行掩蔽。加入掩蔽剂时,应按顺序先加酒石酸钾钠溶液(在酸性环境中加),后加三乙醇胺,以避免在调 pH 过程中形成氢氧化沉淀。

(2)消除的 Mn^{2+} 干扰 有 Mn^{2+} 存在,加入三乙醇胺并将溶液 pH 值调整到 10 后,Mn^{2+} 快速被空气氧化成 Mn^{3+},并形成绿色的 Mn^{3+}-ETEA 配合物,随着溶液中锰量的增加,测定结果的正误差随之增大。通常在配位滴定钙、镁含量时,MnO 在 0.5mg 以下时,影响较小,可忽略锰的影响;若 MnO 在 0.5mg 以上时,可在溶液中加入盐酸羟胺还原 Mn^{3+}-ETEA 配合物中的 Mn^{3+} 为 Mn^{2+},用 EDTA 滴定钙、镁、锰合量。差减获得镁量。

(3)硅酸盐的干扰 pH=10 的溶液中,硅酸的干扰不显著,但当硅或钙浓度较大时,仍然需要加入 KF 溶液消除硅酸的影响,不过 KF 用量可以适当减少。

2. 溶液 pH 值的控制

滴定时溶液的 pH 值应接近于 10,pH 过低则指示剂变色不太明显,pH 过高(如 pH>11)则形成氢氧化镁沉淀,使镁的分析结果偏低。

3. K-B 配比对终点影响

K-B 指示剂中,酸性铬蓝 K 与萘酚绿 B 的配比对终点影响很大。当 KB 为 1:2.5 配比时,终点由酒红色变为纯蓝色,清晰敏锐。但也应根据指示剂的生产厂家、批号、存放时间及分析者的习惯等进行调整。

4. 滴定速度的控制

滴定接近终点时,EDTA 夺取 Ca(Mg)-K-B 中的 Ca^{2+}、Mg^{2+} 时,反应速率较慢,此时,要慢滴快搅拌,以免滴过量。若滴定速度快,将导致分析结果偏高。

 思考与练习

1. 操作过程中缓缓加入 20% NaOH 溶液至溶液恰好变黄,再过量 10mL,起到什么作用?

2. 滴定过程中为什么要控制好滴定速度?

3. 为什么不先滴定镁再滴定钙?

项目五
钢铁分析技术

 项目导学

　　纯金属及其合金经熔炼加工制成的材料称为金属材料，金属材料通常又分为黑色金属和有色金属两类。黑色金属是指铁、铬、锰及它们的合金，通常称为钢铁材料。钢铁是工业的支柱，国民经济的各项建设都离不开钢铁。钢铁中的主要分析项目有碳、硫、磷、锰、硅等，炼钢的目的是降低碳、硅、锰，除去磷（使钢产生冷脆性）、硫（使钢产生热脆性）。为了保证钢铁的质量，对用于生产钢铁的各种原料、生产过程的中间产品以及产品（如各种钢材）有关成分的测定有着重要的意义。钢铁分析是研究钢铁工业中有关分析测定的原理和方法，是分析化学的理论和实践在钢铁生产中的具体应用。钢铁是铁和碳的合金，其化学成分中大多数元素是铁，还含有碳、硅、锰、磷、硫等元素。本章主要介绍这几种元素的测定原理与测定方法。

 学习目标

认知目标

1. 了解钢的组成分类；
2. 了解钢的分析项目；
3. 熟悉钢工业分析的原理及方法；
4. 能进行各种基准的换算；
5. 认知钢的元素分析方法。

情感目标

1. 能正确、规范地进行实验操作；
2. 培养学生认真细致的工作态度；
3. 掌握钢分析的工作流程。

技能目标

1. 学会测定钢中总碳、硫、磷、锰、硅的含量；
2. 学会用分光光度法及滴定分析法测定元素含量。

知识准备

一、钢的生产过程

铁矿石和焦炭、石灰石按一定比例配合，经过高温煅烧、冶炼，则铁矿石被焦炭还原，生成粗制的铁，称生铁。反应历程较复杂，可用下式代表：

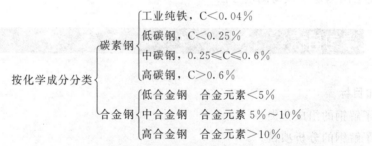

$$2Fe_2O_3 + 3C \longrightarrow 4Fe + 3CO_2 \uparrow$$

$$CaCO_3 + SiO_2 \longrightarrow CaSiO_3 + CO_2 \uparrow$$

铁矿石主要是含有以硅酸盐状态存在的其他金属或非金属杂质的氧化铁，经冶炼大部分杂质转化成炉渣，分离除去，有少量杂质 C、Mn、Si、S、P 等残存在生铁中。生铁是碳含量＞2％的铁碳合金。

如果将生铁与其他辅助材料配合，进一步冶炼，则杂质被进一步氧化除去，同时控制含碳量降至一定限度，硅锰等元素含量很低，硫磷等杂质降至 0.05％以下，则成为铁及碳的合金碳素钢。

二、钢（含碳量＜2％）的分类

按化学成分分类
- 碳素钢
  - 工业纯铁，C＜0.04％
  - 低碳钢，C＜0.25％
  - 中碳钢，0.25≤C≤0.6％
  - 高碳钢，C＞0.6％
- 合金钢
  - 低合金钢　合金元素＜5％
  - 中合金钢　合金元素 5％～10％
  - 高合金钢　合金元素＞10％

（1）特种钢　若适当提高钢中 Si 或 Mn 含量，或加入一定量的 Ni，Cr，W，Mo，V，Ti 等金属，成为特种钢（铁合金或合金钢）。

加 Cr 耐热耐腐蚀性较强，多用于制造滚珠轴承或工具，含 Cr 12.5％～18％的铬钢或含铬 0.6％～1.75％、Ni 1.25％的镍铬钢，又称不锈钢。

（2）高速切削钢　含 W 15％～18％，V 1％～3％。

含有一定量 V、Ti，而 C 又是以球状存在的，称"球墨铸铁"。

三、各元素在钢中的形态和作用

1. 碳

碳是钢铁的主要成分之一，它直接影响着钢铁的性能。碳是区别铁与钢，决定钢号、品级的主要标志。

$$两种形态 \begin{cases} 游离态 \\ 化合态\ Fe_3C，M_3C，Cr_3C_2，WC，MnC\ 等 \end{cases}$$

碳是对钢性能起决定作用的元素。碳在钢中可作为硬化剂和加强剂，正是由于碳的存在，才能用热处理的方法来调节和改善其机械性能。

存在状态的影响：灰口生铁，石墨 C 多，剖面呈灰色，软而韧；白口生铁，化合物 C 多，硬而脆，难于加工，主要用于炼钢。

2. 硅

（1）形态　主要以硅化物 FeSi、MnSi、FeMnSi 存在。

在高硅钢中，一部分以 SiC 存在，也有时形成固熔体或硅酸盐。

（2）性能　增强钢的硬度、弹性及强度，提高抗氧化能力及耐酸性，促使 C 以游离态石墨状态存在，使钢高于流动性，易于铸造。

一般生铁或碳素钢 Si 含量<1％，电器用硅钢 Si 含量可达 4％，特殊用途的硅铁、硅钢等合金，Si 含量高达 12％～95％。

3. 锰

钢铁中主要以 MnS 状态存在，如 S 含量较低，过量的锰可能组成 MnC、MnSi、FeMnSi 等，成固熔体状态存在。

（1）性能　增强钢的硬度，减弱延展性。

（2）生铁 Mn 0.5％～6％　锰钢中 Mn>0.8％　碳素钢 Mn 0.3％～0.8％　高锰钢高达 13％～14％。

4. 硫

主要以 MnS 或 FeS 状态存在，使钢产生"热脆性"——有害成分。

5. 磷

以 Fe_2P 或 Fe_3P 状态存在，磷化铁硬度较强，以至钢铁难于加工，并使钢铁产生"冷脆性"也是有害杂质。然而，磷含量越高钢铁的流动性越大，易铸造并可避免在轧钢时轧辊与压件黏合。所以，特殊情况下常有意加入一定量 P 达此目的。

生铁 P<0.3％；一般碳素钢<0.06％；优质钢<0.03％。

任务一　钢铁中总碳含量的分析

任务目标

1. 了解钢铁中碳的测定意义；

2. 学会钢铁中总碳含量的分析方法；

3. 掌握测定中的控制条件及消除干扰测定的方法；

4. 熟悉结果计算。

🔖 任务介绍

碳是钢铁的主要成分之一，是钢铁中的重要元素它直接影响着钢铁的性能。碳是区别铁与决定钢号、品级的主要标志。碳含量增加，钢铁的硬度和强度都会增加，而韧性和塑性却变差。碳含量的分析是评价钢铁性能的一个重要指标，本节介绍的分析方法燃烧—气体容量法是钢铁分析常用的国家标准分析法。

🔖 任务解析

通常钢中碳含量在 0.05%～1.7%，铁中碳含量在于 1.7%，碳含量小于 0.03% 的钢称作超低碳钢。碳的两种存在形式：游离态和化合态

通常测定的是总碳量，化合碳含量等于总碳量与游离碳量之差。

$$总碳＝化合碳＋游离碳$$

钢铁中碳的测定方法有很多，但通常都是将试样置于高温氧气流中燃烧，使之转化为二氧化碳再用适当方法测定。

测定方法主要有：燃烧-气体容量法（GB 223.1）；燃烧-库仑法；燃烧-非水滴定法

在本节中我们主要介绍燃烧-气体容量法，要求熟练掌握其分析方法及实验操作，了解其中的控制条件。

🔖 任务实施

燃烧-气体容积法是目前国内外广泛采用的标准方法。本法成本低，有较高的准确度，测得结果是总碳量的绝对值。其缺点是要求有较熟练的操作技巧，分析时间较长，对低碳试样测定误差较大。

一、实验原理

试样在 1200～1300℃ 的高温 O_2 气流中燃烧，钢铁中的碳被氧化生成 CO_2：

$$C+O_2 \longrightarrow CO_2$$
$$4Fe_3C+13O_2 \longrightarrow 4CO_2+6Fe_2O_3$$
$$Mn3C+3O_2 \longrightarrow CO_2+Mn_3O$$
$$3FeS+5O_2 \longrightarrow Fe_3O_4+3SO_2$$
$$3MnS+5O_2 \longrightarrow Mn_3O_4+3SO_2$$

脱硫：$MnO_2+SO_2 \longrightarrow MnSO_4$

生成的 CO_2 与过剩的 O_2 经导管引入量气管，测定容积，然后通过装有 KOH 溶液的吸收器，吸收其中的 CO_2。

$$CO_2+2KOH \longrightarrow K_2CO_3+H_2O$$

剩余的 O_2 再返回量气管中，根据吸收前后容积之差，得到 CO_2 的容积，据此计算出试样中碳的质量分数。

二、仪器与试剂

1. 仪器

气体容量法定碳装置如图 5-1 所示。

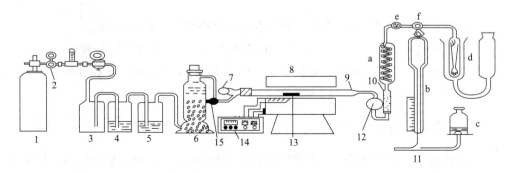

图 5-1　气体容量法定碳装置

1—氧气瓶；2—氧气表；3—缓冲瓶；4,5—洗气瓶；6—干燥塔；7—磨口塞；8—管式炉；9—瓷管；
10—除硫管；11—容量定碳仪；12—球形干燥管；13—瓷舟；14—温度控制器；15—供养活塞；
a—蛇形管；b—量气管；c—水准瓶；d—吸收瓶；e—小活塞；f—三通阀

2. 试剂

（1）400g/L 氢氧化钾吸收剂溶液。

（2）除硫剂：活性二氧化锰（粒状）或钒酸银。

（3）250g/L 酸性氯化钠溶液。

（4）助熔剂：锡粒（或锡片）、铜、氧化铜、纯铁粉。

（5）40g/L 高锰酸钾溶液。

（6）2g/L 甲基橙指示剂。

三、实验步骤

（1）将炉温升至 1200～1350℃，检查管路及活塞是否漏气，装置是否正常，燃烧标准样品，检查仪器及操作。

（2）称取适量试样置于瓷舟中，（称取试样及助熔剂量按表 5-1），将适量助熔剂覆盖于试样上面，打开玻璃磨口塞，将瓷舟放入瓷管内，用长钩推至高温处，立即塞紧磨口塞。预热 1min，按照定碳仪操作规程操作，测定其读数（体积或含量）。打开磨口塞，用长钩将瓷舟拉出，即可进行下一试样分析。

表 5-1　称取试样质量及助熔剂量

碳的质量分数 /%	称样量 /g	助熔剂量/g		
		锡（粒、片）+纯铁粉(1+1)	氧化铜+纯铁粉(1+1)	五氧化二钒+纯铁粉(1+1)
0.050～0.50	2.00			
>0.50～1.00	1.00	0.25～0.5	0.25～0.5	0.25～0.5
>1.00～1.50	0.50			

(3) 硫的干扰及消除。在高温 O_2 气流中燃烧时，试样中硫也转化为 SO_2，如果生成的 SO_2，在吸收前未能除去，同样被 KOH 溶液吸收，干扰碳的测定。常用 MnO_2、$AgVO_3$ 除去混合气体中的 SO_2。

四、测定条件

(1) 试样的燃烧程度　燃烧温度、助熔剂降低燃烧温度、通 O_2 速度。

(2) 硫的干扰及消除　在高温 O_2 气流中燃烧时，试样中硫也转化为 SO_2。

如果生成的 SO_2，在吸收前未能除去，同样被 KOH 溶液吸收，干扰碳的测定。常用 MnO_2、$AgVO_3$ 除去混合气体中的 SO_2。

五、结果的计算

钢铁定碳仪量气管上的刻度，通常是在 101.3kPa 和 16℃时按每毫升相当于每克试样含碳 0.05%刻制的。在实际测定中，温度、压力都会有所不同，必须加以校正。即将读取的数值乘以温度、压力校正系数 f。f 值可根据气体状态方程求得。

当固定称样量为 0.2500g、0.5000g 或 1.000g 时的含碳量，其结果可按下式计算：

$$w(C) = \frac{Vf \times 0.0005}{m} \times 100\%$$

式中　0.0005——16℃、101.3kPa 条件下，封闭液液面上每毫升 CO_2 中含碳质量（g/mL）；

$\quad\quad\quad V$——二氧化碳体积，mL；

$\quad\quad\quad f$——校正系数。

$$f = \frac{V'}{V}$$

式中，V 为实测条件下的体积；V' 为将 V 校正为特殊状态下的气体体积。

例如，在 17℃、101.3kPa 时测得气体体积为 V_{17}（mL），17℃时饱和水蒸气气压为 1.933Pa，16℃时水蒸气气压为 1.813kPa，则 16℃、101.3kPa 时的体积为 V_{16} 为：

$$V_{16} = V_{17} \times \frac{101.3 - 1.933}{101.3 - 1.813} \times \frac{273 + 16}{273 + 17} = 0.996 V_{17}$$

即 $f = 0.996$。

六、测定中应注意的问题

(1) 助熔剂中含碳量一般不超过 0.005%。

(2) 样品的放置要均匀地铺在燃烧舟中。

(3) 定碳仪应装置在室温较正常的地方（距离高温炉约 300～500mm）。

(4) 更换水准瓶所盛溶液、玻璃棉、除硫剂、氢氧化钾溶液后，均应作几次高碳试样，使二氧化碳饱和后，才可进行试样测定。

(5) 对测定含硫量较高的试样（大于 0.2%），应增加除硫剂量或增加一个除硫管。

(6) 吸收器、水准瓶内溶液以及混合气体三者的温度应基本相同，否则将产生正负空白值。

（7）如分析完高碳试样后，应空通一次，才可以接着做低碳试样分析。

（8）当洗气瓶中硫酸体积显著增加及二氧化锰变白时，说明已失效，应及时更换。

（9）观察试样是否完全燃烧，如燃烧不完全，需重新分析。

（10）炉子升温应开始慢，逐步加速，以延长硅碳棒寿命。

（11）分析前，应先检查仪器各部分是否漏气。工作开始前及工作中，均应燃烧标准样品，判定工作过程中仪器的准确性。

（12）吸收前后观察刻度的时间应一致。吸收后观察刻度时，量气管及水准瓶内液面与视线应处在同一水平线上。

（13）吸收器中氢氧化钾溶液使用久后也应进行更换，一般在分析 2000 次后更换，否则吸收效率降低，使测定结果偏低。

（14）测定中应记录温度与大气压力，以确定补正系数 f。

 任务评价

任务考核评价表

评价项目	评价标准	评价方式			权重	得分小计	总分
		自我评价	小组评价	教师评价			
		0.1	0.2	0.7			
职业素质	1. 遵守实验室管理规定,严格操作程序。 2. 按时完成学习任务。 3. 学习积极主动、勤学好问				0.2		
专业能力	1. 理解钢铁中碳元素测定的方法原理。 2. 能正确掌握实验操作规范。 3. 实验结果测定结果准确且精确度高				0.7		
协作能力	团队中所起的作用,团队合作的意识				0.1		
教师综合评价							

 拓展提高

碳硫分析仪气体容量法测定钢铁中的总碳

碳硫分析仪气体容量法所用设备的原理是，将钢铁试样置于 1150～1250℃ 的高温电弧炉内，通氧气燃烧，钢铁中的碳和硫被定量氧化为二氧化碳和二氧化硫。用脱硫剂（活性二氧化锰）吸收二氧化硫，然后测量生成的二氧化碳和过量的氧气体积，再将其与氢氧化钾溶液充分接触，二氧化碳气体被氢氧化钾完全吸收。

再将测剩余的气体体积。两次体积之差为钢铁中总碳燃烧所生成的二氧化碳体积，由此可计算出钢铁中总碳含量。

碳硫分析仪中试样分析为燃烧法，分析温度必须足够高，一般试样可控制在 1200～1250℃，难分解试样宜控制在 1250～1300℃。为使试样分析完全，常需加入一定的助熔剂：生铁、钨铁和钒铁可不加助熔剂；碳钢、合金钢宜用 0.3～0.5g 锡粒；硅铁以 0.5g 锡粒加 5 倍称样量的纯铁粉为好；硅铬铁和其他铁合金可用纯铜和氧化铜各 0.5～1.0g 为助熔剂。另外整个分析过程中必须保持炉温恒定。本法以测量生成气体体积来确定含量，因此工作前要检查整套装置密封性是否良好，并作空白试验，实验结果计算时要注意进行温度压力校正。

思考与练习

1. 钢铁的测定项目元素：_____。其中有益元素是_____。有害元素_____

2. 黑色金属材料是指_____及它们的合金，通常称为钢铁材料。2. 钢铁是由_____及其他辅助材料在高炉、转炉、电炉等各种冶金炉中冶炼而成的产品。

3. 钢铁试样主要采用酸分解法，常用的有_____。

4. 碳在钢铁中主要以两种形式存在，即_____和_____。

5. 钢铁中碳的测定原理及测定条件：

6. 称取钢样 1.000g，在 17℃、102.0kPa 时，测得生成二氧化碳的体积为 6.20mL，计算试样中碳的质量分数。

任务二　钢铁中硫的分析

任务目标

1. 了解钢铁中硫的测定意义；
2. 学会钢铁中硫含量的分析方法；
3. 掌握测定中的控制条件；
4. 熟悉结果计算及滴定度的换算。

任务介绍

硫在钢铁中主要以 MnS 和 FeS 形式存在，可以引起钢的热脆性，降低钢的力学性能，特别是疲劳极限、塑性和耐磨性，硫的存在对钢的耐蚀性和可焊性也有不利的影响，因此硫的测定就成为金属分析的一项常检项目，检测的结果是材料质量和性能判别的重要依据之一，本节介绍的是钢铁中硫含量测定的标准方法，燃烧—碘量法。

任务解析

一般要求碳素钢中 S％≤0.05％，优质结构钢中 S％≤0.045％，工具钢不超过 0.03％，高级优质钢中 S％≤0.02％。钢铁中硫含量的测定方法主要有重量法、燃烧滴定法、光度法、红外吸收光谱和真空直读光谱法等，其中燃烧滴定法又分为燃烧-碘量法和燃烧-中和滴定法。燃烧-碘量法是目前工厂理化室普遍采用的硫的分析方法，也是我们要介绍的主要方法。本任务要求熟练掌握硫的测定方法，熟练掌握滴定操作，注意滴定终点的控制。

任务实施

一、实验原理

将试样放在高温氧气流中燃烧，使硫形成二氧化硫气体，然后用水吸收生成亚硫酸，并用高锰酸钾标液滴定，然后用淀粉指示终点。

试样在高温下通氧燃烧生成 SO_2：

$$3MnS+5O_2 \longrightarrow Mn_3O_4+3SO_2 \uparrow +3MnSO_2+5Mn_3O_4+SO_2$$

$$4FeS+7O_2 \longrightarrow 4Fe_2O_3+4SO_2 \uparrow$$

生成的 SO_2 在酸性淀粉溶液或淀粉水溶液中被吸收生成 H_2SO_3，

$$SO_2+H_2O \longrightarrow H_2SO_3$$

生成的 H_2SO_3 用 $KMnO_4$ 标准溶液滴定，然后用淀粉指示终点。

$$2KMnO_4+10KI+16HCl \longrightarrow 5I_2+2MnCl_2+8H_2O+12KCl$$

$$H_2SO_3+I_2+H_2O \longrightarrow H_2SO_4+2HI$$

过量的 I_2 与淀粉指示剂作用呈蓝色，指示终点。

由于硫转化为 SO_2 只是在特定条件下才能达到符合定量分析要求的回收率，而且回收率随条件变化而变动，所以不能直接以理论值计算。只能用组分相近的标准样品，在相同条件下进行操作，求出标准溶液对硫的滴定度，借此计算试样硫含量。

二、仪器与试剂

1. 仪器

实验仪器如图 5-2 所示。

2. 试剂

（1）0.5mol/L 高锰酸钾标液　称高锰酸钾 3.161g 加蒸馏水稀释至 1000mL。取 10mL 此标液加 500mL 的蒸馏水便配成 0.002mol/L 的高锰酸钾日常标液。

（2）淀粉吸收液　取淀粉 2g，以蒸馏水约 200mL，加热溶解，全溶后煮沸 1min，稀释至 5000mL，加碘化钾 1g 混匀。

（3）助熔剂　纯锡粒。

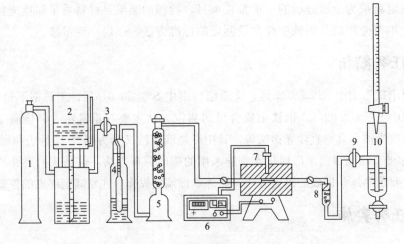

图 5-2　卧式炉燃烧法测硫装置

1—氧气瓶；2—贮气筒；3—第一道活塞；4—洗气瓶；5—干燥塔；
6—温控仪；7—卧式高温炉；8—除尘管；9—第二道活塞；10—吸收杯

三、实验步骤

　　钢标样 500mg，放入已处理的瓷舟中，在吸收器中注入 25～40mL 淀粉水溶液，并把淀粉水溶液中滴加一滴（1+1）盐酸，然后用橡胶塞塞紧燃烧管，并通氧和滴入高锰酸钾标液，使吸收液呈浅蓝色，这时停止通氧，取下橡胶塞用长钩将盛有试样的瓷舟推入燃烧管中最热部分，立即以胶塞将管口塞严，预热 10～30s。通氧使试样燃烧，当吸收器底部溶液蓝色消失时，即滴高锰酸钾标液。滴定速度应与蓝色消退速度相适应。到溶液退色很慢时，减慢速度到溶液蓝色与原来蓝色相同，继续通氧 10～30s，色泽不变为终点。

四、结果的计算

　　样品钢硫含量的计算公式如下：

$$w(S) = \frac{T_{S/KMnO_4} V}{m} \times 100\%$$

式中　$w(S)$——样品钢硫的质量分数；

　　　　V——滴定消耗的碘酸钾溶液的体积，mL；

　　　　m——样品钢的质量，g；

　　　　$T_{S/KMnO_4}$——高锰酸钾溶液对硫的滴定度，g/mL。

　　$T_{S/KMnO_4}$ 的计算：

　　高锰酸钾标准溶液的标定：称取 0.5g 与所测钢样含量相近的标准钢样，按样品测定方法进行标定，以标准钢样的硫含量计算碘酸钾溶液对硫的滴定度：

$$T_{S/KMnO_4} = \frac{w(S)m}{V}$$

$w(S)$——标准钢样硫的质量分数；

　　V——滴定消耗的高锰酸钾溶液的体积，mL；

m——标准钢样的质量，g；

$T_{S/KMnO_4}$——高锰酸钾溶液对硫的滴定度 g/mL。

五、实验讨论

经过长期的分析实践，要想使结果准确可靠，在操作过程中应该注意以下五个实验要点。

1. 炉温试验

燃烧温度燃烧法测定硫含量的结果不够稳定的主要原因是钢铁中硫化物在不同温度燃烧后转化为 SO_2 的比例不同。硫的转化率与炉温的关系见表 5-2。

表 5-2　硫的转化率与炉温的关系

炉温/℃	1250	1350	1399	1450～1510
转化率%	70	80	90～96	98

因此，对炉温的要求是尽可能高，其次，在测试过程中炉温应保持恒定，以求得较高且不变的 SO_2 的转化率，使硫含量的测定结果稳定。实际上，通常炉温低于上述温度，目前较普遍采用的是管式炉加热，在分析普碳钢、铸铁、中低合金钢时炉温一般控制在 1250～1300℃左右（普通瓷管），分析高合金钢时炉温控制在 1300～1350℃左右（高铝瓷管）。

2. 氧气流量

这是确保试样燃烧完全和提高 SO_2 回收率的重要因素之一，测定硫的氧气流量一般要比碳大一些。合理控制氧气流。氧气流过小，样品燃烧不完全；过大，溶质易生成气泡，并烧橡胶塞，且吸收液中的碘可能被带走。实验表明，氧气流量以 1.5～2.0L/min 为最佳。在此流速下，可减少 SO_2 气体在管道内的停留时间，从而减少 SO_2 被凝聚和吸附的机会。减少部分 SO_2 与过量氧在氧化铁粉尘等接触催化下发生氧化反应生成 SO_3。

3. 助熔剂

加入合适及适量的助熔剂有助于提高 SO_2 的回收率及测定结果的稳定。根据含硫量高低称取一定量试样，加入适当助熔剂。助熔剂太少，试样熔化不完全；助熔剂过多，也会使结果变化。称样量与助熔剂量的适当配比见表 5-3。

表 5-3　称样量与助熔剂量的适当配比

含硫量/%	称样量/g	助熔剂 A 用量/g	助熔剂 B 或 C 用量/g	纯锡/粒
0.10～0.20	0.100～0.200	0.1	0.4	3～5
0.05～0.10	0.250	0.1	0.4	3～5
0.01～0.05	0.500	0.2	0.8	3～5
0.01 以下	1.000	0.3	1.0	3～5

注：1. 称样量不宜过多，否则易烧穿瓷舟；

2. 助熔剂 A 为五氧化二钒，用于生铁及低合金钢；

3. 助熔剂 B 为五氧化二钒-还原铁粉（3∶1），助熔剂 C 为二氧化锡-还原铁粉（3∶4），用于中、高合金钢、高温合金及精密合金。实验表明，用金属锡粒作助熔剂在分析铸铁及低合金钢的含硫量时，也能得到较好的结果，尤其在工厂炉前分析的碳-硫联合测定分析中更为适用，值得注意的是此处使用的锡粒中碳的含量应小于 0.001%，硫的含量应小于 0.0005%，锡含量应大于 99.95%。

4. 淀粉水溶液的配制和使用

用燃烧-碘量法测定钢铁中硫含量时，淀粉水溶液的配制和使用也是一个关键。实验表明，淀粉水溶液应即用即配，配制的浓度应在0.1%以下，不宜过大。由于淀粉水溶液会消耗部分滴定液，浓度过大会带来较大误差，故选1/2500。淀粉水溶液配制后应放在水中冷却至室温，切不可用热的淀粉水溶液，因为滴定液中的I_2受热会升华，使结果出错。另外，应注意每分析一个试样应更换淀粉水溶液，调节终点，且每次试样淀粉水溶液的用量应尽量保持一致。滴定前加（1+1）盐酸1滴，应为高锰酸钾和碘化钾要在酸性环境下发应，故（1+1）盐酸不能太少。

5. 其他注意事项

① 实际操作中还应注意的一个细节问题是放棉花的滤气管的位置应高于吸收杯的位置，这样可有效地防止由于虹吸现象使棉花受潮，避免燃烧产生的SO_2与棉花中的水结合，使结果严重偏低，尤其对前几个试样的影响较大，此时应立即更换滤气管及连接乳胶管。

② 样品必须细、薄（易于氧化及熔化），将其均匀铺于瓷舟中段，避免堆积放置，否则，不宜全熔，并且会形成气泡而降低测定结果。

③ 燃烧管要保持干净，若管壁和过滤球中脱脂棉积聚大量氧化铁，将引起催化作用而使二氧化硫生成三氧化硫，影响测量结果。

因此，此法测定钢铁中硫的含量，只有在一定的温度、助熔剂、氧气流量和淀粉水溶液酸性等条件下用组分相近的标准样品，充分考虑上述七点实验要点，在相同条件下操作，求出标准溶液对硫的滴定度，借此计算试样硫的含量，测得得数据才能准确可靠。

 任务评价

任务考核评价表

评价项目	评价标准	评价方式			权重	得分小计	总分
		自我评价 0.1	小组评价 0.2	教师评价 0.7			
职业素质	1. 遵守实验室管理规定,严格操作程序。 2. 按时完成学习任务。 3. 学习积极主动、勤学好问				0.2		
专业能力	1. 理解钢铁中硫元素测定的方法原理。 2. 能正确掌握实验操作规范。 3. 实验结果测定结果准确且精确度高				0.7		
协作能力	团队中所起的作用,团队合作的意识				0.1		
教师综合评价							

➡ 思考与练习

1. 钢铁中硫对钢铁质量的影响是什么？
2. 钢铁中硫的测定原理及测定注意事项有哪些？

任务三　钢铁中磷的分析

❂ 任务目标

1. 了解钢铁中磷的测定意义；
2. 掌握钢铁中磷的测定方法；
3. 掌握分光光计的使用及溶液的定量转移配制，称量等基本操作。

❂ 任务介绍

磷是典型的非金属元素，它在钢铁及合金中主要以固熔体的磷化铁（Fe_2P、Fe_3P）形式存在，还有少量的以磷酸盐形式存在，其来源一般从矿石带入。磷是钢铁的有害元素，它使钢铁发生冷脆，降低冲击韧性和影响锻接。含量的高低，直接影响钢铁的质量好坏，是评价钢铁质量的重要指标，本节主要介绍磷含量测定的标准方法磷钼蓝吸光光度法。

❂ 任务解析

一般钢材中磷含量不大于 0.06%，高级的合金钢在 0.03% 以下，在某些特殊钢中，为提高其耐磨性而只允许达 0.10% 左右，因此，钢铁及合金中磷的测定是一项必不可少的项目。一般测定方法有：磷钼蓝吸光光度法、重量法及酸碱滴定法，本节主要介绍磷钼蓝吸光光度法。本任务要求熟练掌握磷的测定方法，熟练掌握分光光计的使用，掌握溶液的定量转移配制操作及标准曲线的绘制。

❂ 任务实施

用磷钼蓝吸光光度法。

一、实验原理

试样用王水溶解，用高氯酸氧化磷，加钼酸铵使磷转化为磷钼配离子。用氟化物掩蔽铁离子，以氯化亚锡还原成钼蓝。分光光度法测定。主要反应：

$$3Fe_3P + 41HNO_3 \longrightarrow 9Fe(NO_3)_3 + 3H_3PO_4 + 14NO\uparrow + 16H_2O$$

$$Fe_3P + 13HNO_3 \longrightarrow 3Fe(NO_3)_3 + 3H_3PO_3 + 4NO\uparrow + 5H_2O$$

$$4H_3PO_3 + HClO_4 \longrightarrow 4H_3PO_4 + HCl$$

$$H_3PO_4 + 12H_2MoO_4 \longrightarrow H_3[P(MoO_{10})_4] + 12H_2O$$

$$H_3[P(MoO_{10})_4] + 8H^+ + 4Sn^{2+} \longrightarrow [2Mo_2 \cdot 4MoO_3]_2 \cdot H_3PO_4 + 4Sn^{4+} + 4H_2$$

生成的磷钼蓝配合物的蓝色深浅与磷的含量成正比，据此可比色测定磷的含量。

二、仪器与试剂

1. 仪器

分光光度计、分析天平。

2. 试剂

① 王水（盐酸＋硝酸：3＋1）。

② 高氯酸（浓）。

③ 10％亚硫酸钠溶液。

④ 5％钼酸铵溶液。

⑤ 6％的 H_2SO_4 溶液，量取 466mL 蒸馏水至 500mL 烧杯中，再量取 28mL 浓硫酸缓慢加入水中，用玻璃棒引流并搅拌。

⑥ 氟化钠-氯化亚锡溶液（称取 2.4g 氟化钠溶解于 100mL 水中，必要时加热，加入 0.2g 氯化亚锡，搅拌溶解，当天使用）。

⑦ 磷标准溶液（0.01mg/mL），取 10mL 0.1mg/mL 磷标准溶液该溶液放入 100mL 容量瓶中，并加水稀释至刻度，即得到 0.01mg/mL 磷标准溶液。

⑧ 铬高试样空白参比溶液（于剩余显色液中滴加 3％ $KMnO_4$ 至呈红色放置 1min 以上，滴加 Na_2SO_3 溶液至红色消退）。

三、实验步骤

1. 样品液的制备

准确称取 0.5～0.6g 样品，置于 100mL 小烧杯中，加 5～10mL 蒸馏水，10mL 王水，完全溶解（可稍热）后加 5mL $HClO_4$，电炉上加热至棕色气泡冒尽，冒白烟 2min，取下快速搅拌冷却至室温，加入 6％ H_2SO_4 溶解并定量转移至 100mL 容量瓶定容。

2. 标准曲线的绘制

取 5 个小烧杯中，分别加 0.01mg/mL 磷标准溶液 0.00、1.00mL、2.00mL、3.00mL、4.00mL，加 1.5mL 10％的 Na_2SO_3 电炉加热至沸腾，立即加 5mL 钼酸铵并摇匀，加 20mL NaF-$SnCl_2$ 摇匀，放置 1～2min，流水冷却至室温，6％的 H_2SO_4 溶液定容至 50mL 容量瓶。

以试剂空白为参比，1cm 比色皿，波长为 680nm 测定溶液的吸光度，做标准曲线。

3. 样品液的测定

取 10mL 样品液于 100mL 小烧杯中加 1.5mL 10％的 Na_2SO_3 电炉加热至沸腾，立即加 5mL 钼酸铵并摇匀，加 20mL NaF-SnCl$_2$ 摇匀，放置 1～2min，流水冷却至室温，用 6%的 H$_2$SO$_4$ 溶液定容于 100mL 容量瓶。以试剂空白为参比，1cm 比色皿，波长为 680nm 测定溶液的吸光度。平行测定 3 次。

四、样品中磷的含量计算

$$w(P) = \frac{m_{查}}{m_{样} \times \dfrac{10}{100}} \times 100\%$$

五、注意事项

（1）测定磷所用的锥形瓶，必须专用且不接触磷酸，因磷酸在高温时（100～150℃）能侵蚀玻璃而形成 SiO$_2$·P$_2$O$_5$ 或是 SiO(PO$_3$)$_2$，用水及清洁剂不易洗净，并使测定磷的结果增高。

（2）铁、钛、锆的干扰可通过加入氟化钠掩蔽；有高价铬、钒存在时，加入亚硫酸钠将铬、钒还原为低价以消除影响；铬含量高时，宜用浓盐酸挥铬。

（3）消化条件的控制：一是使用氧化性的酸，不得单独使用盐酸或硫酸，必须使用具有氧化性的硝酸或硝酸及其他酸的混合酸。否则会生成气态 pH$_3$ 而挥发损失。二是必须将亚磷酸转化成正磷酸。因为亚磷酸不能和钼酸生成磷钼杂多酸混合物。三是消化操作、一定注意不能让溶液蒸干，要边加热边摇动溶液，使之变成淡黄色固状物，否则会变成不易溶解的黑褐色的多磷化物。四是样品液要用 6%H$_2$SO$_4$ 定容而不用蒸馏水，是因为测定酸度要控制在 1.6～2.7mol/L，蒸馏水中有磷会使实验结果偏高。

（4）反应条件的控制：一是温度对测定吸光度也有影响，温度高会使测定的吸光度偏低。一般大多在 90～100℃左右，温度太低会影响结果的测定。为了消除这种影响，在手工操作时，应在显色反应完成后，冷却至室温，再进行测定。二是酸度，应控制在 1.6～2.7mol/L。

六、实验讨论

（1）磷的测定首先是将磷转化为正磷酸，试料要完全溶解成清亮的溶液。某些合金钢用稀硝酸溶解后仍有黑色碳化物，应加入高氯酸冒烟后再与钼酸铵反应，能取得良好的结果。

（2）温度对测定吸光度也有影响，温度高会使测定的吸光度偏低。为了消除这种影响，在手工操作时，应在显色反应完成后，冷却至室温，再进行测定。

（3）样品消化过程必须使用氧化性的酸；不能单独使用 HCl 或者硫酸，否则磷会生成气态的 PH$_3$ 而挥发损失。

（4）实验温度会影响磷钼蓝的反应，一般大多在 90～100℃左右，温度太低会使磷钼杂多酸还原成钼蓝，影响结果的测定。

任务评价

任务考核评价表

评价项目	评价标准	评价方式			权重	得分小计	总分
		自我评价 0.1	小组评价 0.2	教师评价 0.7			
职业素质	1. 遵守实验室管理规定,严格操作程序。 2. 按时完成学习任务。 3. 学习积极主动、勤学好问				0.2		
专业能力	1. 理解钢铁中磷元素测定的方法原理。 2. 能正确掌握实验操作规范。 3. 实验结果测定结果准确且精确度高				0.7		
协作能力	团队中所起的作用,团队合作的意识				0.1		
教师综合评价							

思考与练习

1. 测磷的钢铁样品在溶解时是否可以单独使用 HCl 或 $HClO_4$?
2. 样品在酸溶解后为什么要用 6‰ H_2SO_4 转移定容而不用蒸馏水?
3. 处理好的样品溶液在进行反应时为什么要控制温度?
4. 磷钼蓝光度法测定钢铁中的磷需要注意哪些问题?

任务四 钢铁中硅的分析

任务目标

1. 学会钢铁中硅含量的分析方法;
2. 掌握测定中的控制条件;
3. 熟练掌握分光光度度法。

任务介绍

硅可提高钢的硬度和强度,但会使可塑性和韧性降低,是炼钢时作为脱氧剂加入钢中的元素，硅与钢水中的 FeO 会结合为密度较小的硅酸盐炉渣而除去，是钢中的一种有益元素。硅含量的分析是评价钢铁性能的一个重要指标，本节介绍的分析方法硅钼蓝分光光度法是钢铁分析常用的国家标准分析法。

☝ 任务解析

钢中硅含量一般不超过 0.5%，对钢的性能影响不大，钢中硅的测定使用硅钼蓝光度法。本任务要求熟练掌握硅的测定方法，熟练掌握紫外-可见分光光度计的使用，掌握溶液的定量转移配制操作及标准曲线的绘制。

☝ 任务实施

用硅钼蓝分光光度法。

一、实验原理

试样用稀酸溶解，使硅转化为可溶性硅酸，然后在适当酸度下，加入钼酸铵与硅酸反应生成硅钼黄，加入草酸破坏磷、砷等元素干扰，用硫酸亚铁铵还原为硅钼蓝后进行光度测定，主要反应：

$$3FeSi + 16HNO_3 \longrightarrow 3Fe(NO_3)_3 + 3H_4SiO_4 + 7NO \uparrow$$

$$H_4SiO_4 + 12(NH_4)_2MoO_4 + 24HNO_3 + 2H_2O \longrightarrow H_8[Si(Mo_2O_7)_6] + 24NH_4NO_3 + 10H_2O$$

$$2H_8[Si(Mo_2O_7)_6] + 4(NH_4)_2Fe(SO_4)_2 + 2H_2SO_4 \longrightarrow$$

$$H_8[Si{<}^{Mo_2O_5}_{(Mo_2O_7)_5}] + 2Fe_2(SO_4)_3 + 4(NH_4)_2SO_4 + 2H_2O$$

二、仪器与试剂

1. 仪器

烧杯、电子天平、移液管、容量瓶、紫外-可见分光光度计、量筒、玻璃比色皿、电炉。

2. 试剂

（1）浓硝酸、浓硫酸。

（2）硝酸溶液（1+3），200mL。

配制：用量筒量取 50mL 浓硝酸于 250mL 烧杯中，加 150mL 蒸馏水稀释，搅拌混匀，待用。

（3）钼酸铵（5%），50mL。

配制：称取 2.5g 钼酸铵固体，加 50mL 蒸馏水

（4）过硫酸铵（20%），50mL。

配制：称取 10g 过硫酸铵固体，加 50mL 蒸馏水溶解，待用。

（5）硝酸溶液（1+31），128mL。

配制：量取 4mL 浓硝酸，在不断搅拌下加 124mL 蒸馏水稀释，待用。

（6）草酸溶液（5%）。

配制：称取 5g 草酸固体，加 100mL 蒸馏水溶解，待用。

（7）硫酸亚铁铵溶液（5%）。

配制：称取 6g 硫酸亚铁铵固体溶于 100mL，再滴加一滴管硫酸，搅拌，待用。

三、实验步骤

1. 绘制标准曲线

（1）硅标准溶液的制备 硅贮备液，0.50mg/mL。称取 0.1070g 经 1100℃ 灼烧 1h 并冷却至室温的高纯二氧化硅，置于镍坩埚中。加 1g 无水碳酸钠充分混匀，于 1050℃ 熔融 30min。在聚四氟乙烯烧杯中，以 100mL 浸取熔融物。将全部浸取液转移至 100mL 容量瓶中，稀释至刻度待用。

① 硅标液 a(10.0mg/L) 移取 2mL 硅贮备液于 100mL 容量瓶中，用水稀释至刻度，混匀。立即转入密封好的聚四氟乙烯瓶中贮存，待用。

② 硅标液 b(4.0mg/L) 移取 40mL 硅标液 a 于 100mL 容量瓶中，用水稀释至刻度，混匀。立即转移至密封好的聚四氟乙烯瓶中贮存，待用。

（2）绘制标准曲线 取 6 个 100mL 容量瓶中分别移取硅标液 b 0、1mL、2mL、4mL、6mL、8mL、10mL，再加硝酸溶液（1+31）10mL、钼酸铵溶 5mL，室温冷却 15～20min，加入草酸溶液 10mL、硫酸亚铁铵溶液 10mL，用水定容至刻度。

用 660nm 波长，1cm 比色皿，在紫外可见分光光度计上测定显色液的吸光度并绘制出标准曲线。

2. 试液的制备及测定

（1）试液的制备 称取 0.5000g 试样与 50mL 容量瓶中，加硝酸溶液（1+3）25mL，加热溶解逐尽氮氧化物后，加入过硫酸铵溶液 5mL，继续加热煮沸至出大气泡，以分解过量的过硫酸铵，冷却至室温，用水稀释至刻度，混匀，待用。

（2）测定 吸取试液 2mL 置于 100mL 容量瓶中，加硝酸溶液（1+31）10mL、钼酸铵溶 5mL，室温冷却 15～20min，加入草酸溶液 10mL、硫酸亚铁铵溶液 10mL，用水定容至刻度。在标准曲线下测出待测物中硅含量。

四、结果的计算

样品钢中硅的质量分数的计算公式如下：

$$w(\text{Si}) = \frac{cVM}{1000 \times m \times \frac{2}{50}} \times 100 = \frac{cVM}{40m} \times 100$$

式中　$w(\text{Si})$——样品中硅的质量分数，%；

　　　　c——测得的硅浓度，mg/L；

　　　　V——移取试液的体积，mL；

　　　　m——称取样品量，g。

五、实验讨论

（1）称试样于烧杯中，不应该倒在杯壁上，以免影响溶解。

（2）溶样时间不要过长，避免溶液蒸发硅酸析出使结果偏低。

（3）严格控制加入酸量、加热温度及摇动次数。

（4）加入钼酸铵后必须摇动。

（5）每次比色完后，比色杯中应该注入蒸馏水，以防比色器壁挂液和落入灰尘。

（6）仪器停用时间较长，需关机以免光电管老化。

 任务评价

任务考核评价表

评价项目	评价标准	评价方式			权重	得分小计	总分
		自我评价	小组评价	教师评价			
		0.1	0.2	0.7			
职业素质	1. 遵守实验室管理规定，严格操作程序。 2. 按时完成学习任务。 3. 学习积极主动、勤学好问				0.2		
专业能力	1. 理解钢铁中硅元素测定的方法原理。 2. 能正确掌握实验操作规范。 3. 实验结果测定结果准确且精确度高				0.7		
协作能力	团队中所起的作用，团队合作的意识				0.1		
教师综合评价							

➡ 思考与练习

1. 简述硅钼蓝光度法测钢铁中的硅的方法原理，写出反应方程式。说明加入 $H_2C_2O_4$ 的目的。

2. 简述硅对钢铁性能的影响。

任务五　钢铁中锰的分析

🖊 任务目标

1. 了解钢铁中锰的测定意义；

2. 学会钢铁中锰含量的分析方法；

3. 掌握测定中的控制条件及消除干扰测定的方法；

4. 熟悉结果计算及滴定度的换算。

任务介绍

锰是金属材料中的重要合金元素之一。它在钢中通常以固溶体及化合态形式存在。锰是良好的脱氧剂和脱硫剂。它能降低由于钢中的硫所引起的热脆性，从而改善钢的热加工性能、提高钢的可锻性。增加锰的含量，可提高钢的强度和硬度。锰含量的分析是评价钢铁性能的一个重要指标。本节介绍的分析方法工厂实用分析方法有过硫酸铵法、分光光度法。

任务解析

锰的化合物易溶于硫酸、稀硝酸形成二价离子。在锰的化合物中二价锰离子最稳定。这种离子在酸性条件下可能被氧化成七价锰即高锰酸。用还原剂标准溶液滴定或根据高锰酸根颜色的深度与含量成正比来用分光光度法都可测定锰含量。工厂实用分析方法有过硫酸铵法、分光光度法

任务实施

一、过硫酸铵与银盐氧化-亚砷酸钠与亚硝酸钠滴定法

1. 实验原理

试样以硫酸、磷酸、硝酸混酸溶解，并以硝酸银为催化剂，用过硫酸铵将锰氧化为高锰酸。然后用亚砷酸钠-亚硝酸钠还原。

主要反应

$$2Mn(NO_3)_2 + 5Ag_2O_2 + 6HNO_3 \longrightarrow 2HMnO_4 + 10AgNO_3 + 2H_2O$$
$$5Na_3AsO_3 + 2HMnO_4 + 4HNO_3 \longrightarrow 2Mn(NO_3)_2 + 5Na_3AsO_4 + 3H_2O$$
$$5NaNO_2 + 2HMnO_4 + 4HNO_3 \longrightarrow 2Mn(NO_3)_2 + 5NaNO_3 + 3H_2O$$

2. 试剂

(1) 混酸甲（硫酸＋磷酸＋硝酸＋水：100＋125＋250＋525）。

(2) 混酸乙（硝酸＋磷酸＋水：50＋700＋250）。

(3) 王水（盐酸＋硝酸：3＋1）。

(4) 高氯酸（浓）。

(5) 硝酸银溶液（1.7%）。

(6) 过硫酸铵溶液（25%）。

(7) 氯化钠溶液（1%）。

(8) 亚砷酸钠-亚硝酸钠标准溶液 $\{c[1/2(Na_3AsO_3-NaNO_3)] = 0.05mol/L\}$ 称取 1.25g 三氧化二砷固体于 250mL 烧杯中，加入 50mL NaOH 溶液（1mol/L），微热使其溶解，然后用硫酸溶液 $[c(1/2H_2SO_4) = 1mol/L]$ 中和至中性，加入 2g 碳酸氢钠，0.95g 亚硝酸钠，待完全溶解后移入 1L 容量瓶中，用水稀释至刻度，摇匀。

3. 分析步骤

(1) 普通钢及低合金钢中锰的测定 称取 0.5000g 试样于 250mL 锥形瓶中，加入 30mL

混酸甲，加热溶解，煮沸 2～3min，以驱尽氮的氧化物。于溶液中加入 80mL 水，5mL 硝酸银溶液，10mL 过硫酸铵溶液，加热．煮沸 30～40s，取下。静置 1～2min。流水冷却至室温。溶液中加入 5mL 氯化钠溶液，立即用亚砷酸钠-亚硝酸钠滴定至红色消失。

（2）高锰钢中锰的测定　称取 0.1000g 试样于 250mL 锥形瓶中，加入 10mL 混酸乙，低温溶解，并驱尽氮氧化物。加入 80mL 水，10mL 硝酸银溶液，40mL 过硫酸铵溶液，加热，煮沸 30～40s。取下，静置 1min，流水冷却至室温；加入 5mL 氯化钠溶液摇匀，立即用亚砷酸钠—亚硝酸钠滴至红色消失。

（3）高铬钢中锰的测定　称取 0.5000g 试样于 250mL 锥形瓶中，加入 10mL 王水，加热溶解。再加入 10mL 高氯酸，加热至冒高氯酸白烟，用浓盐酸使铬挥发尽，并驱尽 Cl^- 至近干，取下，稍冷。

以下操作同①普通钢及低合金钢中锰的测定。

4. 结果的计算

试样中锰含量的计算公式如下：

$$\omega(\text{Mn}) = \frac{TV}{m} \times 100\%$$

式中　　$w(\text{Mn})$——试样中锰的质量分数，%；

$\qquad$ V——消耗亚砷酸钠—亚硝酸钠的体积，mL；

$\qquad$ T——亚砷酸钠—亚硝酸钠标准溶液对锰的滴定度，g/mL；

$\qquad$ m——称取的试样量，g。

5. 结果讨论

（1）分析生铁或钢中含有石墨碳时，加入 25mL 水将溶液稀释，并将石墨碳及硅酸沉淀滤去，用硝酸溶液（2%）洗涤数次。

（2）溶液煮沸时间不能太长，否则分析结果偏低。

（3）标准样品和试样溶液滴定速度要求一致。

（4）高铬钢等难溶试样，可先加浓盐酸初步溶解后，补加适量硝酸处理。

（5）除 Cl^- 时，要求冒高氯酸白烟时间达 1min 以上，以后继续操作至加硝酸银溶液时应无白色沉淀产生为宜；可适当补加硝酸及高氯酸冒烟除尽 Cl^-。

6. 测定范围

锰含量≤10%。

二、分光光度法

1. 实验原理

以酸溶解试样，用硝酸银作催化剂，过硫酸铵氧化锰成高锰酸，测定吸光度。

2. 试剂

（1）王水（盐酸＋硝酸＝2＋1）。

（2）高氯酸（浓）。

（3）混合酸 1g 硝酸银溶于 500mL 水中，加入 25mL 浓硫酸、30mL 浓磷酸、30mL 浓硝酸，用水稀释至 1L。

（4）过硫酸铵溶液（15%）。

（5）EDTA 溶液（5%）。

（6）高锰酸钾标准溶液 $[c(1/5KMnO_4)=0.01mol/L]$。

3. 实验步骤

称取 0.5000g 试样于 150mL 锥形瓶中，加入 15～20mL 王水，加热溶解后加入 5mL 高氯酸，继续加热至冒白烟 1min。冷却，加入少量水溶解盐类，并移入 50mL 容量瓶中，用水稀释至刻度，摇匀。

吸取 5mL 试液于 150mL 锥形瓶中，加入 20mL 混合酸，加热近沸，加入 5mL 过硫酸铵溶液，煮沸 1min。冷却后，移入 50mL 容量瓶中，用水稀释至刻度，摇匀。

空白液：取少量试液加入 2 滴 EDTA 溶液，至颜色退尽。

在波长 530nm 处，用 2cm 比色皿，用空白液调零，测定吸光度。

4. 标准曲线的绘制

（1）标准样品的曲线称取相同或相近牌号，不同锰含量的标准样品，同试样操作，绘制吸光度和锰含量的标准曲线。

（2）标液的曲线 吸取 1.00mL、3.00mL、5.00mL、7.00mL、9.00mL 高锰酸钾标准溶液于一组 50mL 容量瓶中，用水稀释至刻度，摇匀，同试样操作，绘制吸光度和锰含量的标准曲线。

5. 结果与讨论

（1）本法最适于高铬钢、镍铬不锈钢中锰的测定。

（2）碳钢或低合金钢可用以下方法：称取 0.1000～0.5000g 试样加 20mL 混酸溶解。加过硫酸铵 5mL，并加热煮沸 1min，冷却后以水稀释至 50mL。以水作空白测其吸光度。

（3）生铁试样溶解后，需将石墨碳滤去，以后按（2）碳钢或低合金钢步骤进行。

6. 测定范围

锰含量 0.070%～1.00%。

 任务评价

任务考核评价表

评价项目	评价标准	评价方式			权重	得分小计	总分
		自我评价	小组评价	教师评价			
		0.1	0.2	0.7			
职业素质	1. 遵守实验室管理规定，严格操作程序。 2. 按时完成学习任务。 3. 学习积极主动、勤学好问				0.2		

续表

评价项目	评价标准	评价方式			权重	得分小计	总分
		自我评价	小组评价	教师评价			
		0.1	0.2	0.7			
专业能力	1. 理解钢铁中锰元素测定的方法原理。 2. 能正确掌握实验操作规范。 3. 实验结果测定结果准确且精确度高				0.7		
协作能力	团队中所起的作用,团队合作的意识				0.1		
教师综合评价							

 思考与练习

1. 简述亚砷酸钠-亚硝酸钠滴定法测定钢铁中锰的原理。

2. 简述锰对钢铁性能的影响。

项目六
肥料分析技术

 项目导学

　　肥料的品种较多，按其来源、存在状态、营养元素的性质等有多种分类方法。化学肥料是用化学方法制造或者开采矿石，经过加工制成的肥料，也称无机肥料，包括氮肥、磷肥、钾肥、复混肥料等，它们具有养分含量高，肥效快，肥劲猛等作用，但土壤中的常量营养元素氮、磷、钾通常不能满足作物生长的需求，需要施用含氮、磷、钾的化肥来补足。施肥不仅能提高土壤肥力，而且也是提高作物单位面积产量的重要措施。化肥是农业生产最基础而且是最重要的物质投入。据联合国粮农组织统计，化肥在对农作物增产的总份额中约占 $40\%\sim60\%$。中国能以占世界 7% 的耕地养活了占世界 22% 的人口，可以说化肥起到举足轻重的作用。化肥的有效组分在水中的溶解度通常是度量化肥有效性的标准，它是指化肥产品中有效营养元素或其氧化物的含量百分率。本项目只是简单地对化肥的作用、分类、主要检测项目和样品制备作一些简要介绍，重点介绍水分和有害杂质的测定，磷肥、氮肥、钾肥和复混肥的分析项目和分析方法。

 学习目标

认知目标

1. 了解肥料的作用和分类；
2. 了解化肥产品的质量检验主要项目和肥料试样的制备；
3. 掌握化学肥料中水分和其他成分含量的测定方法；
4. 了解磷肥中磷的存在形式及各自的提取方法；
5. 掌握磷肥分析项目的测定方法和原理；
6. 了解氮肥中氮的存在形式；
7. 掌握氮肥中各种氮的测定方法和原理；
8. 掌握钾肥中钾含量的测定方法及原理；
9. 了解复混肥料的组成和特点；
10. 掌握复混肥中氯离子和钾含量的测定方法及原理。

情感目标

1. 通过对化肥使用利弊的思考和辩论，培养学生辩证思维能力，树立关注环境、热爱自然的意识；

2. 知道化肥在农业生产中的重要地位，懂得"科学种田，越种越甜"的道理；

3. 通过了解化肥对改善土壤肥力和提高作物产量的作用，体会化学与农业的密切关系，关注与化肥有关的社会问题，初步形成主动参与社会决策的意识；

4. 发展善于合作、勤于思考、严谨求实、勇于创新和实践的科学精神。

技能目标

1. 能采用真空烘箱法、电石法和卡尔·费休法测定肥料中游离水的含量；

2. 能采用适当溶剂和方法提取磷肥中的含磷化合物；

3. 能采用磷钼酸喹啉重量法和容量法测定磷肥中的磷含量；

4. 能采用甲醛法和直接滴定法测定氨态氮的含量；

5. 能采用蒸馏后滴定法测定酰胺态氮的含量；

6. 能采用德瓦达合金还原法测定硝态氮的含量；

7. 能采用四苯硼酸钾重量法和四苯硼酸钠容量法测定钾肥中的钾含量；

8. 能采用火焰光度法测定有机肥料中全钾的含量；

9. 能采用佛尔哈德法测定复混肥中氯离子的含量；

10. 能采用四苯硼酸钾重量法测定复混肥中钾的含量。

 知识准备

一、肥料的作用

作物的生长发育不可缺少的化学元素有16种：碳（C）、氢（H）、氧（O）、氮（N）、磷（P）、钾（K）、钙（Ca）、镁（Mg）、硫（S）、铁（Fe）、锰（Mn）、硼（B）、锌（Zn）、铜（Cu）、钼（Mo）、氯（Cl）。其中碳、氧、氢3中元素需要量最大，其来源是空气和水，通过光合作用而获得。其次，作物需要较大量的是氮、磷、钾等，则需要从土壤中吸收，而土壤里的氮、磷、钾3种元素往往难以满足作物的需要。因此，人们把通过化学方法合成含有氮、磷、钾等营养元素的肥料施入土壤。这种以矿物、空气、水为原料，经化学或机械加工制成的肥料叫做化学肥料，简称化肥。

肥料是以提供植物养分为其主要功能的物质，是促进植物生长，提高农作物产量的重要物质之一。它除了能为农作物的生长提供必需的营养元素外，还能起到调节养料的循环、改良土壤的理化性质，促进农业增产的作用。

大量元素与微量元素在植物的生命活动中各有其独特的作用，不可缺少且彼此不能互相代替。例如，氮是植物叶和茎生长不可缺少的；磷对植物发芽、生根、开花、结果，使籽实饱满起重要作用；钾能使植物茎杆强壮，促进淀粉和糖类的形成，并增强对病害的抵抗力。因此氮、磷、钾被称为肥料三要素。

二、肥料的分类

化肥的品种较多，按来源可分为自然肥料和化学肥料。草木炭、植物腐殖、人畜粪便等为自然肥料；而以矿物、空气、水等为原料，经过化学和机械加工方法制造的是化学肥料。按组成可分为无机肥料和有机肥料；按性质可分为酸性肥料、中性肥料和碱性肥料；按存在状态可分为固体废料和液体肥料；按有效元素可分为氮肥、磷肥、钾肥；按所含营养元素的种类可分为单元肥料和复合肥料；按发挥肥效速率可分为速效肥和缓效肥。近年来又迅速发展起来了一些新型肥料，如叶面肥、微生物肥料等。本项目主要讨论氮肥、磷肥、钾肥和复混肥。

1. 氮肥

氮元素是植物体内蛋白质、核酸和叶绿素的重要组成部分。氮肥能促使作物的茎、叶生长茂盛，叶色浓绿。

根据氮的化合价态，分为铵态氮肥，如硫酸铵（硫铵）；硝酸态氮肥，如硝酸钠；酰胺态氮肥，如尿素；氰氨态氮肥，如氰氨化钙。

2. 磷肥

磷肥能促进作物根系发达，增强抗寒能力，还能促进作物提早成熟，穗粒增多，籽粒饱满。

磷肥可按所含磷酸盐的溶解性分为水溶性磷肥，如过磷酸钙（普钙）、重过磷酸钙（重钙）；弱酸溶性磷肥，如沉淀磷酸钙、钢渣磷肥；难溶性磷肥，如磷矿粉。

3. 钾肥

钾肥能促使作物生长健壮，茎杆粗硬增强对病虫害和倒伏的抵抗能力，并能促进糖分和淀粉的生成。常用的化学钾肥有硫酸钾、氯化钾等。

4. 复混肥料

复混肥料包括复合肥料和掺混肥料。前者是指氮、磷、钾三种养分中，至少有两种养分标明量的仅由化学方法制成的肥料，是复混肥料的一种。如硝酸钾，磷酸氢二铵，磷酸二氢铵等，一种物质里有两种养分。后者是指氮、磷、钾三种养分中，至少有两种养分标明量的由干混方法制成的肥料，是复混肥料的一种。

5. 微量元素肥料

主要有硼肥、锰肥、铜肥、锌肥、钼肥等，试用的量很少。如果植物缺乏这些微量元素，就会影响生长发育，减弱抗病能力。

三、化肥产品的质量检验主要项目

不管是哪一种肥料，最基本的仍是氮、磷、钾和微量元素。化肥产品的质量检验主要有以下几个项目。

1. 有效成分含量的测定

（1）氮肥的有效成分为氮，主要测定氨态氮、硝态氮、有机态氮（酰胺态氮、氰胺态氮）肥中氮的含量，其分析结果以氮元素的质量分数 $w(N)$ 表示。

（2）磷肥的有效成分为磷，主要测定水溶性磷、有效磷的含量，其分析结果以五氧化二磷的质量分数 $w(P_2O_5)$ 表示。

（3）钾肥的有效成分为钾，主要测定有效钾的含量，其分析结果以氧化钾的质量分数 $w(K_2O)$ 表示。

（4）微量元素化肥的有效成分为某元素，分析测定结果用该元素的质量分数来表示。

2. 水分含量的测定

化肥产品主要以固态为主，肥料中水分含量高会使有些固体化肥易黏结成块，给施用时带来困难，有的会水解而损失有效成分，降低肥效。因此，水分含量是化肥产品常需进行测定的项目。其测定方法主要有真空烘箱法、电石法、卡尔-费休法等。

3. 其他成分含量的测定

化肥产品中常含有少量的游离酸和其他杂质，若浓度过高会灼伤农作物、腐蚀产品的包装、使土壤板结等。通常主要测定各类化肥中影响植物生长的成分，如硫酸铵中的游离酸、钾肥中氯化物含量、尿素中的缩二脲含量、碱度、粒度等的测定。

四、肥料的实验室样品制备（GB/T 8571—2008）

本标准规定用缩分、研磨等操作，将取得的原始颗粒肥料样品制备成供分析用的实验室样品。本标准只适用于由化学方法制得的复合肥料或由氮肥、磷肥、钾肥为基础肥料经二次加工制成的复混肥料。

1. 原理

通过缩分器或四分法将样品分成两个相等部分，借弃去部分样品和混合部分样品以将样品缩小至需要量，然后研磨至通过规定的筛孔，以获得均匀的、有代表性的、供分析用的实验室样品（通称试样）。

2. 仪器与设备

（1）格槽缩分器或其他具有相同功效的缩分器。

（2）研磨器或研钵。

（3）分样筛：孔径为 $500\mu m$、$1.00mm$，带底盘和筛盖。

（4）搪瓷盘或铲子：其宽度应和格槽缩分器加料斗宽度相等。

3. 样品缩分操作流程

（1）格槽缩分器缩分法操作流程　将两只接收器分别放在缩分器两侧接收样品的位置。将肥料样品平铺在搪瓷盘（或铲子）内，用两手置样品盘与缩分器加料斗上方，尽可能在中心并成正交位置。弃去一只接收器中的样品，将另一只接收器中的样品返回缩分器中缩分。重复此操作直至获得分析所需的样品量（约1kg）。

注意：① 一定要使肥料连续加入，否则样品将落在某一接收器中，以致得不到等量的、均匀的、有代表性的样品。操作时应将肥料缓缓地加入，使其形成一层薄的物料流，颗粒肥料能垂直地、等量地落入所有的格槽中。

② 如需缩分的原始样品较少，则可将第一次缩分所得的两份样品分别重新缩分至需要的样品量。若

原始样品量大于缩分器容量，则可将样品先分成若干等分，然后一份一份的按上述操作进行缩分，丢弃一只接收器中的样品，将另一只接收器中的样品混合再缩分。缩分操作尽可能快，以免样品失水或吸湿。

（2）四分法缩分操作流程　用铲子或油灰刀将肥料在清洁、干燥、光滑的表面上堆成一圆锥形。压平锥顶，沿互成直角的二直径方向将肥料样品分成四等份移去并弃去对角部分，将留下部分混匀。重复操作直至获得所需的样品量（约 1kg）。

4. 样品制备后的装取与保存

缩分后将混合均匀的样品装入两个清洁、干燥的密封器中密封，贴上标签并标明样品名称、取样日期、取样人姓名、单位（部门）名称、编号。一部分样品作物理分析；另一部分经研磨后作化学分析。一瓶作产品质量分析使用；另一瓶需保存二个月，以备查用。

5. 样品研磨

一瓶样品经多次缩分后取出约 100g，用研磨器或研钵研磨至全部通过 $500\mu m$ 孔径筛，混合均匀，置于洁净、干燥瓶中，做成分分析。（注意：对于潮湿肥料可将孔径放宽至 1.00mm 孔径筛。研磨操作要迅速，以免在研磨过程中失水或吸湿，并要防止样品过热。余下实验室样品供粒度测定。）

为使样品均匀，可将全部研磨后样品放在可折卷的釉光纸片上或光滑油布片上，按不同方向慢慢滚动样品直到充分混匀为止。将样品放入密闭的广口容器中，样品放入后，容器应留有一定空间。密封、贴上标签并标明样品名称、取样日期、制样人姓名、单位名称或编号。

五、水分的测定

水分含量是指固体肥料中的游离水和结晶水，含水量越低越好。应根据固体肥料的受热稳定性、肥料中水分的存在形式，选择合适的分析方法。固体化肥中的水分，通常是指吸附水分，一般用烘干法测定。当化学肥料产品含有其他易挥发组分，在受热时可能会分解挥发，这类化肥产品可选用电石法或卡尔·费休法进行测定。

方案一　真空烘箱法（GB/T 8576—2010）

该法适用于稳定性好的无机化学试剂和有机化学试剂中水分含量的测定（如氯化铵、结晶硝铵、硫酸铵、过磷酸钙、钙镁磷肥、氯化钾等），不适用于受热易发生化学反应的某些化学试剂（如碳酸氢钠、硝酸钾等）。同时，有些试样在加热时失去的是水和挥发性物质的总量，所以该方法测得的水分也称"干燥失重"。

1. 实验原理

在 105～110℃烘箱中，将一定量的试样在恒温干燥箱中烘干至恒重。根据烘干过程中试样减少的质量即可确定试样中水分的含量。

2. 仪器与设备

（1）实验室常用仪器。

（2）电热恒温干燥箱（真空烘箱）：温度可控制在（50±2）℃，真空度可控制在 $6.4×10^4 \sim 7.1×10^4\ Pa$。

（3）电子天平：精确度为 0.0001g。

（4）称量瓶：直径 50mm，高 30mm，具磨口塞。

3. 试样

氯化铵、过磷酸钙、氯化钾等。

4. 实验步骤

（1）样品制备　按《复混肥料实验室样品制备》GB/T 8571—2008 规定制备好实验室样品。

（2）样品称取（干燥前）　在预先干燥并恒重的称量瓶中，称取实验室样品 2g（称准至 0.0002g）。

（3）样品干燥　将称好样品的称量瓶移入已恒温的电热干燥箱中，干燥一定时间或至恒重。

（4）样品称样（干燥后）　取出，稍冷后置于干燥器内，冷却至室温，称量。

5. 结果的计算

试样中水分的含量以质量分数表示，按下式计算：

$$w(H_2O) = \frac{m_1 - m_2}{m} × 100\%$$

式中　m_1——干燥前试样与称量瓶的质量，g；

　　　m_2——干燥后试样与称量瓶的质量，g；

　　　m——试样的质量，g。

6. 水分测定结果的精密度

（1）游离水的质量分数 $w \leqslant 2.0\%$ 时，平行测定结果的绝对值应 $\leqslant 0.20\%$。

（2）游离水的质量分数 $w > 2.0\%$ 时，平行测定结果的绝对值应 $\leqslant 0.30\%$。

方案二　电石法

由于碳酸氢铵的稳定性较差，常温下就有可能发生分解：

$$NH_4HCO_3 \longrightarrow NH_3\uparrow + H_2O + CO_2\uparrow$$

所以测定碳酸氢铵产品的水分含量，不能用烘干法，应采用电石（碳化钙）法。

1. 实验原理

碳酸氢铵试样中的游离水与碳化钙作用，生成乙炔气体：

$$CaC_2 + 2H_2O \longrightarrow Ca(OH)_2 + C_2H_2\uparrow$$

通过测量生成的乙炔气体的体积，即可计算出试样中水分的含量。

2. 仪器与设备

（1）实验室常用仪器。

（2）称量瓶：直径 25mm，高 25mm，具磨口塞。

（3）电子天平：精确度为 0.0001g。

（4）电石法水分测定装置：装置如图 6-1 所示。

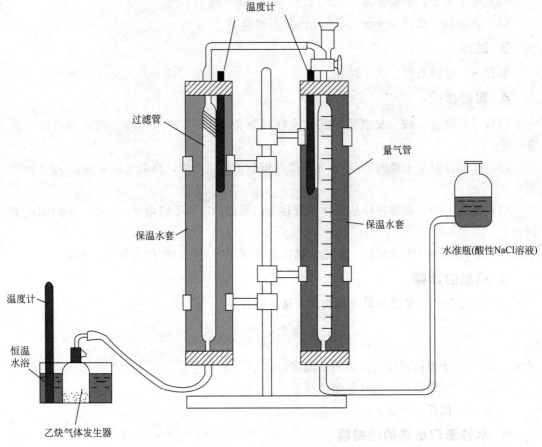

图 6-1　电石法水分测定装置

3. 试剂与试样

（1）电石　全部通过筛孔为 $250\mu m$ 的标准筛。若有结块现象，不得继续使用。

（2）封闭液　在 200mL 氯化钠饱和溶液中，加入 2 滴甲基橙指示剂，用少量盐酸酸化至溶液呈红色。然后通入乙炔气体至饱和。

（3）碳酸氢铵。

4. 实验步骤

（1）检查装置的气密性，升高水准瓶，使量气管充满封闭液，用弹簧夹夹住水准瓶上胶管。

（2）准确称取 1～3g（含水量小于 60mg）的碳酸氢铵试样置于称量瓶中，立即塞好瓶塞。将其放入预先装有约 5g 电石粉的乙炔气体发生器瓶中，将瓶上的橡胶塞塞紧。

（3）打开弹簧夹，使水准瓶液面与量气管液面对齐，读取量气管中封闭液液面的起始读数 V_1。

（4）摇动乙炔气体发生器（注意：在量气管内封闭液液面下降的同时，同步向下移动水准瓶，使水准瓶内液面始终与量气管内液面保持同一水平），直至试样与电石粉充分混合并无结块现象为止。读取量气管中封闭液液面的最终读数 V_2。

（5）记录量气管水夹套管中温度计所示的温度值 t 和测定环境的大气压力 p。

5. 结果的计算

试样中水分的含量以质量分数（％）表示，按下式计算：

$$w(H_2O)=\dfrac{\dfrac{V_2-V_1}{22.4\times1000}\times\dfrac{(p-p_w)\times273}{101.3\times(273+t)}\times2\times18}{m}\times100$$

式中　V_1——反应前量气管的体积，mL；

　　　V_2——反应后量气管的体积，mL；

　　　m——试样的质量，g；

　　　p——测定时的大气压力，kPa；

　　　p_w——测定时的封闭液的蒸汽压力，kPa；

　　　t——测定时的温度，℃；

　　22.4——标准状况下 1mol 乙炔的体积，L/mol；

　　　18——水的摩尔质量，g/mol；

　　　2——乙炔换算为水的系数。

6. 水分测定结果的精密度

（1）当水分质量分数小于 0.5％时，误差不得大于 0.05％。

（2）当水分质量分数大于 0.5％时，误差不得大于 0.2％。

方案三　卡尔·费休法（GB/T 8577 —2010 仲裁法）

卡尔·费休法是一种在非水溶液中氧化还原滴定测定水分的化学分析法，是一种快速、准确的水分测定法，适用于部分固体和液体有机试剂中游离水的测定，不适用于能与卡尔·费休试剂的主要成分反应并生成水的样品以及能还原碘或氧化碘氧化物的样品中水分的测定。

1. 实验原理

试样中的游离水能与卡尔·费休试剂（碘、二氧化硫、吡啶和甲醇组成的溶液）定量反应，反应式如下：

$$H_2O+I_2+SO_2+3C_5H_5N \longrightarrow 2C_5H_5N\cdot HI+C_5H_5N\cdot SO_3$$

$$C_5H_5N\cdot SO_3+CH_3OH \longrightarrow C_5H_5NH\cdot OSO_2CH_3$$

以适当的溶剂溶解样品（或萃取出样品中的水分），用已知浓度的卡尔·费休试剂滴定，即可测出样品中水分的含量。

2. 仪器与设备

（1）实验室常用仪器。

（2）卡尔·费休水分测定仪　装置如图 6-2 所示。

（3）离心机　医用，0～4000r/min。

图 6-2　全自动卡尔·费休水分测定仪

（4）微量注射器　10μL。

（5）注射器　5mL、50mL。

（6）5A 分子筛　直径 3~5mm 颗粒，用作干燥剂。使用前，于 500℃下焙烧 2h 并在内装分子筛的干燥器中冷却。使用过的分子筛用水洗涤、烘干、焙烧再生后备用。

3. 试剂与试样

（1）甲醇　水含量（质量分数）≤0.05%，如试剂中含水量（质量分数）＞0.05%，于 500mL 甲醇中加入 5A 分子筛约 50g，塞上瓶塞，放置过夜，吸取上层清液使用。

（2）二氧六环　经脱水处理，方法同甲醇。

（3）无水乙醇　经脱水处理，方法同甲醇。

（4）卡尔·费休试剂　按 GB/T 6283 配制。

（5）尿素。

4. 实验步骤

（1）样品制备　按《复混肥料实验室样品制备》GB/T 8571—2008 规定制备好实验室样品。

（2）卡尔·费休试剂的滴定度测定　用微量注射器吸取 10μL 蒸馏水至卡尔·费休测定仪的滴定杯中，用卡尔·费休试剂滴定至终点，计算卡尔·费休试剂对水的滴定度。

（3）样品水分的测定　用称量瓶准确称取试样 1.5~2.5g（含水量小于 150mg），立即盖上瓶塞，用注射器注入 50.00mL 二氧六环（除仲裁必须使用外，一般情况下，可用无水乙醇或甲醇代替），摇动或震荡数分钟，静置 15min，待试样完全溶解后，用卡尔·费休试剂滴定至终点，记录滴定体积 V。

5. 结果的计算

试样中水分的含量以质量分数表示，按下式计算：

$$w(H_2O) = \frac{TV \times 10^{-3}}{m} \times 100\%$$

式中　T——卡尔·费休试剂对水的滴定度，mg/mL；

　　　V——卡尔·费休试剂消耗的体积，mL；

　　　m——试样的质量，g。

6. 水分测定结果的精密度

（1）当水分质量分数小于等于 2.0% 时，平行测定结果的绝对差值不得大于 0.30%。

（2）当水分质量分数大于 2.0% 时，平行测定结果的绝对差值不得大于 0.40%。

六、其他成分含量的测定

1. 粒度的测定

粒度是指固体物质颗粒的大小，也称粒径。不同产品有不同的粒径要求，肥料产品为了提高肥料的长久性和缓释性，常要求有一定的粒径。

（1）实验原理　筛分法是利用一系列筛孔尺寸不同的筛网来测定颗粒粒度及其粒度分布，将筛子按孔径大小依次叠好，把被测试样从顶上倒入，盖好筛盖，置于振筛器上振荡，使试样通过一系列的筛网，然后在各层筛网上收集，将试样分成不同粒度颗粒，称量，计算百分率。

（2）仪器与设备

① 实验室常用仪器。

② 试验筛　孔径为 1.00mm、4.75mm 或 3.35mm、5.60mm 的筛子，附盖和底盘。

③ 电子天平　精确度为 0.0001g。

④ 振筛机。

（3）试样　尿素。

（4）实验步骤　根据产品颗粒的大小，将筛子按 1.00mm、4.75mm 或 3.35mm、5.60mm 依次叠好装上底盘，称取按 GB 15063 中规定缩分的实验室样品约 200g（精确至 0.0002g），分别置于 4.75mm 或 5.60mm 筛子上，盖上筛盖，置于振筛机上，夹紧筛盖，振荡 5min，或进行人工筛分。称量 1.00～4.75mm 或 3.35～5.60mm 之间的试料（精确至 0.0002g），夹在筛孔中的试料作不通过此筛处理。

（5）结果计算　试样的粒度 D，以粒径 1.00～4.75mm 或 3.35～5.60mm 的试料占全部试料的质量分数计，按下式计算：

$$D = \frac{m_1}{m} \times 100\%$$

式中　m_1——1.00～4.75mm 或 3.35～5.60mm 之间的试料质量，g；

　　　m——试料总质量，g。

2. 游离酸的测定

（1）游离硫酸（或盐酸或硝酸）的测定——碱量法

① 基本原理 试样中游离酸以甲基红为指示剂，用标准碱液滴定至溶液由红变黄（pH 约为 6.2）即为终点，从所消耗碱液的用量计算出游离酸的含量。

② 方法步骤 称取约 25g 试样，精确至 0.0002g，溶解于水中，移入 250mL 容量瓶，用水稀释至刻度，充分摇匀，如试液呈浑浊或含有不溶物，干过滤。

准确吸取 100mL 溶液或滤液放入 250mL 锥形瓶中，加 3 滴甲基红指示剂（1g/L），逐滴加入氢氧化钠标准溶液（0.1mol/L）直至溶液呈黄色为止。

注意：甲基红指示剂加入后，如无红色出现，证明试样属于中性或者酸性很小，这时可增加试样用量再进行试验。与试样同时进行空白试验。

（2）游离磷酸的测定——碱量法

① 基本原理 磷肥在水溶液中析出的游离磷酸，以溴甲酚绿作指示剂，用标准碱液中和，当溶液的 pH 值达到 4.5 时，根据所用碱标准溶液的用量，计算游离磷酸的含量。

② 分析步骤 称取约 5g 试样，精确至 0.0002g，置于 500mL 容量瓶中，加入 400mL 水，振摇 0.5h，然后用水稀释至刻度，混匀，干过滤。

准确吸取 100mL 上述滤液于 250mL 烧杯内，加入 50mL 水和 0.5mL 溴甲酚绿指示剂（1g/L），用氢氧化钠标准溶液（0.1mol/L）滴定，直至试样溶液颜色与缓冲溶液颜色一致，或用 pH 计指示滴定至 pH 值为 4.5。与试样同时进行空白试验。

（3）结果的计算 试样中游离酸的含量以质量分数（%）表示，按下式计算：

$$游离硫酸(H_2SO_4\%) = \frac{cV \times 0.04904}{m} \times 100$$

$$游离硝酸(HNO_3\%) = \frac{cV \times 0.06302}{m} \times 100$$

$$游离盐酸(HCl\%) = \frac{cV \times 0.03647}{m} \times 100$$

$$游离磷酸(P_2O_5\%) = \frac{cV \times 0.07098}{m} \times 100$$

式中 V——滴定消耗氢氧化钠标准溶液的体积，mL；

c——氢氧化钠标准溶液的浓度，mol/L；

0.04904——与 1.00mL 氢氧化钠标准溶液 $[c(NaOH) = 1.0000mol/L]$ 相当的以克表示的硫酸（H_2SO_4）的质量；

0.06302——与 1.00mL 氢氧化钠标准溶液 $[c(NaOH) = 1.0000mol/L]$ 相当的以克表示的硝酸（HNO_3）的质量；

0.03647——与 1.00mL 氢氧化钠标准溶液 $[c(NaOH) = 1.0000mol/L]$ 相当的以克表示的盐酸（HCl）的质量；

0.07098——与 1.00mL 氢氧化钠标准溶液 $[c(NaOH) = 1.0000mol/L]$ 相当的以克表示的五氧化二磷（$1/2P_2O_5$）的质量；

m——滴定时的试样质量，g。

3. 尿素中缩二脲的测定

缩二脲是尿素生产过程中，在高温下由尿素缩合而成的对作物有害的成分，缩二脲含量高的尿素不能作为苗肥，也不能用于叶面喷施。因此在尿素品质鉴定中是一个重要的项目。

（1）适用范围 本方法适用于由氨和二氧化碳合成制得的工、农业用尿素中缩二脲含量的测定。

（2）方法原理 缩二脲（$C_2H_5O_2N_3$）在硫酸铜、酒石酸钾钠的碱性溶液中生成紫红色配合物，颜色深浅与缩二脲含量成正比，在波长 550nm 处用分光光度计测定其吸光度。反应式如下：

$$2(NH_2CO)_2NH + CuSO_4 \longrightarrow Cu[(NH_2CO)_2NH]_2SO_4$$

（3）仪器与设备

① 实验室常用仪器。

② 水浴 30℃±5℃。

③ 紫外-可见分光光度计 带有 3cm 的吸收池。

④ 电子天平 精确度为 0.0001g。

（4）试剂与试样

① 硫酸铜溶液（$CuSO_4 \cdot 5H_2O$） 15g/L。

② 酒石酸钾钠碱性溶液（$NaKC_4H_4O_6 \cdot 4H_2O$） 50g/L。

③ 氨水溶液 100g/L。

④ 丙酮溶液 GB686。

⑤ 硫酸溶液 0.1mol/L。

⑥ 氢氧化钠溶液 0.1mol/L。

⑦ 盐酸溶液 1mol/L。

⑧ 缩二脲标准溶液（$NH_2CONHCONH_2$） 2g/L。（先用氨水洗涤缩二脲，然后用水洗涤，再用丙酮洗涤以除去水，最后于105℃干燥箱中干燥。准确称取缩二脲1g，溶于450mL 水中，用 H_2SO_4 或 NaOH 溶液调节至 pH＝7，移入500mL 容量瓶中，稀释至刻度，摇匀。）

⑨ 尿素。

（5）分析步骤

① 标准比色溶液的制备 按表 6-1 所示，将缩二脲标准溶液依次分别注入八个100mL 容量瓶中。

表 6-1 缩二脲标准溶液加入量

缩二脲标准溶液体积/mL	缩二脲的对应量/mg	缩二脲标准溶液体积/mL	缩二脲的对应量/mg
0.00	0.00	15.00	30.00
2.50	5.00	20.00	40.00
5.00	10.00	25.00	50.00
10.00	20.00	30.00	60.00

每个容量瓶用水稀释至约 50mL，然后依次加入 20.00mL 酒石酸钾钠碱性溶液和 20.00mL 硫酸铜溶液，摇匀，稀释至刻度，把容量瓶浸入（30±5）℃的水浴中约 20min，不时摇动。

② 吸光度测定　在 30min 内，以缩二脲为零的溶液作为参比溶液，在波长 550nm 处，选择 3cm 的吸收池，用分光光度计分别测定标准比色溶液的吸光度。

③ 标准曲线的绘制　以 100mL 标准比色溶液中所含缩二脲的质量（mg）为横坐标，相应的吸光度为纵坐标作图，或求线性回归方程。

④ 试液制备　根据尿素中缩二脲的不同含量，按表 6-2 确定称样量后称样，准确至 0.0002g。然后将称好的样品仔细转移至 100mL 容量瓶中，加少量水溶解（加水量不得大于 50mL），放置至室温，依次加入 20.00mL 酒石酸钾钠碱性溶液和 20.00mL 硫酸铜溶液，摇匀，稀释至刻度，将容量瓶浸入 30℃±5℃的水浴中约 20min，不时摇动。

表 6-2　不同缩二脲含量称取试样量

缩二脲(X)/%	$X \leqslant 0.3$	$0.3 < X \leqslant 0.4$	$0.4 < X \leqslant 1.0$	$X > 1.0$
称取试料量/g	10	7	5	3

⑤ 空白试验　按上述操作步骤进行空白试验，除不加试样外，操作步骤和应用的试剂与测定时相同。

⑥ 吸光度测定　与标准曲线绘制步骤相同，对试液和空白试验溶液进行吸光度的测定。

⑦ 注意事项　如果试液有色或浑浊有色，除按上述步骤测定吸光度外，另于二个 100mL 容量瓶中，各加入 20.00mL 酒石酸钾钠碱性溶液，其中一个加入与显色时相同体积的试样，将溶液用水稀释至刻度，摇匀。以不含试样的试液作为参比溶液，用测定时的同样条件测定另一份溶液的吸光度，在计算时扣除之。

如果试液只是浑浊，则加入 0.30mL 盐酸溶液 [$c(HCl)=1mol/L$]，剧烈摇动，用中速滤纸过滤，用少量水洗涤，将滤液和洗涤液定量收集于容量瓶中，然后按试液的制备进行操作。

(6) 结果的计算　从标准曲线查出所测吸光度对应的缩二脲的质量或由曲线系数求出缩二脲的质量。

试样中缩二脲的含量以质量分数（%）表示，按下式计算：

$$X = \frac{(m_1 - m_2) \times 10^{-3}}{m} \times 100 = \frac{m_1 - m_2}{m \times 10}$$

式中　m_1——试料中测得缩二脲的质量，mg；

m_2——空白试验所测得的缩二脲的质量，mg；

m——试样的质量，g。

(7) 允许差

① 平行测定结果的绝对差值不大于 0.05%。

② 不同实验室测定结果的绝对差值不大于 0.08%。

任务一　磷肥分析

任务目标

1. 了解磷肥中磷的存在形式。
2. 了解磷肥试样溶液的制备方法。
3. 了解磷肥中磷的提取方法。
4. 能采用适当溶剂和方法提取磷肥中的含磷化合物。
5. 掌握磷肥分析项目的测定方法和原理。
6. 能采用磷钼酸喹啉重量法和容量法测定磷肥中的磷含量。

任务介绍

磷肥包括自然磷肥和化学磷肥，它的主要成分是磷酸的钙盐，有的还含有游离磷酸。磷肥的组成比较复杂，一种肥料中常同时含有不同形式的磷化合物，根据磷化合物性质不同，大致可以分为水溶性磷、弱酸溶性磷和难溶性磷。在有效磷的测定中，不同性质的磷肥其浸提剂的性质和浸提方法均有规定，必须严格按照规定的溶剂、规格和操作规程进行，不然对最后测定结果会造成很大的差别。肥料全磷测定样品的分解，用强酸如盐酸、王水或硝酸处理，使难分解的磷进入溶液，以测定其全磷的含量。溶液中磷的测定可根据设备条件选用磷钼酸喹啉重量法和磷钼酸喹啉容量法等进行测定。

任务解析

通过本次任务的学习，让学生了解磷肥中磷的存在形式、磷肥试样溶液的制备方法、磷肥中磷的提取方法，掌握磷肥分析项目的测定方法和原理。任务的重点和难点在于能采用适当溶剂和方法提取磷肥中的含磷化合物，能采用磷钼酸喹啉重量法和容量法测定磷肥中的磷含量。教学中利用创设问题情境，引导学生联系生活实际，阅读整理资料，交流探讨问题，主动积极探究，形成一些观念。教师宏观指导时间分配和评议尺度，做到把时间、过程、方法留给学生。学生在交流探讨与实验探究中，获取基础知识，训练基本技能，同时获得相关体验。

任务实施

含磷的肥料称为磷肥。磷肥包括自然磷肥和化学磷肥。化学磷肥主要是以自然矿石为原料，经过化学加工处理的含磷肥料。根据磷肥中磷化合物溶解度的大小和作物吸收的难易，分为水溶性磷、有效磷、难溶性磷三类。能被植物吸收利用的称为有效磷；磷肥中所有磷化合物的磷量总和称之为总磷，一种磷肥中各种磷化合物都不同程度地存在。

一、磷肥中的含磷化合物及其提取

磷肥的组成比较复杂，一种肥料中常同时含有不同形式磷化合物，根据磷化合物性质不同，大致可以分为以下三类。磷肥的主要成分是磷酸的钙盐，有的还含有游离磷酸。

1. 水溶性磷化合物及其提取

水溶性磷化合物是指可以溶解于水的含磷化合物。主要包括磷酸、磷酸二氢钙、过磷酸钙、重过磷酸钙等。这些磷肥能溶于水，易被作物吸收和利用，肥效发挥迅速，但是在土壤中很不稳定，易转变为难溶性磷酸盐，降低肥效。可以用水及柠檬酸铵溶液将水溶性磷提取出来。

称取含有 100～180mg 五氧化二磷的制备试样（精确至 0.0002g），置于 75mL 的瓷蒸发皿中，加少量水润湿，研磨，再加约 25mL 水研磨，将清液倾注于预先加入 5mL 硝酸溶液的容量瓶中。

继续用水研磨三次，每次用水约 25mL，然后将水不溶物转移到中速定性滤纸上，并用水洗涤水不溶物，最后用水稀释到刻度，混匀。得到的试液供测定水溶性磷用。

用水作抽取剂时，在抽取操作中，水的用量与温度、抽取的时间与次数都将影响水溶性磷的抽取效果。因此，要严格抽取过程中的操作，严格按规定进行。

2. 弱酸溶性磷化合物及其提取

弱酸溶性磷化合物是指能被植物根部吸收利用的含磷化合物。主要包括结晶磷酸氢钙、偏磷酸钙、磷酸四钙等。该类磷肥中含有不溶于水，但能被作物根部分泌的弱酸所溶解的磷化合物，在逐步溶解的过程中能被作物吸收利用。可用中性柠檬酸铵溶液或柠檬酸溶液提取。

称取含有 100～180mg 五氧化二磷的制备试样（精确至 0.0002g），置于 250mL 容量瓶中，加入 150mL EDTA 溶液，塞紧瓶塞，摇动容量瓶使试样分散于溶液中，置于 60℃±2℃的恒温水浴振荡器中，保温振荡 1h（振荡频率以容量瓶内试样能自由翻动即可）。然后取出容量瓶，冷却至室温，用水稀释至刻度，混匀。干过滤，弃去最初部分滤液。得到的试液供测定有效磷用。

3. 难溶性磷化合物

难溶性磷化合物是指难溶于水又难溶于弱酸的磷化合物，主要包括磷酸三钙、磷酸铁、磷酸铝等。磷矿石几乎全部是难溶性磷化合物。化学磷肥中也常含有未转化的难溶性磷化合物。这类肥料只能溶于强酸，大多数作物不能吸收利用。可用无机强酸或其混合物如王水等来处理。

二、磷肥试样溶液的制备

所有磷肥的测定方法原则上说都是一样的，不同的是由于它们含有不同的磷化合物，因而在制备分析试液时有所不同的方法。通常情况下，难溶性磷化合物可用强酸分解，也可用碱熔法进行分解，而测定有效磷的试样溶液，应视具体情况分别选用适当的溶剂。我们就以过磷酸钙、重过磷酸钙为例。

由于此类磷肥以含水溶性磷化合物为主，主要是 H_3PO_4 和 $Ca(H_2PO_4)_2$，以及少量可溶于氨性柠檬酸铵的 $CaHPO_4 \cdot 2H_2O$。在磷酸或磷酸二氢钙存在时，氨性柠檬酸铵溶液的酸性增强，萃取能力增大，可能溶解其他非有效的含磷化合物，所以必须先用水溶性磷化合物，经研磨、澄清、过滤，残渣再用柠檬酸铵的氨溶液萃取，然后合并两种萃取液，作为有效磷分析试液。

$$CaHPO_4 + (NH_4)_3C_6H_5O_7 + NH_3 \cdot H_2O \longrightarrow (NH_4)_3PO_4 + CaNH_4C_6H_5O_7 + H_2O$$

三、磷肥中磷含量的测定

在磷肥产品质量检验中，依据对象及目的的不同，常分别测定有效磷或总磷。测定时不同产品依据不同的方法制得含磷的分析试液，再用磷钼酸喹啉重量法或容量法测定样品含磷量。

其中磷钼酸喹啉重量法具有测定结果准确的特点，是仲裁分析法，但通常所花时间长，操作过程较为繁琐。而采用磷钼酸喹啉容量法，具有测定速度快的优点，但成本高，准确度也不如重量法，所以在实际工作中应用较少。

方案一 磷钼酸喹啉重量法（GB 21634—2008）

本标准适用于重过磷酸钙中总磷和有效磷含量的测定。重过磷酸钙质量标准见表6-3。

表 6-3 重过磷酸钙质量标准 单位:%

（一）粉状重过磷酸钙

项　　目		优等品	一等品	合格品
总磷(以 P_2O_5 计)的质量分数	≥	44.0	42.0	40.0
有效磷(以 P_2O_5 计)的质量分数	≥	42.0	40.0	38.0
水溶性酸(以 P_2O_5 计)的质量分数	≥	36.0	34.0	32.0
游离酸(以 P_2O_5 计)质量分数	≤	7.0		
游离水的质量分数	≤	8.0		

（二）粒状重过磷酸钙

项　　目		优等品	一等品	合格品
总磷(以 P_2O_5 计)的质量分数	≥	46.0	44.0	42.0
有效磷(以 P_2O_5 计)的质量分数	≥	44.0	42.0	40.0
水溶性酸(以 P_2O_5 计)的质量分数	≥	38.0	36.0	35.0
游离酸(以 P_2O_5 计)质量分数	≤	5.0		
游离水的质量分数	≤	4.0		

1. 实验原理

用盐酸和硝酸的混合酸提取试样中的总磷，用水提取水溶性磷，用水与乙二胺四乙酸二钠溶液提取有效磷，提取液中的正磷酸根离子在酸性介质中与喹钼柠酮试剂生成黄色磷钼酸喹啉沉淀，分别用磷钼酸喹啉重量法测定磷的含量。

$$H_3PO_4 + 12MoO_4^{2-} + 3C_9H_7N + 24H^+ \longrightarrow (C_9H_7N)_3H_3(PO_4 \cdot 12MoO_3) \cdot H_2O \downarrow + 11H_2O$$

2. 仪器与设备

（1）实验室常用仪器。

（2）玻璃坩埚式滤器　4号（孔径 $4 \sim 16\mu m$），容积 30mL。

（3）恒温干燥箱　能控制温度在（180 ± 2）℃。

（4）恒温水浴振荡器　能控制温度在（65 ± 1）℃的往复式振荡器或回旋式振荡器。

（5）电子天平　精确度为 0.0001g。

3. 试剂与试样

（1）硝酸溶液　（1+1）。

（2）混合酸　在 1 体积盐酸中，加入 3 体积硝酸，以 4 体积水稀释后混匀。

（3）乙二胺四乙酸二钠溶液（37.5g/L）　称取 37.5g 乙二胺四乙酸二钠于 1000mL 烧杯中，加水溶解，用水稀释至 1000mL，混匀。

（4）喹钼柠酮试剂。

① 溶液Ⅰ　溶解 70g 钼酸钠二水合物于 150mL 水中。

② 溶液Ⅱ　溶解 60g 柠檬酸一水物于 85mL 硝酸和 150mL 水的混合液中，冷却。

③ 溶液Ⅲ　在不断搅拌下，缓慢地将溶液Ⅰ加到溶液Ⅱ中。

④ 溶液Ⅳ　溶解 5mL 喹啉于 35mL 硝酸和 100mL 水的混合液中。

⑤ 溶液Ⅴ　缓慢地将溶液Ⅳ加到溶液Ⅲ中，混合后放置 24h 再过滤，滤液加入 280mL 丙酮，用水稀释至 1L，混匀，贮存于聚乙烯瓶中，放于避光、避热处。

（5）重过磷酸钙。

4. 实验步骤

（1）总磷的测定　称取约 1g 试样（精确至 0.0002g），置于 200mL 烧杯中，加入 25mL 混合酸，盖上表面皿，加热至沸腾并保持微沸 30min，加入 50mL 水，再加热煮沸，保持微沸 15min，冷却，移入 250mL 量瓶中，用水稀释至刻度，混匀，干过滤，弃去最初滤液，所得试液供测定总磷用。

用单标线吸管吸取 10mL 试液，移入 400mL 烧杯中，加入 10mL 硝酸溶液，用水稀释至约 100mL。加热至沸，取下，加入 35mL 喹钼柠酮试剂，盖上表面皿，在电热板上微沸 1min 或置于近沸水浴中保温至沉淀分层，取出烧杯，冷却至室温。冷却过程中转动烧杯 2~3 次。

用预先在（180 ± 2）℃干燥箱内干燥至恒重的玻璃坩埚式滤器过滤，先将上层清液滤完，然后用倾泻法洗涤沉淀 1~2 次，每次用约 25mL 水，将沉淀移入滤器中，再用水洗涤，洗涤所用的水共计在 125~150mL，将沉淀连同滤器置于（180 ± 2）℃干燥箱内，待温度达到 180℃后，干燥 45min，取出移入干燥器内，冷却至室温，称量。

（2）水溶性磷的测定　称取约 1g 试样（精确至 0.0002g），置于 75mL 容积的瓷蒸发皿或玻璃研钵中，加入 25mL 水研磨，静置后，将清液倾注过滤于预先加入 5mL 硝酸溶液的 500mL 量瓶中，继续用水研磨三次，每次用 25mL 水，然后将水不溶性磷残渣转移至滤纸上，并用水洗涤至滤液达 400mL 左右，洗涤时应注意水滤尽后再继续加水。用水稀释至刻度，混匀。即为试液 A，供测定水溶性磷和有效磷用。

用单标线吸管吸取试液 A 20mL，移入 400mL 烧杯中，其余步骤同总磷的测定。

（3）有效磷的测定　将水溶性磷测定中的水不溶性磷残渣连同滤纸一起转移至250mL 量瓶中，加入 150mL 预先加热到 65℃的乙二胺四乙酸二钠溶液，塞紧瓶塞，摇动量瓶使滤纸破碎，试料分散于溶液中，置于（65±1）℃的恒温水浴振荡器中，保温震荡1h（振荡频率以量瓶内溶液能翻动，滤纸逐渐为絮状为宜）。取出量瓶，冷却至室温用水稀释至刻度，摇匀。干过滤，弃去最初滤液，所得试液 B 供测定有效磷含磷用。

用单标线吸管吸取 20mL 试液 A 和 10mL 试液 B，移入 400mL 烧杯中，其余步骤同总磷的测定。

（4）空白试验　除不加试样外，须与试样测定采用完全相同的试剂、用量和分析步骤，进行平行操作。

5. 结果的计算

总磷、水溶性磷与有效磷，分别以五氧化二磷（P_2O_5）的质量分数计，按下式计算：

$$w = \frac{(m_1 - m_2)F \times 0.03207}{m_0} \times 100\%$$

式中　m_1——试样测定所得磷钼酸喹啉沉淀的质量，g；

$\qquad$ m_2——空白试验所得磷钼酸喹啉沉淀的质量，g；

$\qquad$ m_0——试样的质量，g；

$\qquad$ F——试液定容体积与提取液吸取体积之比；

0.03207——磷钼酸喹啉质量换算为五氧化二磷质量的系数。

6. 测定结果的精密度

（1）平行测定结果的绝对差值不大于 0.20%。

（2）不同实验室测定结果的绝对差值不大于 0.40%。

方案二　磷钼酸喹啉容量法（GB 20413—2006）

本标准适用于以工业硫酸处理磷矿制成的农业用疏松状过磷酸钙。过磷酸钙质量标准见表 6-4。

表 6-4　过磷酸钙质量标准　　　　　　　　单位：%

项　　目		优等品	一等品	合格品	
				Ⅰ	Ⅱ
（一）疏松状过磷酸钙					
有效 P_2O_5 质量分数	≥	18.0	16.0	14.0	12.0
游离酸（以 P_2O_5 计）质量分数	≤	5.5	5.5	5.5	5.5
水分质量分数	≤	12.0	14.0	15.0	15.0

（二）粒状过磷酸钙

项　　目	优等品	一等品	合格品	
			I	II
有效 P_2O_5 质量分数 ≥	18.0	16.0	14.0	12.0
游离酸（以 P_2O_5 计）质量分数 ≤	5.5	5.5	5.5	5.5
水分质量分数 ≤	10.0			
粒度（1.00～4.75mm 或 3.35～5.60mm）的质量分数 ≥	80			

1. 实验原理

用水、碱性柠檬酸铵溶液提取过磷酸钙中的有效磷，提取液中正磷酸根离子在酸性介质中与喹钼柠酮试剂生成黄色磷钼酸喹啉沉淀，过滤、洗净所吸附的酸液后将沉淀溶于过量的碱标准滴定溶液中，再用酸标准滴定溶液回滴。根据所用酸、碱溶液的体积换算出五氧化二磷的含量。

$$H_3PO_4 + 12MoO_4^{2-} + 3C_9H_7N + 24H^+ \longrightarrow (C_9H_7N)_3H_3(PO_4 \cdot 12MoO_3) \cdot H_2O \downarrow + 11H_2O$$
$$(C_9H_7N)_3H_3(PO_4 \cdot 12MoO_3) \cdot H_2O + 26NaOH \longrightarrow Na_2HPO_4 + 12Na_2MoO_4 + 3C_9H_7N + 15H_2O$$

$$NaOH（剩余） + HCl \longrightarrow NaCl + H_2O$$

2. 仪器与设备

（1）实验室常用仪器。

（2）恒温水浴：能控制温度（60±1）℃。

（3）电子天平：精确度为 0.0001g。

3. 试剂与试样

（1）硝酸溶液　（1+1）。

（2）喹钼柠酮试剂。

（3）碱性柠檬酸铵溶液　1L 溶液中应含 173g 柠檬酸一水物和 42g 以氨形式存在的氮，相当于 51g 氨。

（4）氢氧化钠溶液　4g/L。

（5）氢氧化钠标准滴定溶液　$c(NaOH) = 0.5mol/L$。

（6）盐酸标准滴定溶液　$c(HCl) = 0.25mol/L$。

（7）混合指示液

① 指示液 a　溶解 0.1g 百里香酚蓝于 2.20mL 氢氧化钠溶液中，用 50%（体积分数）乙醇溶液稀释至 100mL。

② 指示液 b　溶解 0.1g 酚酞于 100mL60%（体积分数）乙醇溶液中。

取 3 份体积指示液 a 和 2 份体积指示液 b，混合均匀。

（8）过磷酸钙。

4. 实验步骤

（1）试样制备　过磷酸钙肥料按批检验，按要求采样后，将每批所选取的样品合并在一起充分混匀，粉碎至不超过 2mm，混合均匀，用四分法缩分至 100g 左右，置于洁净、干燥瓶中，作质量分析之用。

（2）有效磷的提取　称取 2～2.5g 试样（精确至 0.0002g），置于 75mL 蒸发皿中，用玻璃研棒将试样研碎，加 25mL 水重新研磨，将上层清液倾注过滤于预先加入 5mL 硝酸溶液的 250mL 量瓶中。继续用水研磨 3 次，每次用 25mL 水，然后将水不溶物转移到滤纸上，并用水洗涤水不溶物至量瓶中溶液体积约为 200mL 为止，用水稀释至刻度，混匀。此为溶液 A。

将含水不溶物的滤纸转移到另一个 250mL 容量瓶中，加入 100mL 碱性柠檬酸铵溶液，盖上瓶塞，振荡到滤纸碎成纤维状态为止。将量瓶置于 （60±1）℃ 恒温水浴中保持 1h。开始时每隔 5min 振荡量瓶一次，振荡三次后再每隔 15min 振荡一次，取出量瓶，冷却至室温，用水稀释至刻度，混匀。用干燥的器皿和滤纸过滤，弃去最初几毫升滤液，所得滤液为溶液 B。

（3）有效磷的测定　用单标线吸管分别吸取 10～20mL 溶液 A 和溶液 B（含 $P_2O_5 \leqslant$ 20mg）放于 300mL 烧杯中，加入 10mL 硝酸溶液，用水稀释至 100mL，盖上表面皿，预热近沸，加入 35mL 喹钼柠酮试剂，微沸 1min 或置于 80℃ 左右水浴中保温至沉淀分层，冷却至室温，冷却过程中转动烧杯 3～4 次。

用滤器过滤（滤器内可衬滤纸、脱脂棉等），先将上层清液滤完，然后以倾泻法洗涤沉淀 3～4 次，每次用水约 25mL。将沉淀移入滤器中，再用水洗净沉淀直至取滤液约 20mL，加一滴混合指示液和 2～3 滴氢氧化钠溶液至滤液呈紫色为止。将沉淀连同滤纸或脱脂棉移入原烧杯中，加入氢氧化钠标准溶液，充分搅拌以溶解沉淀，然后再过量 8～10mL，加入 100mL 无二氧化碳的水，搅匀溶液，加入 1mL 混合指示液，用盐酸标准滴定溶液滴定至溶液从紫色经灰蓝色转变为黄色即为终点。

（4）空白试验　除不加试样外，按照上述测定步骤，使用相同试剂、溶液、用量进行。

5. 结果的计算

以五氧化二磷（P_2O_5）的质量分数表示的有效磷含量按下式计算：

$$X = \frac{[c_1(V_1 - V_3) - c_2(V_2 - V_4)] \times 0.002730}{m \times \dfrac{V}{V_0}} \times 100$$

式中　V——吸取试液（溶液 A 和溶液 B）的总体积，mL；

　　　　V_0——试样溶液（溶液 A 和溶液 B）的总体积，mL；

　　　　V_1——消耗氢氧化钠标准滴定溶液的体积，mL；

　　　　V_2——消耗盐酸标准滴定溶液的体积，mL；

　　　　V_3——空白试验消耗氢氧化钠标准滴定溶液的体积，mL；

　　　　V_4——空白试验消耗盐酸标准滴定溶液的体积，mL；

　　　　c_1——氢氧化钠标准滴定溶液浓度，mol/L；

　　　　c_2——盐酸标准滴定溶液浓度，mol/L；

　　　　m——试样质量，g；

0.002730——与 1.00mL 氢氧化钠标准滴定溶液 $[c(NaOH)=1.0000mol/L]$ 相当的以克表示的五氧化二磷的质量。

6. 允许差

（1）平行测定结果的绝对差值不大于 0.20％。

（2）不同实验室测定结果的绝对差值不大于 0.30％。

 任务评价

任务考核评价表

评价项目	评价标准	评价方式			权重	得分小计	总分
		自我评价	小组评价	教师评价			
		0.1	0.2	0.7			
职业素质	1. 遵守课堂纪律和实验室管理规定，严格操作程序。 2. 按时完成项目任务。 3. 学习积极主动，勤学好问				0.2		
专业能力	1. 准备充分，信息量大。 2. 内容正确，条理清晰。 3. 讲解清楚，表达流利。 4. 实验操作规范，结果准确可靠				0.7		
协作能力	具有良好的团队合作意识				0.1		
教师综合评价							

 拓展提高

喹钼柠酮沉淀剂的组成与作用

喹钼柠酮试剂由喹啉、钼酸钠、柠檬酸和丙酮多种物质组成。

丙酮有两个作用：一是为了进一步消除铵盐的干扰；二是改善沉淀的物理性能，使沉淀的颗粒粗大、疏松、不黏附杯壁，易于过滤洗涤。

柠檬酸的作用有三个：一是阻止硅形成硅钼酸喹啉黄色沉淀，以消除硅对磷测定的干扰。这主要是由于有柠檬酸存在时，柠檬酸与钼酸盐能生成电离度较小的配合物，此配合物离解出来的钼酸根离子的浓度，只能使磷生成磷钼酸喹啉沉淀，而硅不生成沉淀，从而消除硅的干扰。二是在柠檬酸溶液中，磷钼酸铵的溶解度比磷钼酸喹啉的溶解度大，进而排除铵盐的干扰。三是柠檬酸可阻止钼酸盐在加热至沸时水解而析出三氧化钼沉淀。

磷肥高效施用技巧

1. 因土施用

土壤条件与磷肥肥效有密切的关系。在有机质和有效磷含量低的土壤上，对绝大多数作物施用磷肥均能增产，因此，应把磷肥重点分配在有机质含量低和缺磷的土壤上，以充分发挥肥效。如红壤旱田、黄泥田、鸭屎泥田、冷浸田等施用磷肥，增产效果特别显著。另外，在磷肥品种的选用上，也要考虑土壤条件。在中性和石灰质的碱性土壤上，宜选用呈弱酸性的水溶性磷肥过磷酸钙；在酸性土壤上，宜选用呈弱碱性的钙镁磷肥。

2. 集中施用

磷容易被土壤中的铁、铝、钙等固定而失效，当季利用率只有 $10\%\sim25\%$，特别是在各种黏质土壤上，如果撒施磷肥，则不能充分发挥肥效。而采取穴施、条施、拌种和蘸秧根等集中施用方法，将磷肥施于根系密集土层中，则可缩小磷肥与土壤的接触面，减少土壤对磷的固定，提高利用率。

3. 因作物施用

不同作物对磷的需求和吸收利用能力不同。实践证明，豆类、油菜、小麦、棉花、薯类、瓜类及果树等都属于喜磷作物，施用磷肥有较好的肥效。尤其是豆科作物，对磷反应敏感，施用磷肥能显著提高产量和固氮量，起到"以磷增氮"的作用。

4. 氮磷钾配合施用

据在小麦上试验表明，氮磷钾配合施用比单施磷增产 16.5%，比单施氮增产 10.5%，比氮磷配合施用增产 6.4%。氮磷钾配合施用，能相互促进，保持营养平衡，化肥利用率一般可提高 $20\%\sim30\%$。

5. 适期施用

作物需磷的关键期是苗期，此期施用能发挥最大效率。若苗期缺磷，会影响后期生长，即使后期再补施也很难挽回缺磷的损失。所以磷肥应尽量作基肥、种肥、秧田和苗床施肥、蘸秧根及早期追肥。

6. 分层施用

磷肥在土壤中移动性小，施在哪里基本就在哪里不动。所以在底层和浅表层都要施用磷肥。一般每亩施磷肥 $20\sim40kg$，浅层施三分之一，深层施 $2/3$。

7. 与有机肥混合施用

磷肥与有机肥混合施用，可以减少土壤对磷的吸附和固定，促使难溶性磷释放，增强根系活力，有利于提高磷肥肥效。

8. 根外喷施

用过磷酸钙浸出液进行叶面喷施，具有用肥少、肥效快、利用率高的特点。喷施时间以孕穗、灌浆期各喷一次效果较好。禾谷类作物可用 $1\%\sim3\%$ 的浓度，蔬菜可用 1% 的浓度，在晴天的早上或傍晚喷施。

9. 配施微肥

在合理施磷的同时，在小麦上，每亩再配施锌肥 $1kg$，硼肥 $0.5kg$，增产效果更好。

10. 适量施用

磷肥当季利用率虽低，但其后效很长，一般基施一次可管 $2\sim3$ 茬。因此，当磷肥一次施用较多时，不必再每茬作物都施磷肥，一般 1～2 年基施一次即可。

11. 不要与碱性肥料混施

草木灰、石灰均为强碱性物质，若混合施用，会使磷肥的有效性显著降低。一般应错开 7～10 天施用。

12. 筛细施用

过磷酸钙在贮存时易吸潮结块，在施用时，要打碎过筛，以利根系吸收。

磷肥的简易鉴别法

（1）颜色、形状　磷肥颜色为灰白色，一般呈粉末状。若颜色洁白或黄色，说明生成过程中酸处理不完善或掺杂使假，含磷量低。如已打饼结块，说明已吸湿，含水量高，质量也会受到影响。

（2）气味　标准的磷肥稍有酸味，如果无味，说明质量不高或严重掺假；如果酸味刺鼻，说明游离状态的酸含量过高，使用后不但起不到应有的肥效，还会污染土壤，使土壤板结，灼伤植物根系，影响种子发芽。

（3）手感　质量高的磷肥含水量为 9% 左右，手摸感觉凉爽，捏不出水。如果能捏出水或似干土一般，都说明质量不高，有效含量低。

（4）火烧　把磷肥放在烧红的木炭或铁板上，磷肥不熔化，不起反应。

家庭自制磷肥

（1）将吃剩下的鸡蛋壳、兽蹄甲、鱼肚肠、鱼头、鸡毛、兽骨及人们剪下的头发、指甲等，倒入坛内加水封严，经过一段时间的腐烂发发酵，当肥液变黑时即可掺水施用。

（2）鸡鸭毛、猪毛、头发和牲畜蹄角。直接埋入花盆内或浸泡沤制，都是很好的磷钾肥，肥效可持续两年以上。

（3）把羊角、猪蹄、骨头、鱼肠肚、禽类粪鱼肚肠、肉骨头、鱼骨刺、鱼鳞、蟹壳、虾壳、毛发、指甲、牲畜蹄角、杂骨，倒入缸内并加入适量金宝贝发酵剂（厌氧型）后加入少量水，湿度保持在 60%～70%，密封，经过一段时间的腐烂发酵便可掺水使用。是很好的盆花基肥，如果再经过炮制和发酵，就成了含磷丰富的花肥。

（4）蛋壳花肥，将鸡蛋壳内的蛋清洗净，在太阳下晒干，捣碎，再放入碾钵中碾成粉末。可按 1 份鸡蛋壳粉 3 份盆土的比例混合拌匀，上盆栽培花卉。它也是一种长效的磷肥，一般在栽植后的浇水过程中，有效成分就会析出，被花卉生长吸收利用。鸡蛋壳粉在栽植花卉后，开出的花大色艳，结出的果大饱满，是一种完全有机磷肥。

思考与练习

1. 磷肥中的含磷化合物根据其溶解性能可以分成哪几类？分别可以用什么试剂来提取？

2. 简述磷钼酸喹啉重量法和磷钼酸喹啉容量法测定五氧化二磷的方法原理？

3. 磷钼酸喹啉容量法测定五氧化二磷时，可能有哪些干扰？如何消除干扰？

4. 磷钼酸喹啉容量法测定五氧化二磷时，所用的喹钼柠酮试剂是由哪些试剂配制而成的？各种试剂的作用什么？

任务二 氮肥分析

任务目标

1. 了解氮肥中氮的存在形式。
2. 掌握氮肥中各种氮的测定方法和原理。
3. 能采用甲醛法和直接滴定法测定氨态氮的含量。
4. 能采用蒸馏后滴定法测定酰胺态氮的含量。
5. 能采用德瓦达合金还原法测定硝态氮的含量。

任务介绍

氮肥中氮元素以不同形态存在，其主要形态以氨态氮、酰胺态氮、硝态氮等形式存在。其性质不同，分析方法也不同。在测定其含氮量时可以通过一定的化学处理，把各种形态的氮素转化为铵态氮进行测定。一般来说，以铵态氮存在的氮都可以用直接滴定法、甲醛法、蒸馏后滴定法测定其含氮量。甲醛法有操作简单、快速的优点，但必须严格控制操作条件，否则可能产生较大的误差。蒸馏法结果准确可靠，应用最广泛，是测定氮的标准方法，国家标准定为仲裁法，但操作较麻烦，耗时较长。酰胺态氮肥的测定可用尿素酶法、蒸馏后滴定法。硝态氮肥的测定可用铁粉还原法、德瓦达合金还原法和氮试剂重量法，这些方法中只有后者被列入国家标准方法。因各方法的准确度不同，所得结果往往是有差别的。因此，应根据氮肥的性质、实验室的条件和分析目的选择分析方法，严格按国家或部颁标准的要求进行。

任务解析

通过本次任务的学习，让学生了解氮肥中氮的存在形式，掌握氮肥中各种氮的测定方法和原理。任务的重点和难点在于能采用甲醛法和直接滴定法测定氨态氮的含量，能采用德瓦达合金还原法测定硝态氮的含量，能采用蒸馏后滴定法测定酰胺态氮的含量。在教学中理论联系实际，使学生掌握的知识能学以致用，自始至终以学生为主体，采用边讲、边实验、边练习的方法，通过看书、归纳、对比，培养学生的自学能力、动手能力、观察能力和思维能力，并注意开拓学生视野，适当拓宽知识面，实现知识与能力的同步到位。

任务实施

含氮的肥料称为氮肥。氮肥包括自然氮肥和化学氮肥。化学氮肥主要是指工业生产的含氮肥料，根据氮的存在形式不同分为三类：氨态氮肥（如硫酸铵、碳酸氢铵等）、硝态氮肥（如硝酸钠、硝酸钙等）和酰胺态氮肥（如尿素、石灰氮等）。由于三种状态的性质不同，所以分析方法也不同，应根据各种氮肥的不同化学性质及氮在氮肥中的存在形式不同等选用不同的测定方法。

一、氨态氮的测定

方案一 甲醛法（GB/T 3600—2000）

本标准适用于只有在试样中不含有尿素或其衍生物、氰胺化物以及有机含氮化合物时，方可应用，也可适用于相应的工业产品。本方法不适用于碳酸氢铵和氨水。

1. 实验原理

在中性溶液中，铵盐与甲醛作用生成六亚甲基四胺和相当于铵盐含量的酸，在指示剂存在下，用氢氧化钠标准滴定溶液滴定生成的酸，根据氢氧化钠标准滴定溶液的消耗量，求出氨态氮的含量。反应式如下：

$$4NH_4^+ + 6HCHO \longrightarrow 3H^+ + (CH_2)_6N_4H^+ + 6H_2O$$

$$3H^+ + (CH_2)_6N_4H^+ + 4OH^- \longrightarrow (CH_2)_6N_4 + 4H_2O$$

2. 仪器与设备

（1）实验室常用仪器。

（2）电子天平：精确度为 0.0001g。

（3）pH 计：精确度为 0.01。

3. 试剂与试样

（1）硫酸标准滴定溶液　$c(1/2H_2SO_4) = 0.1mol/L$。

（2）氢氧化钠标准滴定溶液　$c(NaOH) = 0.1mol/L$。

（3）氢氧化钠标准滴定溶液　$c(NaOH) = 0.5mol/L$。

（4）甲醛溶液　250g/L。

（5）乙醇　95%（体积分数）。

（6）甲基红指示液　1g/L。

（7）酚酞指示液　10g/L。

（8）试样　硫酸铵、氯化铵、硝酸铵。

4. 方法步骤

（1）试样溶液的制备　称取 1g 试样，精确至 0.0002g，置于 250mL 锥形瓶中，加 100~120mL 水溶解，再加 1 滴甲基红指示液，用 0.1mol/L 的氢氧化钠标准滴定溶液或硫酸标准滴定溶液调节至溶液呈橙色。

（2）测定　在制备好的试样溶液中加入 15mL 甲醛溶液，再加入 3 滴酚酞指示液，混匀。放置 5min，用 0.5mol/L 的氢氧化钠标准滴定溶液滴定至溶液 pH 为 8.5，所呈现的红色保持 2min 不消失（或滴定至 pH 计指示 pH8.5）为终点。

（3）空白试验　在测定的同时，除不加试样外，按测定完全相同的分析步骤、试剂和用量进行平行操作。

5. 结果的计算

氨态氮的含量，以氮（N）的质量分数（%）计，按下式计算：

$$w = \frac{(V_2 - V_1)c \times 10^{-3} \times 0.01401}{m} \times 100$$

式中 V_2——测定试样所消耗氢氧化钠标准滴定溶液的体积，mL；

V_1——测定空白所消耗氢氧化钠标准滴定溶液的体积，mL；

c——氢氧化钠标准滴定溶液的浓度，mol/L；

0.01401——与 1.00mL 氢氧化钠标准滴定溶液 $[c(NaOH) = 1.0000mol/L]$ 相当的以克表示的氮的质量；

m——试样的质量，g。

6. 氨态氮测定结果的精密度

（1）平行测定的绝对差值不大于 0.06%。

（2）不同实验室测定结果的绝对差值不大于 0.08%。

方案二　直接滴定法

氨水是一种弱碱，有挥发性。碳酸氢钠是一种弱酸弱碱盐，水溶液呈碱性，在常温下易分解。所以测定这两种氮肥中的氮含量，可以用强酸标准溶液直接进行滴定。

$$NH_3 + H^+ \longrightarrow NH_4^+ \longrightarrow HCO_3^- + H^+ \longrightarrow CO_2 \uparrow + H_2O$$

1. 实验原理

碳酸氢铵在过量的硫酸标准溶液作用下，以甲基红-亚甲基蓝作指示剂，用氢氧化钠标准溶液滴定过量的硫酸，根据氢氧化钠标准溶液的消耗量计算氮含量。

2. 仪器与设备

（1）实验室常用仪器。

（2）电子天平：精确度为 0.0001g。

3. 试剂与试样

（1）硫酸标准溶液：$c(\frac{1}{2}H_2SO_4) = 0.1mol/L$。

（2）氢氧化钠标准溶液：$c(NaOH) = 1.0mol/L$。

（3）甲基红-亚甲基蓝混合指示剂。

（4）碳酸氢铵。

4. 实验步骤

用已知质量的带磨口塞的称量瓶，迅速称取约 2g 试样，精确至 0.0002g，用水将试样洗入已盛有 40.00~50.00mL 硫酸标准溶液的 250mL 锥形瓶中，摇匀使试样完全溶解，加热煮沸 3~5min，以驱除二氧化碳。冷却后，加入 2~3 滴甲基红-亚甲基蓝混合指示剂，用氢氧化钠标准溶液滴定至溶液呈现灰绿色即为终点。

按以上操作步骤进行空白试验，除不用样品外，操作手续和应用的试剂与测定时相同。

5. 结果的计算

试样中氮含量用质量分数（%）表示，按下式计算：

$$w(\text{N}) = \frac{(V_0 - V)c \times 10^{-3} \times 14.01}{m} \times 100$$

式中　V_0——滴定空白溶液消耗氢氧化钠标准溶液的体积，mL；

　　　V——滴定试样溶液消耗氢氧化钠标准溶液的体积，mL；

　　　c——氢氧化钠标准溶液的浓度，mol/L；

　　　m——试样的质量，g；

　　14.01——氮元素的摩尔质量，g/mol。

二、酰胺态氮的测定：蒸馏后滴定法

本标准适用于由氨和二氧化碳合成的制得的工、农业用尿素总氮含量的测定。

1. 实验原理

在硫酸铜存在下，在浓硫酸中加热使试样中酰胺态氮转化为氨态氮，将氨态氮蒸馏并吸收在过量的硫酸标准溶液中，以甲基红-亚甲基蓝为混合指示剂，用氢氧化钠标准溶液滴定。

$$CO(NH_2)_2 + H_2SO_4 + H_2O \longrightarrow (NH_4)_2SO_4 + CO_2 \uparrow$$

$$(NH_4)_2SO_4 + 2NaOH \longrightarrow Na_2SO_4 + 2NH_3 \uparrow + 2H_2O$$

$$2NH_3 + H_2SO_4 \longrightarrow (NH_4)_2SO_4$$

$$2NaOH + H_2SO_4 \longrightarrow Na_2SO_4 + 2H_2O$$

2. 试剂与试样

（1）硫酸铜（$CuSO_4 \cdot 5H_2O$）　固体。

（2）浓硫酸　$\rho = 1.84g/cm^3$。

（3）氢氧化钠溶液　450g/L。

（4）甲基红-亚甲基蓝混合指示剂。

（5）硫酸标准滴定溶液　$c(1/2H_2SO_4) = 0.5mol/L$。

（6）氢氧化钠标准溶液　$c(\text{NaOH}) = 0.5mol/L$。

（7）尿素。

3. 仪器与设备

（1）实验室常用仪器。

（2）电子天平　精确度为0.0001g。

（3）氮的蒸馏装置。

4. 实验步骤

（1）称样　称取约5g试样（精确到0.0002g）于500mL锥形瓶中。

（2）试液制备　往锥形瓶中加入25mL水、50mL浓硫酸、0.5g硫酸铜，插上梨形玻璃漏斗，在通风橱内缓慢加热，使二氧化碳逸尽，然后逐步升高加热温度，直至冒白烟，再继续加热20min，取下，待冷却后，小心加入300mL水，冷却。把锥形瓶中的溶液定量地移入500mL容量瓶中，稀释至刻度，摇匀。

（3）蒸馏　从容量瓶中移取50.00mL溶液于蒸馏烧瓶中，加入约300mL水，滴入几滴甲基红-亚甲基蓝混合指示剂和少许防爆沸石或多孔瓷片。

用滴定管或移液管移取 40.00mL 硫酸标准溶液于接收器中，加水，使溶液能淹没接收器的双连球瓶颈，加 4～5 滴甲基红-亚甲基蓝混合指示剂。

装好蒸馏仪器，并保证仪器不漏气。

通过滴液漏斗往蒸馏烧瓶中加入足够量的氢氧化钠标准溶液，以中和溶液并过量 25mL，应当注意滴液漏斗上至少存留几毫升氢氧化钠溶液。

加热蒸馏，直到接收器中的收集量达到 250～300mL 时停止加热，拆下防溅球管，用水洗涤冷凝管，洗涤液收集在接收器中。

（4）滴定 将接收器中的溶液混匀，用氢氧化钠标准滴定溶液返滴定过量的酸，直至溶液呈灰绿色为终点。

（5）空白试验 按以上操作步骤进行空白试验，除不用样品外，操作手续和应用的试剂与测定时相同。

5. 结果的计算

试样中总氮含量用质量分数（％）表示，按下式计算：

$$w(\mathrm{N})=\frac{(V_0-V)c\times10^{-3}\times14.01}{m\times\dfrac{50.00}{500}}\times100$$

式中 V_0——滴定空白溶液消耗氢氧化钠标准溶液的体积，mL；

V——滴定试样溶液消耗氢氧化钠标准溶液的体积，mL；

c——氢氧化钠标准溶液的浓度，mol/L；

m——试样的质量，g；

14.01——氮元素的摩尔质量，g/mol。

6. 酰胺态氮测定结果的精密度

（1）平行测定的绝对差值不大于 0.10％。

（2）不同实验室测定结果的绝对差不大于 0.15％。

三、硝态氮的测定：德瓦达合金还原法

德瓦达合金是由 50％铜、45％铝、5％锌组成的合金，在化学分析中常用作还原剂，用于硝态氮肥中氮含量的测定。

1. 实验原理

在碱性溶液中，德瓦达合金释放出新生态的氢，使硝态氮还原为氨态氮。然后用蒸馏法测定，求出硝态氮的含量。

$$\mathrm{Cu}+2\mathrm{NaOH}+2\mathrm{H_2O}\longrightarrow\mathrm{Na_2[Cu(OH)_4]}+2[\mathrm{H}]$$

$$\mathrm{Al}+\mathrm{NaOH}+3\mathrm{H_2O}\longrightarrow\mathrm{Na[Al(OH)_4]}+3[\mathrm{H}]$$

$$\mathrm{Zn}+2\mathrm{NaOH}+2\mathrm{H_2O}\longrightarrow\mathrm{Na_2[Zn(OH)_4]}+2[\mathrm{H}]$$

$$\mathrm{NO_3^-}+8[\mathrm{H}]\longrightarrow\mathrm{NH_3}\uparrow+\mathrm{OH^-}+2\mathrm{H_2O}$$

试样中若含有亚硝酸根离子，亚硝酸根离子同样会被还原成氨：

$$NO_2^- + 6[H] \longrightarrow NH_3 \uparrow + OH^- + H_2O$$

所以测得的硝态氮的含量是硝酸态氮和亚硝酸态氮的总和。

2. 仪器与设备

(1) 实验室常用仪器。

(2) 氮的蒸馏装置。

(3) 电子天平 精确度为 0.0001g。

3. 试剂与试样

(1) 德尔达合金 粒度为 0.2~0.3mm。

(2) 氢氧化钠溶液 45%。

(3) 氢氧化钠标准溶液 $c(NaOH) = 0.5mol/L$。

(4) 硫酸标准溶液 $c(\frac{1}{2}H_2SO_4) = 0.5mol/L$。

(5) 甲基红-亚甲基蓝混合指示剂。

(6) 硝酸钠、硝酸钙。

4. 实验步骤

(1) 称样 称取约 10g 试样（精确至 0.0002g）于 500mL 锥形瓶中。

(2) 试液制备 往锥形瓶中加适量水溶解，移入 500mL 容量瓶中，用蒸馏水稀释至刻度，摇匀。

(3) 蒸馏 从容量瓶中准确吸取 25.00mL 溶液，于 1000mL 长颈蒸馏瓶中。加入 300mL 水、5g 德瓦达合金、数粒沸石。在吸收瓶中加入 40.00mL 0.5mol/L 硫酸标准溶液、80mL 水、数滴甲基红-亚甲基蓝混合指示剂。

安装好蒸馏装置，并保证仪器不漏气。经分液漏斗往蒸馏瓶中加 30mL 45% 的氢氧化钠溶液。关闭漏斗旋塞，打开冷却水。微微加热蒸馏瓶，至反应开始时停止加热。放置 1h 后，加热蒸馏。

(4) 滴定 蒸馏至吸收瓶收集达到 250~300mL 时，停止加热。拆下防溅球馆，用少量水冲洗冷凝管，拆下吸收瓶，摇匀。用 0.5mol/L 氢氧化钠标准溶液滴定，直至溶液呈灰绿色为终点。

(5) 空白试验 按以上操作步骤进行空白试验，除不用样品外，操作手续和应用的试剂与测定时相同。

5. 结果的计算

试样中总氮含量用质量分数（%）表示，按下式计算：

$$w(N) = \frac{(V_0 - V)c \times 10^{-3} \times 14.01}{m \times \dfrac{25.00}{500}} \times 100$$

式中 V_0——滴定空白溶液消耗氢氧化钠标准溶液的体积，mL；

V——滴定试样溶液消耗氢氧化钠标准溶液的体积，mL；

c——氢氧化钠标准溶液的浓度，mol/L；

m——试样的质量，g；

14.01——氮元素的摩尔质量，g/mol。

 任务评价

任务考核评价表

评价项目	评价标准	评价方式			权重	得分小计	总分
		自我评价	小组评价	教师评价			
		0.1	0.2	0.7			
职业素质	1. 遵守课堂纪律和实验室管理规定,严格操作程序。 2. 按时完成项目任务。 3. 学习积极主动,勤学好问				0.2		
专业能力	1. 准备充分,信息量大。 2. 内容正确,条理清晰。 3. 讲解清楚,表达流利。 4. 实验操作规范,结果准确可靠				0.7		
协作能力	团队中所起的作用,团队合作的意识				0.1		
教师综合评价							

 拓展提高

氮肥知识

1. 氮肥施用注意事项

（1）铵态氮肥不宜与碱性肥料混用。因为混施后会产生氨气挥发、降低肥料效果。

（2）硝态氮肥不宜与有机肥混用。有机肥含有较多有机物，遇硝态氮肥会在反硝化细菌的作用下发生硝化作用，损失氮素。

（3）硝态氮肥不宜在稻田中施用。硝态氮肥在厌气条件下，易被反硝化细菌分解造成氮素损失，分离出的硝酸银随水流失，降低肥效。旱地也应禁止在大雨前后施用或施用后浇大水。

（4）尿素不宜浇施。因为施入土壤后，尿素经过土壤微生物的作用，会水解成碳酸氢铵，然后分解出氨而挥发。

（5）尿素不宜紧贴种子。尿素含有少量缩二脲会影响种子发芽，浓度过高时会使种子中毒。用尿素作种肥时，不要直接接触种子或控制尿素施用量，每亩不应超过 2.5kg。

(6) 尿素作根外追肥浓度不宜过高。用作叶面肥，尿素效果确实好，但盲目加大用量会适得其反。适宜的施用浓度是粮棉作物 0.8%～1%，果菜茶药高效经济作物 0.4%～0.6%。

(7) 碳酸氢铵不宜施在上表太久。忌浅施，碳酸氢铵的性质不稳定，施后应立即覆盖。

(8) 硫酸铵不宜长期施用。硫酸铵属于酸性肥料，长期施用会增加土壤酸性，破坏土壤结构，要与其他氮肥交替施用。

(9) 硫酸铵不宜在水田中量施用。因为施入后会落入缺氧的还原层，硫酸根被还原为硫化氢，在稻根周围形成黑色的硫酸亚铁，形成黑根，养分损失。

(10) 氯化铵不宜施在忌氯作物上。施用在甘蔗、甜菜、马铃薯、柑橘、葡萄、烟草等忌氯作物上会产生副作用，使作物生理机能遭到破坏，甚至死亡，而且使收获物质量下降。

2. 各种氮肥的鉴别

区别不同氮肥品种，可通过外形、颜色、气味、溶解度、受热变化等不同特性进行简易的鉴定。

(1) 形态　除氨水和液体氨是液体外，其余氮肥都是固体结晶或颗粒。

(2) 颜色　硝酸铵、尿素、硫酸铵、碳酸氢铵、氯化铵均为白色；石灰氮为灰黑色；硝酸铵具有棕、黄、灰等杂色。

(3) 气味　碳酸氢铵有浓氨味，石灰氮有电石臭味，副产品硫酸铵有煤膏气味，其他固体氮肥均无味。

(4) 在水中溶解状况　在玻璃杯或白瓷碗中放入清水，将肥料研成粉末放入水碗中，摇动后观察其溶解度。石灰氮不溶解，放出强烈的电石气味。硝酸铵钙部分溶解，其他氮肥都能在水中溶解。

(5) 灼烧反应　把木炭烧红后，往上放少量肥料，根据其燃烧、熔化、烟色、烟味与残烬等情况判断是什么氮肥。

① 逐渐熔化，并出现"沸腾状"，冒出白烟，可闻到氨味，有残烬，是硫酸铵。

② 迅速熔化并消失，白烟甚浓，又闻到氨味和盐酸味，是氯化铵。

③ 逐步熔化时冒出白烟，有氨味，是尿素。

④ 边熔化边燃烧，冒出白烟，有氨味，是硝酸铵。

3. 氮的固定

空气中含有大量的氮气，大部分植物不能把氮气转化成可吸收的氮肥，但豆科植物利用根部的根瘤菌却能将氮气转化成可吸收的氮肥，这类植物无需或只需少量施肥。因此，有经验的农民常把其他植物与豆科植物种在一起。这种将氮气转化成氮的化合物的过程叫氮的固定。

4. 家庭自制氮肥

(1) 将变质的葡萄糖粉捣碎，撒入花盆土四周，三日后黄叶变绿，长势旺盛、此法适用于吊兰、刺梅、万年青、龟背竹。

(2) 将霉蛀而不能食用的豆类、花生米、瓜子、蓖麻，拣剩下来的菜叶，豆壳、瓜果皮或鸽粪及过期变质的奶粉等敲碎煮烂，放在小坛子里加满水，再密封起来发酵腐熟。为让其尽快腐熟，可放置在太阳照射处，增加温度。当坛内的这些物质全部下沉，水发黑、无臭味时（约需 3～6 个月），说明已发酵腐熟。在夏季，10 天后即可取出上层肥水对水使用，可作追肥或直接用作基肥，用后随即加满水再沤。原料渣滓可混入花土中。

（3）将食用的菜籽饼、花生米、豆类或豆饼、菜籽饼、酱渣等煮烂贮于坛内，并加入适量金宝贝发酵剂（厌氧型）后注入少量水，湿度保持在 60%～70%。密封沤制一周左右即可取出其肥液掺水使用。

思考与练习

1. 在植物生长过程中，施用氮肥能使枝叶繁茂、磷肥能使果实饱满、钾肥能使茎秆健壮。种植食叶蔬菜（如青菜）应施用较多的化肥是（　　）。

　　A. 磷肥　　　　　B. 硝酸铵　　　　　C. 硫酸钾　　　　　D. 微量元素肥料

2. 农村有句谚语："雷雨发庄稼"，这是由于在放电条件下，空气中的氮气和氧气化合生成了氮氧化物，氮氧化物再经过复杂的化学变化，最后生成了容易被农作物吸收的硝酸盐。雷雨给庄稼施加了（　　）。

　　A. 钾肥　　　　　B. 磷肥　　　　　C. 氮肥　　　　　D. 复合肥

3. 月季花适宜在酸性土壤中生长。某同学给月季花施肥前，对下列氮肥溶液的 pH 进行了测定，结果如下：

化肥名称	尿素	碳酸氢铵	硫酸铵	氨水
溶液的 pH	7	8	5	11

该同学最好选用（　　）。

　　A. 尿素　　　　　B. 碳酸氢铵　　　　　C. 硫酸铵　　　　　D. 氨水

4. 筹建中的"江西省宜春市生态农业科技园区"，不仅是农业高新技术示范和推广基地，也将是一个观光休闲的生态农业园区，在一些生产思路上你认为不妥当的是（　　）。

　　A. 将农家肥与化肥综合使用，以提高增产效益

　　B. 对大棚中的植物施加适量的 CO_2，以促进其光合作用

　　C. 种植、养殖、制沼气相结合，既可改善环境又可提高农畜牧业的产量

　　D. 将硝酸铵和熟石灰混合使用，在给作物提供营养元素的同时，又能降低土壤的酸性

5. 农业生产中有一种氮肥，若运输过程中受到猛烈撞击，会发生爆炸性分解，其反应的化学方程式为：$2X \longrightarrow 2N_2 \uparrow + O_2 \uparrow + 4H_2O$，则 X 的化学式是（　　）。

　　A. NH_3　　　　　B. NH_4HCO_3　　　　　C. $NH_3 \cdot H_2O$　　　　　D. NH_4NO_3

6. 小明放假后发现自家责任田土壤酸化、板结。他根据所学化学知识发现是长期使用硫酸铵化肥所致。为了改良土壤状况，他采取了下列措施。你认为可行的办法是（　　）。

　　A. 停止使用硫酸铵，改用硫酸钾　　　　　B. 来年施肥时，把硫酸铵和熟石灰混用

　　C. 来年施肥时把硫酸铵和生石灰混用　　　D. 庄稼收割后，向田地里洒草木灰

7. 下列化肥不能与熟石灰混合施用的是 （　　　）。

A. KNO_3　　　　B. $Ca_3(PO_4)_2$　　　　C. $CO(NH_2)_2$　　　　D. NH_4Cl

8. 氮在化合物中通常具有哪几种存在状态？各种状态测定含氮量的方法原理是什么？

9. 小明家住在山清水秀的月牙山脚下，几年前，村里为了发展经济，在村边建起一座氮肥厂。近段时间，小明发现村里的井水，在烧水或用碱性洗衣粉洗衣服时，总闻到水里散发出一股与氮肥厂附近相似的刺激性气味。

【作出猜想】联想到所学的化学知识，小明猜想可能是氮肥厂排出的废水污染了井水。他猜想的依据是什么？

【表达交流】请你根据上述信息帮助小明归纳污染物的化学性质？

【设计实验】为了验证猜想，小明设计了如下实验方案：①从氮肥厂取来氮肥作为样品。②取适量样品放入玻璃杯中，加入井水充分溶解。将所得溶液分为2份。③一份加入碱性洗衣粉，搅拌后闻气味；另一份加热后闻气味。

【反思评价】小明的实验方案存在着问题，你认为应怎样改进？

【获得结论】小明通过改进后的实验，确认是氮肥厂排出的废水污染了井水。

【探究启示】目前该村村民还需饮用井水，请你提出一条简便的处理方法？

任务三　钾肥分析

任务目标

1. 了解钾肥中钾的存在形式；
2. 掌握钾肥中钾含量的测定方法及原理；
3. 能采用四苯硼酸钾重量法和四苯硼酸钠容量法测定钾肥中的钾含量；
4. 能采用火焰光度法测定有机肥料中全钾的含量。

任务介绍

钾肥分为自然钾肥和化学钾肥两大类。钾肥中水溶性钾盐和弱酸溶性钾盐所含钾之和称为有效钾，有效钾与难溶性钾盐所含钾之和称为总钾，钾肥的含钾量以 K_2O 表示。

测定有效钾时，通常用热水溶解制备试样溶液，如试样中含有弱酸溶性钾盐，则用加少量盐酸的热水溶解有效钾。测定总钾含量时，一般用强酸溶解或碱熔法制备试样溶液。

常见的测定钾的方法有四苯硼酸钾重量法、四苯硼酸钠容量法和火焰光度法等。其中火焰光度法具有快速、简便的优点，但因化肥中钾的含量较高，稀释误差大，一般不宜用作化肥中钾的测定。而四苯硼酸钾重量法和四苯硼酸钠容量法被列为国家标准方法。

任务解析

通过本次任务的学习，让学生了解钾肥中钾的存在形式，掌握钾肥中钾含量的测定方法及原理。任务的重点和难点在于能采用四苯硼酸钾重量法和四苯硼酸钠容量法测定钾肥中的钾含量，能采用火焰光度法测定有机肥料中全钾的含量。本着教学有法，但无定法，贵在得法的原则，教学中采用实验探究、问题讨论、展示交流、阅读讨论、多媒体辅助等教学方法，对学生进行多种能力的培养和训练，提高学生素养。并要求学生重视课前预习，做好课堂实验，课上师生一起互动，共同解决重点难点。

🖋 任务实施

钾肥全称钾素肥料。以钾为主要养分的肥料，植物体内含钾一般占干物质重的 $0.2\%\sim4.1\%$，仅次于氮。化学钾肥主要有氯化钾、硫酸钾、硫酸钾镁、磷酸氢钾和硝酸钾等。钾肥中一般含有水溶性钾盐（如硫酸钾 K_2SO_4），弱酸溶性钾盐（如硅铝酸钾 K_2SiO_3-K_2AlO_3）及少量难溶性钾盐（如钾长石 K_2O-Al_2O_3-$6SiO_2$）。水溶性钾盐和弱酸溶性钾盐中含钾和称为有效钾，三种钾盐之和称为总钾。钾肥中含钾量以 K_2O 表示。测定有效钾常用热水或含有少量盐酸的热水制备试样溶液。测定总钾含量一般用强酸溶液或碱熔法制备试样溶液。钾肥中钾的测定方法有四苯硼酸钾重量法、四苯硼酸钠容量法和火焰光度法。

一、钾肥中钾含量的测定

方案一 四苯硼酸钾重量法

1. 实验原理

在弱碱性介质中，以四苯硼酸钠溶液为沉淀剂沉淀试样溶液中的钾离子，生成白色的四苯硼酸钾沉淀，将沉淀过滤、洗涤、干燥、称重。根据沉淀物质的质量，即可计算出化肥中氧化钾的含量。反应式为：

$$KCl+Na[B(C_6H_5)_4]\longrightarrow K[B(C_6H_5)_4]\downarrow+NaCl$$

若试样中含有氰氨基化物或有机物时，可先加溴水和活性炭处理。为了防止阳离子干扰，可预先加入适量的乙二胺四乙酸二钠盐（EDTA），使阳离子与 EDTA 配位。

2. 仪器与设备

（1）实验室常用仪器。

（2）玻璃坩埚式滤器　4号，30mL。

（3）干燥箱　能维持（120 ± 5）℃的温度。

（4）电子天平　精确度为 0.0001g。

3. 试剂与试样

（1）四苯硼酸钠溶液　15g/L。

（2）乙二胺四乙酸二钠（EDTA）溶液　40g/L。

（3）氢氧化钠溶液　400g/L。

（4）溴水溶液　约5%（质量分数）。

（5）四苯硼酸钠洗涤液　1.5g/L。

（6）酚酞　5g/L乙醇溶液，溶解0.5g酚酞于100mL95%（质量分数）乙醇中。

（7）活性炭　应不吸附或不释放钾离子。

（8）硫酸钾、氯化钾、复混肥。

4. 实验步骤

（1）称样　准确称取试样约 2～5g（含氧化钾约 400mg），精确至 0.0002g，置于 250mL 锥形瓶中。

（2）试液制备　往锥形瓶中加水约 150mL，加热煮沸 30min，冷却，定量转移到 250mL 容量瓶中，用水稀释至刻度，混匀，干过滤，弃去最初滤液 50mL。

（3）试液处理

① 试样中不含氰氨基化物或有机物：吸取上述滤液 25.00mL 于 250mL 烧杯中，加 EDTA 溶液 20mL（含阳离子较多时可加 40mL），加 2～3 滴酚酞指示剂，滴加氢氧化钠溶液至刚出现红色时，再过量 1mL，盖上表面皿，在良好的通风橱内缓慢加热煮沸 15min，然后放置冷却或用流水冷却至室温，若红色消失，再用氢氧化钠溶液调至红色。

② 试样中含有氰氨基化物或有机物：吸取上述滤液 25.00mL 于 250mL 烧杯中，加入 5mL 溴水溶液，将该溶液煮沸脱色至无溴的颜色为止。若含其他颜色，将溶液体积蒸发至小于 100mL，待溶液冷却后，加入 0.5g 活性炭，充分搅拌使之吸附，然后过滤，洗涤 3～5 次，每次用水约 5mL，并收集全部滤液。加 EDTA 溶液 20mL（含阳离子较多时可加 40mL），以下步骤同上操作。

（4）沉淀及过滤　在不断搅拌下，于盛有试样溶液的烧杯中逐滴加入四苯硼酸钠沉淀剂，加入量为每含 1mg 氧化钾加沉淀剂 0.5mL，并过量约 7mL，继续搅拌 1min，静置 15min 以上，用倾泻法将沉淀过滤于预先在 120℃ 下恒重的 4 号玻璃坩埚式滤器内，用四苯硼酸钠洗涤液洗涤沉淀 5～7 次，每次用量约 5mL，最后用水洗涤 2 次，每次用量约 5mL。

（5）干燥　将盛有沉淀的坩埚置于 （120±5）℃ 干燥箱中，干燥 1.5h，取出后置于干燥器内冷却，称重。

（6）空白试验　按以上操作步骤进行空白试验，除不用样品外，操作手续和应用的试剂与测定时相同。

5. 结果的计算

试样中钾含量以氧化钾的质量分数（%）表示，按下式计算：

$$w(K_2O) = \frac{(m_2 - m_1) \times 0.1314}{m \times \frac{25.00}{250}} \times 100\% = \frac{(m_2 - m_1) \times 131.4}{m} \times 100\%$$

式中　m_1——空白试验所得沉淀的质量，g；

m_2——测定试样所得沉淀的质量，g；

m——试样的质量，g；

25.00——吸取试样溶液的体积，mL；

250——试样溶液的总体积，mL；

0.1314——四苯硼酸钾质量换算为氧化钾质量的系数。

6. 测定结果的精密度

测定结果的精密度应符合表 6-5 要求。

表 6-5　测定结果的精密度

钾的质量分数(以 K₂O 计)/%	平行测定允许差值/%	不同实验室测定允许差值/%
<10.0	0.20	0.40
10.0~20.0	0.30	0.60
>20.0	0.40	0.80

方案二　四苯硼酸钠容量法

1. 实验原理

试样用稀酸溶解后，加甲醛溶液和乙二胺四乙酸二钠溶液，消除铵离子和其他阳离子的干扰。在微碱性溶液中，用过量的四苯硼酸钠标准溶液沉淀试样中的钾，生成四苯硼酸钾沉淀，过滤。滤液中过量的四苯硼酸钠以达旦黄作指示剂，用季铵盐返滴至溶液由黄色变成明显的粉红色为终点。反应式为：

$$K^+ + B(C_6H_5)_4^- \longrightarrow KB(C_6H_5)_4$$

$$Br[N(CH_3)_3 \cdot C_{16}H_{33}] + NaB(C_6H_5)_4 \longrightarrow B(C_6H_5)_4 \cdot N(CH_3)_3 C_{16}H_{33} \downarrow + NaBr$$

根据加入的氢氧化钠标准溶液的体积和返滴定消耗的十六烷三甲基溴化铵标准溶液的浓度及消耗的体积，即可求出试样中钾的含量。

2. 仪器与设备

(1) 实验室常用仪器。

(2) 电子天平　精确度为 0.0001g。

3. 试剂与试样

(1) 盐酸　$\rho = 1.19g/cm^3$；盐酸溶液（1+9）。

(2) 氢氧化铝　固体。

(3) 氢氧化钠溶液　200g/L。溶解 20g 不含钾的氢氧化钠于 100mL 水中。

(4) 甲醛溶液　37%。

(5) 达旦黄指示剂　0.4g/L。溶解 40mg 达旦黄于 100mL 水中。

(6) 乙二胺四乙酸二钠（EDTA）溶液　10g/L。

(7) 氯化钾标准溶液　$\rho(K_2O) = 2mg/mL$。准确称取 1.5830g 预先在 105℃烘干至恒重的基准氯化钾，加水使其溶解，移入 500mL 容量瓶中，用水稀释至标线，摇匀。

(8) 十六烷三甲基溴化铵（CTAB）溶液　25g/L。称取 2.5g 十六烷三甲基溴化铵于小烧杯中，用 5mL 乙醇湿润，然后加水溶解，并稀释至 100mL，混匀。

(9) 四苯硼酸钠（STPB）溶液：12g/L。称取四苯硼酸钠 12g 于 600mL 烧杯中，加水约 400mL，使其溶解，加入 10g 氢氧化铝，搅拌 10min，用慢速滤纸过滤，如滤纸呈浑浊，必须反复过滤直至澄清，收集全部滤液于 1000mL 容量瓶中，加入 4mL 氢氧化钠溶液，然后稀释至刻度，摇匀，静置48h。按下法进行标定：

① 测定四苯硼酸钠溶液与十六烷三甲基溴化铵溶液的比值　准确量取4.00mL四苯硼酸钠溶液于125mL锥形瓶中，加入20mL水和1mL氢氧化钠溶液，再加入2.5mL甲醛溶液及8～10滴达旦黄指示剂，由微量滴定管滴加十六烷三甲基溴化铵溶液，至溶液呈粉红色为止。按下式计算每毫升十六烷三甲基溴化铵溶液相当于四苯硼酸钠溶液体积的比值R：

$$R = \frac{V_1}{V_2}$$

式中　V_1——所取四苯硼酸钠标准溶液的体积，mL；

　　　　V_2——测定所消耗十六烷三甲基溴化铵溶液的体积，mL。

② 四苯硼酸钠标准溶液浓度的标定　准确吸取25.00mL氯化钾标准溶液，置于100mL容量瓶中，加入5mL盐酸溶液、10mL EDTA溶液、3mL氢氧化钠溶液和5mL甲醛溶液，由滴定管加入38mL四苯硼酸钠溶液，用水稀释至刻度，摇匀，放置5～10min后，干过滤。

准确吸取50.00mL滤液于125mL锥形瓶中，加8～10滴达旦黄指示剂，用十六烷三甲基溴化铵溶液滴定溶液中过量的四苯硼酸钠至明显的粉红色为止。

按下式计算每毫升四苯硼酸钠标准溶液相当于氧化钾（K_2O）的质量：

$$F = \frac{V_0 A}{V_1 - 2V_2 R}$$

式中　V_0——所取氯化钾标准溶液的体积，mL；

　　　　V_1——所用四苯硼酸钠标准溶液的体积，mL；

　　　　V_2——滴定所消耗十六烷三甲基溴化铵溶液的体积，mL；

　　　　2——沉淀时所用容量瓶的体积与所取滤液体积的比值；

　　　　R——每毫升十六烷三甲基溴化铵溶液相当于四苯硼酸钠溶液体积的比值；

　　　　A——每毫升氯化钾标准溶液相当于氧化钾的质量，g。

（10）氯化钾、硫酸钾。

4. 实验步骤

（1）称样　准确称取氯化钾、硫酸钾试样约1.5g，精确至0.0002g，置于400mL烧杯中。

（2）试液制备　往烧杯中加入200mL蒸馏水及10mL盐酸，加热煮沸15min。冷却，定量转移到500mL容量瓶中，用水稀释至刻度，混匀，干过滤（若测定复混肥中水溶性钾，操作时不加盐酸，加热煮沸时间改为30min）。

（3）测定　准确吸取25.00mL上述滤液于100mL容量瓶中，加10mL EDTA溶液、3mL氢氧化钠溶液和5mL甲醛溶液，由滴定管加入较理论所需量多8mL的四苯硼酸钠溶液（10mg K_2O需0.6mL四苯硼酸钠溶液），用水沿瓶壁稀释至刻度，充分混匀，静置5～10min，干过滤。

准确吸取50.00mL滤液，置于125mL锥形瓶中，加8～10滴达旦黄指示剂，用十六烷三甲基溴化铵溶液返滴过量的四苯硼酸钠，直至溶液呈现粉红色为止。

5. 结果的计算

试样中钾含量以氧化钾的质量分数（％）表示，按下式计算：

$$w(K_2O) = \frac{(V_1 - 2V_2R)F}{m} \times 100\%$$

式中　V_1——所取四苯硼酸钠标准溶液的体积，mL；

　　　V_2——测定所消耗十六烷三甲基溴化铵溶液的体积，mL；

　　　2——沉淀时所用容量瓶的体积与所取滤液体积的比值；

　　　R——每毫升十六烷三甲基溴化铵溶液相当于四苯硼酸钠溶液体积的比值；

　　　F——每毫升四苯硼酸钠标准溶液相当于氧化钾的质量，g；

　　　m——所取试液中的试样质量，g。

二、有机肥料中全钾的测定（火焰光度法）

1. 实验原理

有机肥料试样经硫酸和过氧化氢消煮，稀释后用火焰光度法测定。在一定浓度范围内，溶液中钾浓度与发光强度呈正比例关系。

2. 仪器与设备

（1）实验室常用仪器。

（2）电子天平　精确度为 0.0001g。

（3）火焰光度计。

3. 试剂与试样

（1）硫酸：$\rho = 1.84g/cm^3$。

（2）过氧化氢　30％。

（3）钾标准贮备溶液　1mg/mL。称取 1.9067g 经 100℃烘 2h 的基准氯化钾，用水溶解后定容至 1L，贮于塑料瓶中。

（4）钾标准溶液　100μg/mL。吸取 10.00mL 钾标准贮备液于 100mL 容量瓶中，用水定容。

4. 实验步骤

（1）试样溶液的制备　准确称取通过 5mm 分样筛的风干试样 0.3～0.5g，精确至 0.0002g，置于开氏烧瓶底部，用少量水冲洗沾附在瓶壁上的试样，加 5.00mL 硫酸和 1.50mL 过氧化氢，小心摇匀，瓶口放一弯颈小漏斗，放置过夜。

在可调电炉上缓慢升温至硫酸冒烟，取下，稍冷后加 15 滴过氧化氢，轻轻摇动开氏烧瓶，加热 10min，取下，稍冷后分次再加 5～10 滴过氧化氢并分次消煮，直至溶液呈无色或淡黄色清液后，继续加热 10min，除尽剩余的过氧化氢。

取下稍冷，小心加水至 20～30mL，加热至沸。取下冷却，用少量水冲洗弯颈小漏斗，洗液收入原开氏烧瓶中。

将消煮液移入 100mL 容量瓶中，加蒸馏水定容，静置澄清或用无磷滤纸干过滤到具塞三角瓶中，备用。

（2）空白溶液的制备　除不加试样外，应用的试剂和操作步骤同上。

（3）标准曲线的绘制　吸取钾标准溶液 0.00、2.50mL、5.00mL、7.50mL、10.00mL 分别置于 5 个 50mL 容量瓶中，加入与吸取试样溶液等体积的空白溶液，用蒸馏水定容。此溶液为 1mL 含钾 0.00、5.00μg、10.00μg、15.00μg、20.00μg 的标准溶液系列。

在火焰光度计上，以空白溶液调节仪器零点，以标准溶液系列中最高浓度的标准溶液调节光度至 80 分度处。

再依次由低浓度至高浓度测量其他标准溶液，记录仪器示值。根据钾浓度和仪器示值绘制校准曲线或求出直线回归方程。

（4）测定　吸取 5.00mL 试样溶液于 50mL 容量瓶中，用蒸馏水定容。与标准溶液系列同条件在火焰光度计上测定，记录仪器示值。每测量 5 个样品后须用钾标准溶液校正仪器。

5. 结果的计算

肥料中全钾含量以氧化钾的质量分数表示，按下式计算：

$$w(K_2O) = \frac{c \times 50.00 \times 10^{-6} \times 1.20}{m \times \dfrac{5.00}{100}} \times 100\%$$

式中　c——由标准曲线查得或由回归方程求得测定溶液钾的浓度，μg/mL；

　　　　m——称取试样的质量，g；

　　1.20——将钾换算成氧化钾的因数。

 任务评价

任务考核评价表

评价项目	评价标准	评价方式			权重	得分小计	总分
		自我评价	小组评价	教师评价			
		0.1	0.2	0.7			
职业素质	1. 遵守课堂纪律和实验室管理规定,严格操作程序。 2. 按时完成项目任务。 3. 学习积极主动,勤学好问				0.2		
专业能力	1. 准备充分,信息量大。 2. 内容正确,条理清晰。 3. 讲解清楚,表达流利。 4. 实验操作规范,结果准确可靠				0.7		
协作能力	具有良好的团队合作意识				0.1		
教师综合评价							

 **拓展提高**

钾肥知识

1．钾肥施用注意事项

（1）钾肥应早施，一般以基施为主。对保肥差的土壤可分次适量施用，以减少钾的流失。如玉米对钾的吸收主要是在苗期，到了开花抽穗期基本不再吸收。

（2）注意钾肥对作物的反应。如 K_2SO_4 含 K_2O 48％～52％，价格较高，适用于西瓜、甘薯、马铃薯、葡萄、烟草、桃树、梨树等对氯敏感的作物。对钾敏感的作物施钾效果明显，豆科作物和玉米对钾都很敏感。

（3）科学施用钾肥，可以增加作物产量，提高农产品品质，增强作物抗倒、抗病、抗旱能力；但过多地施用钾肥，不仅浪费，还会引起黄叶、干烧心等生理病害，甚至影响产量和品质。不同的作物需钾量不同，西瓜、果树需钾量较多；玉米、棉花需钾量中等；花生、大豆等豆科作物及甘薯、马铃薯等对钾虽然很敏感但需要量不多，小麦、谷子需钾也较少。

（4）为了提高钾肥的利用率，钾肥应深施、集中施用。因为钾在表土易被固定，所以钾应施于根系分布多的土层，以便于根系吸收；一般采用条施、穴施等方法。

（5）注意与氮、磷、有机肥配合施用。一是作物体内的正常代谢要求各种养分保持相对平衡；二是钾肥与许多养分之间都有交互作用，其中氮与钾的连应效果最为明显，有"互补"作用；三是有机肥可以吸附钾离子，防止钾的流失。

2．钾肥的真假简易识别

（1）看包装　化肥包装袋上必须注明产品名称、养分含量、等级、商标、净重、厂名、厂址、标准代号、生产许可证号码。如上述标识没有或不完整，则可能是假化肥或劣质品。

（2）看外观　国产氯化钾为白色结晶体，其含有杂质时呈淡黄色。进口氯化钾多为白色结晶体或红白相间结晶体。硫酸钾为白色结晶体，含有杂质时呈淡黄色或灰白色。

（3）看水溶性　取氯化钾或硫酸钙、硫酸二氢钾 1g，放入干净的玻璃杯或白瓷碗中，加入干净的凉开水 10mL，充分搅拌均匀，看其溶解情况，全部溶解无杂质的是钾肥，不能迅速溶解，呈现粥状或有沉淀的是劣质钾肥或假钾肥。

（4）木炭试验　取少量氯化钾或硫酸钾放在烧红的木炭或烟头上，应不燃、不熔，有"劈啪"爆裂声。无此现象则为假冒伪劣产品，现在发现有的用食盐冒充磷酸二氢钾，可取点样品放在小铁板上用火烧一下，如火焰上出现黄色，则可能含食盐。

（5）石灰水试验　有的厂商用磷铵加入少量钾肥，甚至不加钾肥，混合后假冒磷酸二氢钾。质量好的磷酸二氢钾为白色结晶，加入石灰水（或草木灰水）后，闻不到氨味，外表观察如果是白色或灰白色粉末，加石灰水（或草木灰水）后闻到一股氨味，那就是假冒磷酸二氢钾。

（6）铜丝试验　用根结晶的铜丝或电炉丝蘸取少量的氯化钾或磷酸钾，放在白酒火焰上灼烧，通过蓝色玻璃片，可以看到紫红色火焰。无此现象，则为伪劣产品。

3. 家庭自制钾肥

（1）喝剩下的残茶水、淘米水泔水（最好用金宝贝发酵剂发酵后施用）和草木灰水、洗牛奶瓶子水，都是上好的钾肥，可直接用来浇花。

（2）最简单的一种就是草木灰，木材充分燃烧后剩余的灰。

（3）把过期的中药、茶叶，还有花生等废弃物放在一个破瓷盆里，用小火烧尽后，用水浇湿，再把这些黑渣洒在种了丝瓜丝和黄瓜的土里。

（4）香蕉是含钾比较高的食物，用香蕉皮泡水，用来浇瓜浇花。

思考与练习

1. 下列能增强农作物对病虫害和倒伏的抵抗能力的化肥是（　　）。
　A. Na_2SO_4　　　　B. KCl　　　　C. NH_4NCO_3　　　　D. $Ca(H_2PO_4)_2$

2. 小山家的棉花叶子发黄，且出现倒伏现象。请你帮他参谋一下，建议他购买的化肥是（　　）。
　A. 硫酸铵　　　　B. 硝酸钾　　　　C. 磷酸钙　　　　D. 氯化钾

3. 有一包化学肥料，可能是硫酸铵、碳酸氢铵、过磷酸钙、氯化钾中的一种。取少量样品，观察到其外观为白色晶体，加水后能全部溶解；另取少量样品与熟石灰混合、研磨，没有刺激性气体放出。这种化肥是（　　）。
　A. 氯化钾　　　　B. 碳酸氢铵　　C. 硫酸铵　　　　D. 过磷酸钙

4. 草木灰是农村广泛使用的一种农家钾肥，它的水溶液显碱性。下列化肥能与草木灰混合使用的是（　　）。
　A. 尿素　　　　B. 氯化铵　　　　C. 硝酸铵　　　　D. 硫酸铵

5. 被誉为"春果第一枝"的大樱桃已经成为烟台农业经济的一个亮点。为了预防大樱桃在成熟期发生裂果现象，果农常施用一种钾肥。这种钾肥的水溶液能与氯化钡溶液反应生成不溶于硝酸的白色沉淀。该钾肥是（　　）。
　A. 硝酸钾　　　　B. 碳酸钾　　　　C. 硫酸钾　　　　D. 氯化钾

6. 三国演义中有这样一个故事：诸葛亮率领的汉军误饮了"哑泉"。哑泉，人若饮之，则不能言，不过旬日必死。后来，汉军将士经地方隐士指点，饮了万安溪的"安乐泉"水方才转危为安。哑泉和安乐泉中的化学物质可能是（　　）。
　A. NaCl 和 $CaCl_2$　　　　　　　B. Na_2SO_4 和 KCl
　C. $BaCl_2$ 和 $NaNO_3$　　　　　D. $CuSO_4$ 和 $Ca(OH)_2$

7. 简述四苯硼酸钾重量法和四苯硼酸钠容量法测定钾肥产品中氧化钾含量的方法原理？

8. 四苯硼酸钾重量法和四苯硼酸钠容量法测定氧化钾含量时，有哪些干扰因素？如何消除干扰？

9. 环潭中心学校组织了一次识别化肥的探究活动：他们从家中拿来了五种化肥，分别是硫酸钾、氯化钾、碳酸氢铵、氯化铵和硝酸铵。

第一步：称取五种化肥各 10g，分别研细。

第二步：取上述化肥少量，分别加入少量熟石灰粉末，混合研磨，能嗅到气味的是三种铵盐。发生反应的化学方程式分别是：①＿＿＿＿＿＿＿＿；②＿＿＿＿＿＿＿＿；③＿＿＿＿＿＿＿＿。

第三步：另取三种铵盐各少量，分别盛于三支试管中，再分别滴入少量盐酸，无明显现象的是氯化铵和硝酸铵，有气泡放出的是＿＿＿＿＿＿＿＿，其反应的化学方程式是＿＿＿＿＿＿＿＿。

第四步：另取氯化铵和硝酸铵各少量，分别盛于两支试管中，分别滴入少量＿＿＿＿溶液，有白色沉淀生成者是＿＿＿＿＿＿＿＿＿＿＿＿，发生反应的化学方程式是＿＿＿＿＿＿＿＿＿；无白色沉淀生成者是＿＿＿＿＿＿＿＿。

第五步：另取两种钾盐各少量，分别盛于两支试管中配成溶液，再分别滴入几滴氯化钡溶液，生成白色沉淀的钾盐是＿＿＿＿＿＿＿＿＿＿＿＿＿，无明显现象的钾盐是＿＿＿＿＿＿＿＿。

任务四　复混肥分析

任务目标

1. 了解复混肥料的组成和特点。
2. 掌握复混肥中氯离子和钾含量的测定方法及原理。
3. 能采用佛尔哈德法测定复混肥中氯离子的含量。
4. 能采用四苯硼酸钾重量法测定复混肥中钾的含量。

任务介绍

复混肥的生产和使用，已有近百年的历史。复混肥料是多营养元素肥料，通常是指肥料中同时含有氮、磷、钾三要素中的两种或三种元素的化学肥料。复混肥和单元素肥料相比，有很多优点，如物理性能好、养分含量较高且营养元素有效组分集中、贮运和施用方便等。因此在当今的农业生产中，复混肥的使用十分普遍。但是，目前我国生产复混肥品种很多，由于生产工艺的差异、贮运保管不当、或因农业生产的需要而调整各营养元素的含量比例等，都会使复混肥中各营养元素的含量发生改变，这就要求我们加强对复混肥生产的监督和检测工作，在实际工作中也经常需要对复混肥进行仲裁分析。因此，复混肥的分析一般都严格按国家标准方法进行。

任务解析

通过本次任务的学习，让学生了解复混肥料的组成和特点，掌握复混肥中氯离子和钾含量的测定方法及原理。任务的重点和难点在于能采用佛尔哈德法测定复混肥中氯离子的含量，能采用四苯硼酸钾重量法测定复混肥中钾的含量。结合教学内容及学生自身的基础，主要采用引导探究法、分组辩论法、合作学习法、自主学习法和多媒体辅助教学法。不仅重视知识的获得，而且还关注学生获取知识的过程。通过分组辩论，从争论中发现问题，分析问题，让学生在讨论交流中取长补短，培养学生的合作竞争意识。给学生更多的时间思考、讨论，使学生由"学会"变为"会学"适应了素质教育的要求。

任务实施

复合肥料和混合肥料统称为复混肥料。常见的复混肥有磷酸二氢钾、硝酸钾、磷酸一铵、磷酸二铵等。复混肥料的优点是养分种类多，含量高，能同时均匀地供给作物几种养分，充分发挥营养元素间的相互作用，从而提高施肥增产的效果；副成分少，物理形状较好，容易贮存和施用；节约贮、运、施的费用，便于机械化作业，从而降低生产成本和提高劳动生产率。缺点是养分固定，而不同土壤养分含量不同和不同作物所需营养元素的种类、数量和比例不同，因此，复合肥很难适合各地土壤和作物的需要，往往要配合单质肥料才能收到更好的效果；各种养分施在同一时期，不一定适合作物的生长发育需求。

一、复混肥料中氯离子含量的测定

1. 实验原理

试料在微酸性溶液中，加入过量的硝酸银溶液，使氯离子转化成为氯化银沉淀，用邻苯二甲酸二丁酯包裹沉淀，以硫酸铁铵为指示剂，用硫氰酸铵标准溶液滴定剩余的硝酸银。

2. 仪器与设备

（1）实验室常用仪器。

（2）电子天平　精确度为 0.0001g。

3. 试剂与试样

（1）邻苯二甲酸二丁酯。

（2）硝酸溶液　（1+1）。

（3）硝酸银溶液 $[c(AgNO_3)=0.05mol/L]$　称取 8.7g 硝酸银，溶解于水中，稀释至 1000mL，贮存于棕色瓶中。

（4）氯离子标准溶液（1mg/mL）　准确称取 1.6487g 经 270～300℃ 烘干至恒定的基准氯化钠于烧杯中，用水溶解后，移入 1000mL 容量瓶中，稀释至刻度，混匀，贮存于塑料瓶中。

（5）硫酸铁铵指示液（80g/L）　溶解 8.0g 硫酸铁铵于 75mL 水中，过滤，加几滴硫酸，使棕色消失，稀释至 100mL。

（6）硫氰酸铵标准滴定溶液 $[c(NH_4SCN)=0.05mol/L]$　称取 3.8g 硫氰酸铵溶解于水中，稀释至 1000mL。

标定方法如下：准确吸取 25.00mL 氯标准溶液于 250mL 锥形瓶中，加入 5mL 硝酸溶液和 25.00mL 硝酸银溶液，摇动至沉淀分层，加入 5mL 邻苯二甲酸二丁酯，摇动片刻。加入水，使溶液总体积约为 100mL，加入 2mL 硫酸铁铵指示液，用硫氰酸铵标准滴定溶液滴定剩余的硝酸银，至出现浅橙红色或浅砖红色为止。同时进行空白试验。

硫氰酸铵标准滴定溶液的浓度 c（mol/L）按下式计算：

$$c = \frac{m_1}{0.03545 \times (V_0 - V_1)}$$

式中　V_0——空白试验（25.00mL 硝酸银溶液）所消耗硫氰酸铵标准溶液的体积，mL；

　　　V_1——滴定剩余的硝酸银所消耗硫氰酸铵标准溶液的体积，mL；

　　　m_1——所取氯离子标准溶液中氯离子的质量，g；

　0.03545——氯离子的毫摩尔质量，g/mmol。

（7）复混肥料。

4. 实验步骤

（1）试样称取　准确称取试样约 1～10g，精确至 0.0002g，置于 250mL 烧杯中（称样量范围见表 6-6）。

表 6-6　称样量范围

氯离子的质量分数（w）/%	$w_2 < 5$	$5 \leqslant w_2 \leqslant 25$	$w_2 > 25$
称样量/g	5～10	1～5	1

（2）试液的制备　往烧杯中加 100mL 蒸馏水，缓慢加热至沸，继续微沸 10min，冷却至室温，溶液转移到 250mL 容量瓶中，稀释至刻度，混匀。干过滤，弃去最初的部分滤液。

（3）滴定　准确吸取一定量的滤液（含氯离子约 25mg）于 250mL 锥形瓶中，加入 5mL 硝酸溶液，加入 25.00mL 硝酸银溶液，摇动至沉淀分层，加入 5mL 邻苯二甲酸二丁酯，摇动片刻。

加入蒸馏水，使溶液总体积约为 100mL，加入 2mL 硫酸铁铵指示液，用硫氰酸铵标准溶液滴定剩余的硝酸银，至出现浅橙红色或浅砖红色为止。

（4）空白试验　按以上操作步骤进行空白试验，除不用试液外，操作手续和应用的试剂与滴定时相同。

5. 结果的计算

复混肥料中氯离子的含量用质量分数（%）表示，按下式计算：

$$w(\text{Cl}^-) = \frac{(V_0 - V_2)c \times 0.03545}{m_2 D} \times 100\%$$

式中　V_0——空白试验（25.00mL 硝酸银溶液）所消耗硫氰酸铵标准溶液的体积，mL；

　　　V_2——滴定试液时所消耗硫氰酸铵标准溶液的体积，mL；

　　　c——硫氰酸铵标准溶液的浓度，mol/L；

　　　m_2——试样的质量，g；

　　　D——测定时吸取试液体积与试液的总体积之比；

　0.03545——氯离子的毫摩尔质量，g/mmol。

6. 测定结果的精密度

测定结果的精密度应符合表 6-7 要求。

表 6-7　测定结果的精密度

氯离子的质量分数(w)/%		<5	5~25	>25
平行测定结果的绝对差值/%	≤	0.20	0.30	0.40
不同实验室测定结果的绝对差值/%	≤	0.30	0.40	0.60

二、复混肥中钾含量的测定： 四苯硼酸钾重量法

1. 基本原理

试样溶解后，加入甲醛溶液，使存在的铵离子转变成六亚甲基四胺。加入 EDTA 消除其他金属离子的干扰。在弱碱性介质中，用四苯硼酸钠溶液沉淀试样溶液中的钾离子，生成白色的四苯硼酸钾沉淀，将沉淀过滤、洗涤、干燥、称重。根据沉淀物质的质量，即可计算出复混肥中钾的含量。反应式为：

$$KCl + Na[B(C_6H_5)_4] \longrightarrow K[B(C_6H_5)_4] \downarrow (白色) + NaCl$$

2. 仪器与设备

（1）实验室常用仪器。

（2）玻璃坩埚式滤器　4 号，30mL。

（3）干燥箱　能维持（120±5）℃的温度。

（4）电子天平　精确度为 0.0001g。

3. 试剂与试样

（1）四苯硼酸钠溶液　20g/L。

（2）乙二胺四乙酸二钠（EDTA）溶液　100g/L。

（3）氢氧化钠溶液　200g/L。

（4）甲醛溶液　37%。

（5）四苯硼酸钠饱和溶液　1.5g/L。

（6）酚酞　5g/L乙醇溶液，溶解 0.5g 酚酞于 100mL 95%（质量分数）乙醇中。

（7）复混肥料。

4. 方法步骤

（1）称样　准确称取试样约 2~5g（含氧化钾约 400mg），精确至 0.0002g，置于 400mL 烧杯中。

（2）试液制备　往烧杯中加水约 150mL，加热煮沸 30min，冷却，定量转移到 250mL 容量瓶中，用水稀释至刻度，混匀，干过滤，弃去最初滤液 50mL。

（3）试液处理　准确吸取上述滤液 25.00mL 于 250mL 烧杯中，加入 20mL EDTA 溶液和 2 滴酚酞指示剂，摇匀，逐滴加入氢氧化钠溶液直至溶液的颜色变红为止，然后再过量 1mL。加入 5mL 甲醛溶液，摇匀，加热煮沸 15min。

（4）沉淀及过滤　在剧烈搅拌下，逐滴加入四苯硼酸钠沉淀剂，加入量为每含 1mg 氧化钾加沉淀剂 0.3mL，并过量约 5mL，继续搅拌 1min，静置 30min。用预先在 120℃ 烘至恒重的 4 号玻璃坩埚抽滤沉淀，将沉淀全部转入坩埚内，再用四苯硼酸钠饱和溶液洗涤沉淀 5 次左右，每次用量约 5mL，最后用水洗涤 2 次，每次用量约 2mL。

（5）干燥　将坩埚连同沉淀置于（120±5）℃干燥箱中，干燥 1h 后，取出，放于干燥器内冷却至室温，称重，直至恒重。

5. 结果的计算

复混肥中钾含量以氧化钾的质量分数（%）表示，按下式计算：

$$w(\text{K}_2\text{O}) = \frac{(m_2 - m_1) \times 0.1314}{m \times \frac{25.00}{250}} \times 100\%$$

式中　m_1——空坩埚的质量，g；

m_2——坩埚和四苯硼酸钾沉淀的质量，g；

m——试样的质量，g；

25.00——吸取试样溶液的体积，mL；

250——试样溶液的总体积，mL；

0.1314——四苯硼酸钾质量换算为氧化钾质量的系数。

 任务评价

任务考核评价表

评价项目	评价标准	评价方式			权重	得分小计	总分
		自我评价	小组评价	教师评价			
		0.1	0.2	0.7			
职业素质	1. 遵守课堂纪律和实验室管理规定，严格操作程序。 2. 按时完成项目任务。 3. 学习积极主动，勤学好问				0.2		
专业能力	1. 准备充分，信息量大。 2. 内容正确，条理清晰。 3. 讲解清楚，表达流利。 4. 实验操作规范，结果准确可靠				0.7		
协作能力	具有良好的团队合作意识				0.1		
教师综合评价							

拓展提高

复混肥知识

1. 复合肥与复混肥的区别

（1）生产工艺不同　复合肥是通过化学反应合成，其养分含量均匀，颗粒大小颜色一致。而复混肥是几种肥料通过物理混合而成，生产工艺简单，养分不均，效果较差。

（2）养分含量不同　复合肥养分一般固定，氮、磷、钾各为 15%，硫为 30%，而复混肥浓度低，总养分一般不超过 30%。

（3）养分利用率不同　化学反应合成的复合肥养分释放均匀、周期长、利用率高。而物理混合的复混肥养分释放不均衡，造成作物养分吸收过程中的浪费和缺乏。

（4）标准不同　复合肥采用的标准是 GB 15063—1994，生产企业具备三证：营业执照、生产许可证和农业使用检验登记证，而复混肥目前尚无国家标准和行业标准，采用的都是企业标准，而且往往三证不全。

2. 复混肥施用注意事项

（1）复混肥养分含量高，施用时要选择合理的用量。施用复混肥并不是越多越好，盲目多施复混肥，不仅成本增加，而且不利于种子发芽和作物生长。使用时一定要依据产品使用说明，同时结合本地区的施肥用量，计算出合理的施肥量。

（2）复混肥浓度差异较大，应注意选择合适的浓度，要因地域、土壤、作物不同，选择使用经济，高效的肥料品种。一般大田作物（如玉米、水稻）可选用氮磷和氮磷钾的复混肥，大豆等豆科作物应选用磷钾复混肥，某些经济作物可选用与土壤等条件相适应的三元或多元高浓度复混肥。

（3）复混肥配比原料不同，应注意养分成分的使用。含硝酸根的复混肥，不宜在叶菜类和水田里使用；含铵离子的复混肥，不宜在盐碱地上施用；含氯化钾或氯离子的复混肥不宜在忌氯作物或盐碱地上使用；含硫酸钾的复混肥，不宜在水田和酸性土壤中施用。

（4）施用复混肥时，应深施覆土，减少地表撒施。因为复混肥中含有两种或两种以上大量元素，氨表施易挥发损失或雨水流失，磷、钾易被土壤固定，特别是磷在土壤中移动性小，施于地表不易被作物根系吸收利用，也不利于根系深扎，遇干旱情况肥料无法溶解，肥效更差。

（5）施用复混肥时，因其浓度较高，应尽量避免种子与肥料直接接触或种肥混合使用，若与种子或幼苗根系直接接触，会影响出苗甚至烧苗、烂根。播种时，种子要与穴施、条施复混肥相距 5~10cm，切忌直接与种子同穴施，造成肥害。

3. 家庭自制复混肥

（1）淘米水、泔水、剩茶水、草木灰放在一起发酵。发酵后的淘米水、生豆芽水、洗奶瓶水、养金鱼水及草木灰水，都含有一定的氮、磷、钾等营养成分，卫生方便，适量施用，可促进盆花生长，浇灌花木，促使根系发达，枝繁叶茂。

（2）水果皮、烂菜叶。直接拌入三分之二的沙土中或装入小桶、盆罐等容器内用泥把口封严，沤成腐殖土，既可以直接栽花，也可以当花肥追施。

（3）中药渣。是一种既干净，含养分又高的花肥，拌在盆土的表面，能改良盆土，保持盆土的湿润。如果浸泡沤制成腐熟的肥水，则肥效更佳。

（4）将猪排骨、羊排骨、牛排骨等吃完剩下骨头装入高压锅，上火蒸 30min 后，捣碎成粉末。按 1 份骨头屑 3 份河沙的比例拌匀，做花卉基肥，垫在花盆底部 3cm，上垫一层土，然后栽植花卉。这种骨头屑是氮磷钾含量充分的完全复合肥，有利花卉生长开花。

（5）氮磷复合肥。取碳铵 0.5kg、氯化钾 0.15kg、硫酸锌 0.025kg、人粪尿 2.5kg、牛粪尿 1kg（或猪粪尿 5kg）、红石骨子细粉 20kg，分别分成 5 等份，然后铺一层红石骨子细粉（约 4kg），上面撒上其他肥料，用木板拍紧，最后用稻草或薄膜盖封闭，20～25 天后即成为氮磷复合肥。

（6）腐殖酸磷铵。取腐熟的沼气渣 1kg，加磷矿粉 0.05kg，混合拌匀后堆成堆，外厚 3～5cm 的掺有牛粪的稀泥层，再撒上一层细土，密封 40 天便制成腐殖酸磷肥。然后将腐殖酸磷肥翻堆打细，重新堆好并糊上稀泥，再在堆顶四周向堆内打洞，接着按 1kg 腐殖酸磷肥加 0.05kg 的比例灌注氨水，同时用泥把洞口糊严。经过 8～10 天，洞外无气味时即成功。这种复合肥料作基肥，效果明显。

 思考与练习

1. 小明家地处少雨的高寒地区，种的庄稼生长不茂盛，叶色偏黄，且子粒不饱满，小明学了化学知识后，帮助父母科学种田，建议父母买化肥改善现状，以获得好收成，他应向父母建议买的化肥是（　　　）。

A. $CO(NH_2)_2$　　　　　B. $Ca_3(PO_4)_2$　　　　　C. KNO_3　　　　　D. $NH_4H_2PO_4$

2. 农作物生长需要氮、磷、钾等营养元素，下列化肥中属于复混肥料的是（　　　）。

A. 硝酸钾　　　　　B. 尿素　　　　　C. 磷酸二氢钙　　　D. 硫酸钾

3. 什么是复混肥？复混肥具有什么特点？

4. 简述复混肥料中氯离子含量的测定原理。

项目七
气体分析技术

 项目导学

　　由于气体质轻、流动性大，而体积又易随温度和压力的改变而变化，使气体分析具有三个特点，即气体分析中，常用测量气体体积的方式来代替称量，按体积计算其体积分数；测定要在密闭的仪器系统中进行；测量气体体积的同时，要记录环境的温度和压力，然后把体积校正到标准状态下的体积。如果分析过程中，气体的温度、压力未发生变化时，则不必校正，直接计算其体积分数。

 学习目标

认知目标

1. 了解工业气体的种类、特点和分析方法；
2. 认识气体吸收体积法的原理；
3. 认识气体燃烧法的原理；
4. 认识气体分析的其他仪器方法。

情感目标

1. 熟悉气体化学分析法的操作流程；
2. 培养正确、规范进行气体分析操作的态度；
3. 形成环保意识。

技能目标

1. 能根据气体的性质选择测定的方法；
2. 学会使用化学分析法的仪器；
3. 能进行化学分析法对气体分析的操作。

 知识准备

一、工业气体种类

　　工业气体种类很多，根据他们在工业上的用途大致可以分为气体燃料、化工原料气、气体产品、废气及车间环境空气。

1. 气体燃料

（1）天然气　主要成分是甲烷。是煤与石油的组成物质分解的产物。

（2）焦炉煤气　主要成分是氢气和甲烷。是煤在 800℃ 以上的炼焦副产物。

（3）石油气　主要成分是甲烷、烯烃和其他烃类化合物。是石油裂解的产物。

（4）水煤气　主要成分是一氧化碳和氢气。是用水蒸气作用于炽热的煤而生成的产物。

2. 化工原料气

除上述的天然气、焦炉煤气、石油气、水煤气可以做化工原料气外，还有黄铁矿焙烧炉气、石灰焙烧窑气、氢气、氯气、乙炔等均可作为化工原料气。

（1）黄铁矿焙烧炉气　主要成分是二氧化硫，用于合成氨。

$$4FeS + 7O_2 \longrightarrow 2Fe_2O_3 + 4SO_2 \uparrow$$

（2）石灰焙烧窑气　主要成分是二氧化碳，用于制碱工业。

$$CaCO_3 \longrightarrow CaO + CO_2 \uparrow$$

3. 气体产品

气体产品产检的主要是氢气、氮气、氧气、乙炔气、氨气等

4. 废气

指各种工业用炉的烟道气，即燃料燃烧后的产物，主要成分为 N_2、O_2、CO、CO_2、水蒸气以及少量其他气体，以及在化工生产中排出的各种组成复杂的尾气。

5. 车间环境空气

车间厂房内的环境空气一般会含有一些生产用的气体。这些气体对身体有害，有些还能够引起燃烧。车间环境空气分析就主要是这些有害气体的分析。

二、气体分析的意义和目的

气体分析的目的因对象的不同而有区别，一般可以归纳为下列几个方面：

（1）为实现和谐与稳定服务　为保护生态环境、保护人民群众健康、保障劳动者安全与健康，消除或降低安全事故与火灾损失提供技术支撑。

（2）为安全管理服务　通过对生产场所和生产过程中空气和气体成分的监督与系统调控，进行安全和消防预警，规避风险，降低事故概率。

（3）为制定目标服务　气体分析可以为制定环境保护、生态文明、安全生产和清洁生产等提出量化、可考核的科学目标和指标。

（4）为执行法规服务　气体分析是监督检查和调查取证的重要手段，其成果能够直接为确定状态、判断责任、确定原因、推断过程提供依据。

（5）为发展科学技术服务　通过气体分析，可以发现在环保、安全、消防等方面的差距和问题，能够推动、发展创新。

（6）为宣传教育服务　气体分析的成果可以用于宣传法规政策、公开信息、普及环境

保护、安全生产和消防工作科学知识。

（7）为相关行政许可服务　现场气体分析成果，为有关管理部门审批安全和消防生产许可提供依据。

三、气体分析的方法

气体分析的方法可分为化学分析法、物理分析法和物理化学分析法。

化学分析法是利用气体的化学性质而确定其含量的方法。化学分析法可以分为吸收法和燃烧法。

物理分析法是根据气体的物理性质，如密度、热导率、热值、折射率等进行测定的方法。

物理化学分析法是根据气体的物理化学性质，如电导率、吸附性或溶解特性以及光吸收特性等进行测定的方法，如电导法、库仑法、气相色谱法、紫外分光光度法等。

任务一　认识气体吸收法

🔖 任务目标

1. 知道气体吸收体积法原理；
2. 学会根据试样的性质来选择气体吸收剂；
3. 认识气体化学体积吸收方法仪器的操作。

🔖 任务介绍

气体化学吸收法是化学气体分析常用的方法，也是传统方法。利用的是将气体混合物与特定的吸收剂接触，使混合气体中的某种欲测成分被完全吸收，通过测定吸收后的一些物理量来确定气体含量的方法。

本任务主要介绍有关气体体积吸收法的相关知识。通过本任务的学习对常用的气体体积吸收法有一个全面的了解。知道该方法的原理、操作、仪器等。为后面的实例操作做好基础准备。

🔖 任务解析

本任务的重点和难点在于气体吸收剂的选择和吸收顺序，能正确选择吸收剂和准确测定气体含量。通过的任务的完成，学生查阅资料，收集整理资料等全方位的能力，同时培养学生的自学能力。

🔖 任务实施

一、认识吸收体积法的基本原理

将气体混合物与特定的吸收剂接触，使混合气体中的某种欲测成分被完全吸收，吸收前、后气体的温度和压力不变时，则吸收前、后混合气体的体积之差为欲测气体的体积。

二、认识气体常用的吸收剂

1. 气体吸收剂

吸收剂有液态和固态的。因液态吸收剂容易配制、使用方便，而被广泛使用。在选用吸收剂时，一般要求吸收剂应具备以下使用条件：

（1）只完全地吸收一种欲测气体，而不与其中其他组分发生任何作用。

（2）吸收后的反应物，应能很好地溶解在吸收剂中。如二氧化碳的吸收剂用氢氧化钾溶液而不用氢氧化钠溶液。

（3）是不易挥发的试剂。

2. 几种常见的气体吸收剂

（1）氢氧化钾溶液 KOH 溶液是 CO_2 的吸收剂。

$$2KOH + CO_2 \longrightarrow K_2CO_3 + H_2O$$

通常用的是 KOH 而不用 NaOH，因为弄得 NaOH 溶液易起泡沫，并且析出难于溶于本溶液中的 K_2CO_3 而堵塞管路。一般用 33％ 的 KOH 溶液，此溶液 1mL 能吸收 40mL 的 CO_2，适用于中等浓度及高浓度（2％～3％）的 CO_2 的测定。

KOH 溶液也能吸收 H_2S、SO_2 和其他酸性气体，在测定时必须预先除去这些气体。

（2）焦性没食子酸的碱溶液 焦性没食子酸（1,2,3-三羟基苯）的碱溶液是 O_2 的吸收剂。

$$C_6H_3(OH)_3 + 3KOH \longrightarrow C_6H_3(OK)_3 + 3H_2O$$

焦性没食子酸钾被氧化生成六氧基联苯钾

$$C_6H_3(OK)_3 + \frac{1}{2}O_2 \longrightarrow (OK)_3H_3C_6C_6H_3(OK)_3 + H_2O$$

制好的此种溶液 1mL 能吸收 8～12mL 氧，在温度低于 15℃ 含量低不超过 25％ 时，吸收效率最好。焦性没食子酸的碱溶液吸收氧的速率，随温度的降低而降低，在 0℃ 时几乎不吸收。所以用他来说吸收氧气时，温度最好不要低于 15℃。因为是碱性溶液，酸性气体和氧化性气体对测定都有干扰，在测定前应该除去。

（3）亚铜盐溶液 亚铜的盐酸溶液或亚铜的氨溶液是 CO 的吸收剂。CO 和 CuCl 作用生成不稳定的 $Cu_2(CO)_2Cl_2$。在氨性溶液中进一步反应：

$$Cu_2(CO)_2Cl_2 + 4NH_3 + 2H_2O \longrightarrow Cu_2(COONH_4)_3 + 2NH_4Cl$$

二者之中，以亚铜盐的氨溶液吸收效率最好，1mL 亚铜盐氨溶液可以吸收 16mL 一氧化碳。因为安睡氨水具有较大挥发性，用亚铜盐氨溶液时，吸收一氧化碳后的剩余气体中混有氨气，影响气体其体积，故在测量剩余气体体积之前，应将剩余气体通过硫酸溶液除去氨气。亚铜盐氨溶液也能吸收氧气、乙炔、乙烯、高级碳氢化合物即酸性气体，故这些气体在对一氧化碳进行分析前要除去。

（4）饱和溴水或硫酸汞、硫酸银的硫酸溶液 它们是不饱和烃的吸收剂。

在气体分析中，长尖尖的饱和烃通常指乙烯、丙烯、丁烯、乙炔、苯、甲苯等。溴能和不饱和烃发生加成反应并生成液态的各种饱和溴化物。

（5）硫酸、高锰酸钾溶液、氢氧化钾溶液　它们是二氧化氮的吸收剂。

$$2NO_2 + H_2SO_4 \longrightarrow HO(ONO)SO_2 + HNO_3$$

$$10NO_2 + 2KMnO_4 + 3H_2SO_4 + 2H_2O \longrightarrow 10HNO_3 + K_2SO_4 + 2MnSO_4$$

$$2NO_2 + 2KOH \longrightarrow KNO_3 + KNO_2 + H_2O$$

三、认识吸收剂的排列顺序

在混合气体中，每一种气体并没有一种特效的吸收剂，换句话说也就是某一种吸收剂所能吸收的气体组分并非仅一种。因此，在吸收过程中，只有妥善安排吸收顺序，才能消除干扰，使测定得以顺利进行，得到准确结果。

例如，煤气的主要成分是 CO_2、O_2、CO、H_2、CH_4、N_2 等，根据所选用的吸收剂性质，在进行煤气分析时，应按如下吸收顺序进行：氢氧化钾溶液→焦性没食子酸的碱溶液→氯化亚铜的氨溶液。

由于氢氧化钾溶液只吸收组分中的 CO_2，因此应排第一。焦性没食子酸碱溶液只吸收 O_2，但因为是碱性溶液，也能吸收 CO_2，因此应该排在氢氧化钾吸收液之后，故排第二。氯化亚铜的氨溶液不但能吸收 CO，同时还能吸收 CO_2、O_2 等。因此，只能将这些干扰组分除去之后才能使用，故排第三。剩余的 H_2 和 CH_4 易于燃烧，用燃烧法测定，剩余气体则为 N_2。

四、认识吸收仪器——吸收瓶

吸收瓶如图 7-1 所示，是对气体进行吸收作用的设备，瓶中装有试剂，气体分析是吸收即在此瓶中进行。吸收瓶分为两部分：一部分是作用部分；另一部分是承受部分。每部分的体积应比量气管大，约为 $120 \sim 150 mL$，二者可以并列，也可以上下排列，还可以一部分置于另一部分之内。作用部分经活塞与梳形管相连，承受部分与大气相通。使用时，将吸收液吸至作用不分的顶端，当气体油量气管进入吸收瓶时，吸收液由作用部分流入承受部分，气体与吸收液发生吸收作用。

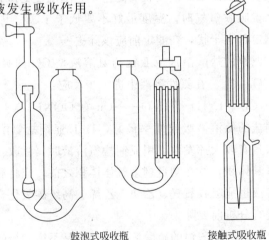

鼓泡式吸收瓶　　　　接触式吸收瓶

图 7-1　吸收瓶

任务评价

任务考核评价表

评价项目	评价标准	评价方式			权重	得分小计	总分
		自我评价	小组评价	教师评价			
		0.1	0.2	0.7			
职业素质	1. 遵守课堂纪律，认真听讲。 2. 按时完成学习任务。 3. 学习积极主动、勤学好问				0.2		
专业能力	1. 能理解吸收法的基本原理。 2. 能选择正确的吸收剂和吸收顺序。 3. 实验结果准确且精确度高				0.7		
协作能力	团队中所起的作用，团队合作的意识				0.1		
教师综合评价							

 拓展提高

其他化学吸收方法简介

1. 吸收滴定法

此法综合应用吸收法和容量滴定法来测定其体（或可以转化为气体的其他物质）含量的分析方法成为吸收滴定法。其原理是使混合气体通过特定的吸收剂溶液，则待测组分与吸收剂发生反应而被吸收，然后在一定条件下，用特定的标准溶液，根据消耗的标准溶液体积，计算出待测气体的含量。吸收滴定法广泛地用于气体分析中。此法中，吸收可作为富集样品的手段，主要用于微量气体组分的测定，也可以进行常量气体组分的测定。

2. 吸收重量法

此法综合应用吸收法和重量法来测定其体（或可以转化为气体的其他物质）含量的分析方法成为吸收重量法。其原理是使混合气体通过固体（或液体）吸收剂，则待测气体与吸收剂发生反应（或吸附），则吸收剂增加一定质量，根据吸收剂增加的质量，计算出待测气体的含量。此法主要用于微量气体组分的测定，也可以进行常量气体组分的测定。

3. 吸收比色法

此法综合应用吸收法和比色法来测定其体（或可以转化为气体的其他物质）含量的分析方法成为吸收比色法。其原理是使混合气体通过固体（或液体）吸收剂，则待测气体与吸收剂发生反应（或吸附）产生不同颜色（或吸收后在做显色反应），其颜色在深浅与待测气体的含量成正比，从而得出待测气体的含量。此法主要用于微量气体组分的测定。

 思考与练习

1. 气体吸收法的原理是什么？
2. 如何正确选择吸收剂？

任务二　认识气体燃烧法

任务目标

1. 了解气体燃烧法的原理；
2. 知道气体燃烧法的种类；
3. 认识气体燃烧法所用的仪器。

任务介绍

有些气体如甲烷和其他挥发性饱和烃类化合物，其化学性质比较稳定，不易与化学试剂发生化学作用，因而不宜用吸收法进行测定。但这些气体一般易燃，可用燃烧法测定。气体燃烧时，其体积的缩减、消耗氧的体积或生成二氧化碳的体积等，与被测物质的量有一定的比例关系。

本任务主要介绍有关气体燃烧法的相关知识。通过本任务的学习对常用的气体燃烧法有一个全面的了解。知道该方法的原理、操作、仪器等。为后面的实例操作做好基础准备。

任务解析

通过本次任务的学习，让学生了解气体燃烧法的相关知识，掌握气体燃烧的测定方法和原理。任务的重点和难点在于能根据燃烧法的原理计算气体的含量。完成本任务的过程中，教师任务书的设计要理论联系实际，使学生掌握的知识能学以致用。通过完成任务，培养学生的自学能力、动手能力、观察能力和思维能力，实现知识与能力的同步到位。

任务实施

一、认识燃烧法的原理

1. 甲烷燃烧

$$CH_4 + 2O_2 \longrightarrow CO_2 + 2H_2O$$

由反应式可知：1 体积的甲烷气完全燃烧，要消耗 2 体积的氧，而生成 1 体积的二氧化碳和 0 体积的水（由于生成的水蒸气在室温下冷凝为体积很小的液态水，体积可以忽略不计），反应前后气体减少 2 个体积。

减少的体积与甲烷的体积之间的比例关系为：

$$V_减 = 2V(CH_4)$$

生成的二氧化碳体积与甲烷的体积之间的比例关系为：

$$V(CO_2) = V(CH_4)$$

消耗的氧气的体积与甲烷的体积之间的比例关系为：

$$V(O_2) = 2V(CH_4)$$

2. 氢气燃烧

$$2H_2 + O_2 \longrightarrow 2H_2O$$

由反应式可知：2 体积的氢气完全燃烧，消耗 1 体积的氧气而生成 0 体积的水。反应前后气体减少 3 个体积。

减少的体积与氢气的体积之间的比例关系：

$$V_减 = \frac{3}{2}V(H_2)$$

消耗的氧气的体积与氢气的体积之间的比例关系为：

$$V(O_2) = \frac{1}{2}V(H_2)$$

3. 一氧化碳燃烧

$$2CO + O_2 \longrightarrow 2CO_2$$

由反应式可知：2 体积的一氧化碳完全燃烧，消耗 1 体积的氧气，生成 2 体积的二氧化碳，反应前后气体体积减少了 1。

减少体积与一氧化碳的体积之间的比例关系：

$$V_减 = \frac{1}{2}V(CO)$$

生成的二氧化碳与一氧化碳的体积之间的比例关系为：

$$V(CO_2) = V(CO)$$

消耗的氧气的体积与一氧化碳的体积之间的比例关系为：

$$V(O_2) = \frac{1}{2}V(CO)$$

二、认识燃烧法的方法

1. 爆炸燃烧法

可燃性气体与空气或氧气混合，当其比例达到一定程度时，受热或遇到火花能引起爆炸性燃烧。气体爆炸有两个极限，即上限和下限。上限指可燃性气体能引起爆炸的最高含量；下限指可燃性气体能引起爆炸的最低含量。如 H_2 在空气中的爆炸上限是 74.2%（体积分数），爆炸下限是 4.1%，即当 H_2 在空气体积中占 4.1%～74.2%之内时，它具有爆炸性。

爆炸燃烧法及时将混合气体与空气或氧气混合，其比例能使可燃性气体完全燃烧，并在爆炸极限之内，在以特殊专职之内点燃，引起爆炸，又称爆燃法。

爆燃法的特点是分析所需的时间最短。

2. 缓慢燃烧法

缓燃法是指可燃性气体与空气或氧气混合，使铂质螺旋丝而引起缓慢燃烧的方法。可燃性气体与空气或氧气的混合比例应在可燃性气体的爆炸下限以下，故可避免爆炸危险。若在爆炸上限以上，则氧气不足，可燃性气体燃烧不完全。缓燃法的特点是所需时间较长。

3. 氧化铜燃烧法

氢气在 280℃左右可在氧化铜上燃烧，甲烷在此温度下不能燃烧，高于 290℃时才开始燃烧，一般浓度的甲烷在 600℃以上时，在氧化铜上可以燃烧完全。反应如下：

$$H_2 + CuO \longrightarrow H_2O + Cu$$

$$CH_4 + 4CuO \longrightarrow 4Cu + CO_2 + 2H_2O$$

氧化铜使用后，可在 400℃通入空气使之氧化即可再生。反应如下：

$$2Cu + O_2 \longrightarrow 2CuO$$

此法特点是不必在被分析气体中加入燃烧所需的氧气，可以减少体积测量次数，从而减少误差，计算也因此而简化。

三、认识燃烧法使用的仪器

1. 爆炸瓶

爆炸瓶，如图 7-2 所示，是一个球形厚壁抗振玻璃容器，球的上端熔封两根铂丝电极，铂丝的外端接电源，电通过感应线圈变成高压电加到铂丝电极上，使铂丝电极间隙处产生火花，从而使可燃气体爆炸。

2. 缓燃管

缓燃管的样式与吸收瓶相似，也是上下排列，分为作用部分和承受部分，如图 7-3 所示，可燃性气体在作用部分中燃烧，承受部分自作用部分排出的封闭液。

3. 氧化铜燃烧管

氧化铜燃烧管，如图 7-4 所示，将氧化铜装在石英管的中部，用电炉或煤气等加热，然后是气体往返通过而进行燃烧。燃烧空间长度约为 10cm，管内径为 6cm。

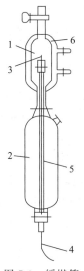

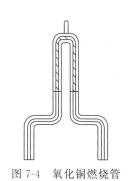

图 7-2　爆炸瓶　　　　　　图 7-3　缓燃管　　　　　　图 7-4　氧化铜燃烧管

1—作用部分；2—承受部分；3—铂丝；

4—导丝；5—玻璃管；6—水套

四、可燃性气体燃烧后的计算

1. 一元可燃性气体的计算

当混合气体中只含有一种可燃气体时，测定过程和计算都比较简单。先用吸收法除去其他组分，再取一定量剩余气体（或全部），加入一定量的空气使之进行燃烧。经燃烧后，测出其缩减的体积或生成二氧化碳的体积。根据燃烧法的基本原理，计算出可燃性气体的含量。

【例 7-1】 有 O_2、CO_2、CH_4、N_2 的混合气体 80.00mL，经用吸收法测定 O_2、CO_2 后的剩余气体中加入空气，使之燃烧，经燃烧后的气体用氢氧化剂溶液吸收，测得生成 CO_2 的体积为 20.00mL，计算混合气体中甲烷的体积分数。

解　燃烧反应为：

$$CH_4 + 2O_2 \longrightarrow CO_2 + 2H_2O$$

根据燃烧法的原理，甲烷燃烧时，所生成的 CO_2 体积等于混合气体中甲烷的体积，即 $V(CH_4) = V_{生}(CO_2)$

所以 $V(CH_4) = 20.00mL$

$$\varphi(CH_4) = \frac{V(CH_4)}{V_{混}} = \frac{20.00}{80.00} \times 100\% = 25.00\%$$

【例 7-2】 有 CO 和 N_2 的混合气体 80.00mL，加空气经燃烧后，测得其总体积减少 8.00mL，求 CO 在混合气体中的体积分数。

解　一氧化碳在空气中燃烧反应为

$$2CO + O_2 \longrightarrow 2CO_2$$

当一氧化碳燃烧时，体积的缩减量为混合气体中一氧化碳体积的一半，则

$$V(CO) = 2V_{缩减}$$

$$V(CO) = 2 \times 8.00mL = 16.00mL$$

$$\varphi(CO) = \frac{V(CO)}{V} \times 100\% = \frac{16.00}{80.00} \times 100\% = 20.00\%$$

2. 二元可燃性气体的计算

当混合气体中只含有一种可燃气体时，测定过程和计算都比较简单。先用吸收法除去其他组分，再取一定量剩余气体（或全部），加入一定量的空气使之进行燃烧。经燃烧后，测出其缩减的体积、生成二氧化碳的体积、耗氧量。根据燃烧法的基本原理，列出二元一次方程组，求解方程，即可计算出可燃性气体的含量。

【例 7-3】有 CO、CH_4、N_2 的混合气体 40.00mL，加入过量的空气，经燃烧后，测得其体积缩减 42.00mL，生成 CO_2 36.00mL。计算混合气体中各组分的体积分数。

解 根据可燃性气体的体积与缩减体积和生成 CO_2 体积的关系，得到：

$$\begin{cases} V_{缩} = \dfrac{1}{2}V(CO) + 2V(CH_4) = 42.00 \\ V(CO_2) = V(CO) + V(CH_4) = 36.00 \end{cases}$$

解方程组得：

$$V(CH_4) = 16.00mL$$

$$V(CO) = 20.00mL$$

$$V(N_2) = 40.00mL - (16.00 + 20.00)mL = 4.00mL$$

于是混合气体中的各组分的体积分数为：

$$\varphi(CO) = \frac{20.00}{40.00} \times 100\% = 50.00\%$$

$$\varphi(CH_4) = \frac{16.00}{40.00} \times 100\% = 40.00\%$$

$$\varphi(N_2) = \frac{4.00}{40.00} \times 100\% = 10.00\%$$

【例 7-4】由 H_2，CH_4、N_2 组成的气体混合物 20.00mL，加入空气 80.00mL，混合燃烧后，测量体积为 90.00mL，经氢氧化钠溶液吸收后，测量体积为 86.00mL，求各种气体在原混合气体中的体积分数。

解：混合气体的总体积应为：80.00mL + 20.00mL = 100.00mL

总体积缩减量应为：100.00mL - 90.00mL = 10.00mL

生成 CO_2 的体积应为：90.00mL - 86.00mL = 4.00mL

根据可燃性气体的体积与缩减体积和生成 CO_2 体积的关系，得：

$$\begin{cases} V_{缩} = \dfrac{3}{2}V(H_2) + 2V(CH_4) = 10.00 \\ V(CO_2) = V(CH_4) = 4.00 \end{cases}$$

解方程组得：

$$V(CH_4) = 4.00mL$$

$$V(H_2) = 1.33mL$$

$$V(N_2) = 20.0mL - (4.00 + 1.33)mL = 14.67mL$$

于是原混合气体中各气体的体积分数为：

$$\varphi(H_2) = \frac{1.33}{20.00} \times 100\% = 6.65\%$$

$$\varphi(CH_4) = \frac{4.00}{20.00} \times 100\% = 20.00\%$$

$$\varphi(N_2) = \frac{14.67}{20.00} \times 100\% = 73.35\%$$

3. 三元可燃性气体的计算

当混合气体中只含有一种可燃气体时，测定过程和计算都比较简单。先用吸收法除去其他组分，再取一定量剩余气体（或全部），加入一定的空气使之进行燃烧。经燃烧后，测出其缩减的体积、生成二氧化碳的体积、消耗氧气量。根据燃烧法的基本原理，列出三元一次方程组，求解方程，即可计算出可燃性气体的含量。

【例 7-5】有 CO_2、O_2、CH_4、CO、H_2、N_2 的混合气体 100.00mL。用吸收法测得 CO_2 为 6.00mL，O_2 为 4.00mL，用吸收后的剩余气体 20.00mL，加入氧气 75.00mL 进行燃烧，燃烧后其体积缩减量为 10.11mL，后用吸收法测得 CO_2 为 6.22mL，O_2 为 65.31mL。求混合气体中各组分的体积分数。

解 混合气体 CO_2、O_2、CH_4、CO、H_2、N_2 吸收时，CO_2 和 O_2 被吸收，混合气体的组成为 CH_4、CO、H_2、N_2，其中 CH_4、CO、H_2 为可燃性组分。

由吸收法测得：

$$\varphi(CO_2) = \frac{6.00}{100.00} \times 100\% = 6.00\%$$

$$\varphi(O_2) = \frac{4.00}{100.00} \times 100\% = 4.00\%$$

燃烧后所消耗的体积为：75.00mL − 65.31mL = 9.69mL，根据可燃性气体的体积与缩减体积、生成 CO_2 体积、耗氧体积的关系，得：

$$\begin{cases} V_{缩} = \dfrac{1}{2}V(CO) + 2V(CH_4) + \dfrac{3}{2}V(H_2) = 10.11 \\ V(CO_2) = V(CO) + V(CH_4) = 6.22 \\ V_{耗氧} = \dfrac{1}{2}V(CO) + 2V(CH_4) + \dfrac{1}{2}V(H_2) = 9.69 \end{cases}$$

吸收法吸收 CO_2 和 O_2 后的剩余气体体积为：100.0mL − 6.00mL − 4.00mL = 90.00mL。

燃烧法是取其中的 20.00mL 进行测定的，于是在 90.00mL 的剩余气体中的体积应为：

$$V(CH_4) = \frac{3 \times 9.69 - 6.22 - 10.11}{3} \times \frac{90.00}{20.00}mL = 19.10mL$$

$$V(CO) = \frac{4 \times 6.22 - 3 \times 9.69 + 10.11}{3} \times \frac{90.00}{20.00}mL = 8.90mL$$

$$V(H_2) = (10.11 - 9.69) \times \frac{90.00}{20.00}mL = 1.90mL$$

于是混合气体中可燃性气体的体积分数为：

$$\varphi(CH_4)=\frac{19.10}{100.00}\times100\%=19.10\%$$

$$\varphi(CO)=\frac{8.90}{100.00}\times100\%=8.90\%$$

$$\varphi(H_2)=\frac{1.90}{100.00}\times100\%=1.90\%$$

 任务评价

任务考核评价表

评价项目	评价标准	评价方式			权重	得分小计	总分
		自我评价	小组评价	教师评价			
		0.1	0.2	0.7			
职业素质	1. 遵守课堂纪律、认真听讲。 2. 按时完成学习任务。 3. 学习积极主动、勤学好问				0.2		
专业能力	1. 理解燃烧法的原理。 2. 认识燃烧法的仪器。 3. 能计算准确结果				0.7		
协作能力	团队中所起的作用, 团队合作的意识				0.1		
教师综合评价							

 拓展提高

燃烧小常识

1. 燃烧的本质

燃烧俗称"着火"。人们通过长期用火实践和大量的科学实验证明, 燃烧是可燃物质与氧化剂作用发生的一种放热发光的剧烈化学反应。因此, 国际（GB 5907—86）定义：燃烧是可燃物与氧化剂作用发生的放热反应, 通常伴有火焰, 发光和（或）发烟现象, 可燃物在燃烧过程中, 生成了与原来的物质完全不同的新物质。

燃烧不仅在空气（氧含量20%）存在时能发生有的可燃物在其他氧化剂中也能发生燃烧。例如：氢气就在氯气中燃烧。镁屑甚至能在二氧化碳中燃烧。

在日常生活、生产中看到的燃烧现象, 大都是可燃物质与空气（氧）或其他氧化剂进行剧烈化合而发生的放热发光现象。实际上, 燃烧不仅仅是化学反应, 也有的是分解反应。从本质上讲, 燃烧是剧烈的氧化还原反应。

燃烧反应不仅强调是一种化学反应，而且还强调必须是同时有放热现象。火焰即为火的放热发光的物理现象。燃烧时发光的主要原因：一是白炽的固体粒子，如火焰中的碳粒；二是某些不稳定的（或受激发）的中间物质。燃烧放热主要是因为化学反应时有旧键的断裂和新键的生成。而断键时要吸收能量，成键时又放出能量，且断键时吸收的能量要比成键时放出的能量少，所以燃烧都是放热反应。

2. 燃烧的条件

任何物质发生燃烧，都有一个由未燃烧状态转向燃烧状态的过程。燃烧过程的发生和发展，必须具备以下三个必要条件，即可燃物、氧化剂（助燃物）和温度（点火源）。上述三个条件同时具备的情况下可燃物物质才能发生燃烧。三个条件无论缺少哪一个，燃烧都不能发生。

（1）可燃物　凡是能与空气中的氧或其他氧化剂起化学反应的物质称为可燃物。自然界中的可燃物种类繁多，按其物理状态，分为气体可燃物，液体可燃物和固体可燃物三种类别。但从化学的角度上讲，可燃物都是未达到其最高氧化状态的材料。

（2）氧化剂（助燃物）　能帮助和支持可燃物燃烧的物质，即能与可燃物发生氧化反应的物质称为氧化剂。燃烧过程中的氧，除了氧元素之外，某些物质也可以作为燃烧反应的氧化剂，如氟（F）、氯（Cl）等。

（3）温度（点火源）　点火源是指供给可燃物与氧或助燃剂发生燃烧反应的能量来源。常见的是热能，其他还有化学能、电能、机械能等转变热能。

燃烧反应可以通过用明火点燃处于空气（或氧气）中的可燃物或通过加热处于空气（或氧气）中的可燃物来实现。在无外界点火源时，只有将可燃物加热到其着火点以上才能使燃烧反应进行。因此，物质的燃烧除了其可燃性和氧之外，还需要温度和热量。由于各种可燃物的化学组成和化学性质各不相同，使其发生燃烧的温度也不同。

点火源的种类很多，根据火源的能量源不同，可分为以下几种

① 明火焰　明火焰是最常见而且比较强的点火源，如火柴火焰，蜡烛等明火焰的温度约在700～2000℃之间，它可以点燃任何可燃物质。

② 炽热体　炽热体是指受高温或电流等因素作用，由于蓄热而具有较高温度的物质。如烧红的铁块、短路的熔珠、长时间通电的电熨斗、高温蒸气管道等。

③ 火星　火星是在铁器与铁器、铁器与石头、石头与石头强力摩擦、撞击时产生的，是机械能转为热能的一种现象。例如，焊割时产生的火星，烟囱或火场飞出的火星，这些火星的温度根据光测高温计测量，约有1200℃。

④ 电火花　当两电极间放电时能产生电火花，若两电极间空气被击穿或者切断高压接点时还能产生白炽的电弧，还有静电放电火花和雷击放电。这些电火花都能引起可燃气体、液体、蒸气和易燃固体物质着火。由于电气设备的广泛使用，这种火源引起的火灾所占的比例越来越大。

⑤ 化学反应热和生物热　即由于化学变化或生物作用产生的热能，这种热能如不及时散掉，就能引起火灾甚至爆炸。

⑥ 光辐射　如太阳光、凸玻璃聚光热等。这种热能只要具有足够的温度，就能引燃可燃物质。

（4）可燃物、助燃物和点火源三者的相互作用　实验证明，燃烧不仅必须具备可燃物，助燃物和点火源，并且满足相互之间的数量比例，同时还必须使三者相互结合，相互作用，否则，燃烧也不能发生。例如：在教室里有桌、椅、门、窗等可燃物质，有充满空间的助燃物（空气），有火源（电源），构成燃烧的条件具在，可是并没有发生燃烧现象，这就是因为这些条件没有作用的缘故。

几种引火源的温度见表7-1。

表 7-1　几种引火源的温度

引火源名称	引火源温度/℃	引火源名称	引火源温度/℃
火柴焰	500～650	气体灯焰	1600～2100
烟头中心	700～800	酒精灯焰	1180
烟头表面	250	煤油灯焰	280～1030
机械火星	1200	植物油灯焰	500～700
煤烧火焰	100	蜡烛火焰	640～940
烟囱飞火	600	焊割火焰	2000～3000
石灰与水反应	600～700	汽车排气管火星	600～800

思考与练习

1. 气体燃烧法的原理是什么？共有几种燃烧方式？
2. 气体燃烧装置有几种类型？各有什么用途？

任务三　气体化学分析法的操作

任务目标

1. 知道气体化学分析方法的仪器组成；
2. 学会气体化学分析方法仪器的操作。

任务介绍

气体化学分析法主要的使用的仪器是气体分析仪。常用的气体分析仪主要有奥氏气体分析仪和苏式气体分析仪。本任务通过完成半水煤气的分析实例，主要介绍气体化学分析法的仪器和仪器的操作使用。

任务解析

通过本次任务的学习，让学生了解气体化学分析法的相关知识，掌握气体分析法的测定方法和原理。了解常用气体分析仪器的构成。掌握气体分析方法仪器的操作。任务的重点和难点在于能使用气体化学分析法的仪器测量气体的含量。完成本任务的过程中，教师任务书的设计要理论联系实际，使学生掌握的知识能学以致用。通过完成任务，培养学生的自学能力、动手能力、观察能力和思维能力，实现知识与能力的同步到位。

任务实施

一、认识化学分析法仪器

常见的气体化学分析法仪器有奥氏气体分析仪和苏式 ВТИ 气体分析仪两种。

1. 仪器的基本部件

（1）量气管　是测量气体体积的装置，一般为有刻度的玻璃管，底口通过胶管与调节液瓶相连，用来测量气样体积。刻度管固定在一圆形套筒内，套筒上下应密封并装满水，以保证量气筒的温度稳定。

（2）水准瓶　是一个下口玻璃瓶，开口处用胶管与量气筒底部相连，瓶内装蒸馏水，由于它的提高与降低，造成瓶中的水位变动而形成不同的水压，使气样被吸入或排出或被压进吸气球管使气样与吸收剂反应。

（3）吸收瓶　内盛吸收剂，用来完成气体分析中的吸收作用。

（4）梳形管　是带有几个磨口活塞的梳形连通管（图 7-5），其右端与量气筒连接，左端为取气孔，套上胶管即与欲测气样相连。磨口活塞各连接一个吸气球管，它控制着气样进吸气球管。活塞起调节进气或排气关闭的作用，梳形管在仪器中起着连接枢纽的作用。

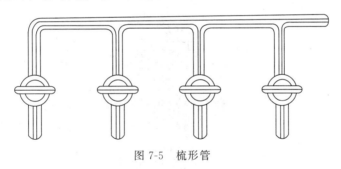

图 7-5　梳形管

（5）燃烧瓶　见燃烧仪器中的燃烧瓶

2. 奥氏气体分析仪

改良式的奥氏气体分析仪，如图 7-6 所示，是由 1 支量气管，4 个吸收瓶、1 个爆炸瓶组成的。它可进行 CO_2、O_2、H_2、CH_4、N_2 混合气体的分析测定。其特点是结构简单、轻便，易操作，分析速度快。缺点是精密度不高，不能适应更复杂的混合气体分析。

3. 苏式 ВТИ 气体分析仪

苏式 ВТИ 气体分析仪，如图 7-7 所示，是由 1 支双臂式量气管、7 个吸收瓶、1 个氧化铜燃烧管和 1 个缓慢燃烧管等组成的。它可进行煤气全分析或更复杂混合气体的分析测定。其特点是仪器结构复杂，分析速度慢，但是精密度高，应用型更广泛。

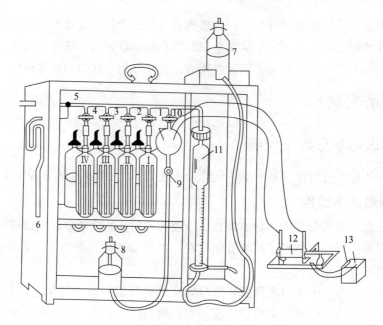

图 7-6　改良奥氏气体分析仪

Ⅰ,Ⅱ,Ⅲ,Ⅳ—吸收瓶；1～4,9,10—活塞；5—三通活塞；6—取样口；7,8—水准瓶；
11—量气管；12—感应线圈；13—电源

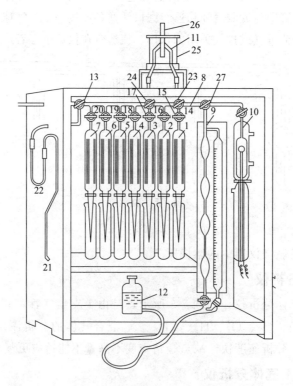

图 7-7　苏式 ВТИ 气体分析仪

1～7—吸收瓶；8—梳形管；9—量气管；10—缓慢燃烧管；11—氧化铜燃烧管；12—水准瓶；
13,23,24,27—三通活塞；14～20—活塞；21—进样口；22—过滤管；25—加热器；26—热电偶

二、化学分析法的操作——以半水煤气的分析为例

半水煤气是合成氨的原料气，它是由焦炭、水蒸气和空气等制成。他的去分析项目有 CO_2、O_2、CO、H_2、CH_4、N_2，可以采用化学分析法进行测定。原理主要为采用吸收法和燃烧法，其中二氧化碳、氧气、一氧化碳用气体吸收体积法测定其含量；氢气、甲烷用燃烧法测定其含量；用计算法求出氮气含量。

其分析的次序如下：KOH 溶液吸收 CO_2；溴水吸收 C_nH_m；焦性没食子酸碱溶液吸收 O_2；氯化亚铜的氨性溶液吸收 CO；燃烧法测定 CH_4 及 H_2；剩余的气体为 N_2。

1. 仪器

改良奥氏气体分析仪（图 7-6）。

2. 试剂

（1）氢氧化钾溶液（33%）。

（2）焦性没食子酸碱性溶液。

（3）氯化亚铜氨性溶液。

（4）封闭液。

3. 实验步骤

（1）准备工作　首先将洗涤洁净并干燥好的气体分析仪各部件用橡胶管连接安装好。所有旋转活塞都必须涂抹润滑剂，使其转动灵活。

依照拟好的分析顺序将各吸收剂分别自吸收瓶的承受部分注入吸收瓶中。为进行半水煤气分析，吸收瓶Ⅰ中注入 33% 的 KOH 溶液；吸收瓶Ⅱ中注入焦性没食子酸碱性溶液；吸收瓶Ⅲ、Ⅳ中注入亚铜氨溶液。水准瓶中注入封闭液。

先检查仪器是否漏气。调节三通活塞 5，使量气管与大气相通，提高水准瓶，排除气体至液面升至量气管的顶端标线为止。然后关闭三通活塞 5，使梳型管与空气隔绝，放低水准瓶，依次打开吸收瓶Ⅰ～Ⅳ及爆炸球的活塞，使吸收瓶中的吸收液液面上升至标线，关闭活塞排出吸收瓶Ⅰ～Ⅳ及爆炸球中的废气。再次将三通活塞 5 旋至量气管与大气相通，提高水准瓶，将量气管内的气体排出，并使液面升至标线，然后将三通活塞 5 关闭，将水准瓶放在底板上，如量气管内液面开始稍微移动后即保持不变，并且各吸收瓶及爆炸球等的液面也保持不变，表示仪器已不漏气，如果液面下降，说明仪器有漏气之处，应进行检查，查出并漏气之处并进行处理，确认仪器不漏气后方可进行测定。

（2）实验过程

①取样　调节各吸收瓶及爆炸球的液面在标线上。气体导入管与取样容器相连。将三通活塞 5 打开，同时打开取样容器的活塞并放低水准瓶，吸入少量气体洗涤量气管，旋转三通活塞 5 使量气管通大气，升高水准瓶将气体试样排出，如此操作 2～3 次后，放低水准瓶，将气体试样吸入量气管中。当液面下降至刻度"0"以下少许，旋转三通活塞 5 使量气管与大气相通，小心升高水准瓶使多余的气体试样排出（此操作应小心、快速准确，以免空气进入），使量气管中的液面至刻度为"0"处（两液面应在同一水平面上）。最后将三通活塞关闭，完成气体试样的采取，采取气体试样为的体积为 100.0mL（$V_样$）。

② 吸收　打开吸收瓶 I 上的活塞，升高水准瓶，将气体试样压入吸收瓶 I 中，直至量气管内的液面快到标线为止；然后放低水准瓶，将气体试样抽回，如此往返 3～4 次，最后一次将气体试样自吸收瓶中全部抽回，当吸收瓶 I 内的液面升至顶端标线，关闭吸收瓶 I 上的活塞1，将水准瓶移近量气管，两液面对齐，读出气体体积 V_1，吸收前后体积之差（$V_样 - V_1$）即为气体试样中所含 CO_2 的体积。为保证吸收完全，可再重复上述操作手续一次，如果体积相差小于 0.1mL 即认为已吸收完全。

按同样的操作方法依次吸收 O_2、CO 等气体，可测出试样中所含 O_2、CO 的体积。

③ 爆燃　如果进行燃烧法测定，打开吸收瓶 II 上的活塞2，将剩余气体全部压入吸收瓶 II 中贮存，关上活塞2。确认爆炸球内的液面已调节至球顶端的标线处，放低水准瓶7引入空气冲洗梳型管，再升高水准瓶7将空气排出，如此冲洗 2～3 次，最后准确引入 80.00mL空气，关闭三通活塞5，打开吸收瓶 II 上的活塞2，放低水准瓶7（注意空气不能进入吸收瓶 II 内），量取约 10mL 剩余气体，关闭活塞2，准确读数。打开爆炸球上的活塞10。混合气体压入爆炸球内，并来回抽压2次，使之充分混匀，最后将全部气体压入爆炸球内。关闭爆炸球上部的活塞10，将爆炸球的水准瓶放在桌上（切记！爆炸球下的活塞9是开着的！）。接上感应圈开关，慢慢转动感应圈上的旋钮，则爆炸球的两铂丝间有火花产生，使混合气体爆燃。燃烧完后，把剩余气体压回量气管中，量取体积。前后体积之差为燃烧缩减的体积（$V_缩$）。再将气体压入吸收瓶 I 测定生成 CO_2 的体积 $V(CO_2，生成)$。

4. 计算

（1）吸收部分

$$\varphi(CO_2) = \frac{V_1}{V_样} \times 100\%$$

$$\varphi(O_2) = \frac{V_2}{V_样} \times 100\%$$

$$\varphi(CO) = \frac{V_3}{V_样} \times 100\%$$

式中　$V_样$——采取试样的体积，mL；

　　　V_1——试样中含 CO_2 的体积，mL；

　　　V_2——试样中含 O_2 的体积，mL；

　　　V_3——试样中含 CO 的体积，mL。

（2）燃烧部分

$$V(CH_4) = \frac{V(CO_2，生成)}{V_样} \times \frac{V_余}{V_取} \times 100\%$$

$$V(H_2) = \frac{2[V_缩 - 2V(CO_2，生成)]}{3V_样} \times \frac{V_余}{V_取} \times 100\%$$

式中　　　$V_余$——吸收 CO_2、O_2、CO 后剩余气体的体积，mL；

　　　　　$V_样$——剩余气体中取出进行燃烧测定的气体的体积，mL；

　　　$V(CH_4)$——进行燃烧测定的气体试样中含 CH_4 的体积，mL；

　　　$V(H_2)$——进行燃烧测定的气体试样中含 H_2 的体积，mL；

$V_\text{缩}$——气体燃烧后总体积的缩减数，mL；

$V(CO_2，生成)$——气体中 CH_4 燃烧后生成的 CO_2 的体积，mL。

5. 注意事项

（1）必须严格遵守分析程序，各种气体的吸收顺序不得更改。

（2）读取体积时，必须保持两液面在同一水平面上。

（3）在进行吸收操作时，应始终观察上升液面，以免吸收液、封闭液冲到梳型管中。水准瓶应匀速上、下移动，不得过快。

（4）仪器各部件均为玻璃制品，转动活塞时不得用力过猛。

（5）如果在工作中吸收液进入活塞或梳型管中，则可用封闭液清洗，如封闭液变色，则应更换。新换的封闭液，应用分析气体饱和。

（6）如仪器短期不使用，应经常转动碱性吸收瓶的活塞，以免粘住。如长期不使用应清洗干净，干燥保存。

（7）每次测量体积时记下温度与压力，需要时，可以在计算中用以进行校正。

 任务评价

任务考核评价表

评价项目	评价标准	评价方式			权重	得分小计	总分
		自我评价 0.1	小组评价 0.2	教师评价 0.7			
职业素质	1. 遵守实验室管理规定,严格操作程序。 2. 按时完成学习任务。 3. 学习积极主动、勤学好问				0.2		
专业能力	1. 理解溶质、溶剂与溶液的相互关系。 2. 实验操作规范。 3. 实验结果准确且精确度高				0.7		
协作能力	团队中所起的作用,团队合作的意识				0.1		
教师综合评价							

 拓展提高

气体流量计

测量气体流量的仪器称为气体流量计（gas flowmeter）。

气体流量计种类很多，常用的主要有孔口流量计（orificeflowmeter）、转子流量计（rotatorflowmeter）、皂膜流量计（soap bubbleflowmeter）和湿式流量计（wetflowmeter）四种。

孔口流量计和转子流量计，轻便、易于携带，适合于现场采样；皂膜流量计和湿式流量计测量气体流量比较精确，一般用来校正其他流量计。皂膜流量计、湿式流量计直接测量气体流过的体积值；转子流量计、孔口流量计测量气体的流速。

由于空气的体积受到很多因素的影响，使用前应校正流量计的刻度。

1. 转子流量计

转子流量计由一根内径上大下小的玻璃管和一个转子组成。转子可以是铜、铝、不锈钢或塑料制成的球体或上大下小的锥体。由于玻璃管中转子下端的环形孔隙截面积比上端的大，当气体从玻璃管下端向上流动时，转子下端的流速小于上端的流速。因此，气体对转子的压力下端比上端大，这一压力差（DP）使转子上升。另外，气流对转子的摩擦力，也使转子上升。当压力差、摩擦力共同产生的上升作用力与转子自身的质量相等时，转子就停留在某一高度，这一高度的刻度值指示这时气体的流量（Q）。

采样前，应将转子流量计的流量旋钮关至最小，开机后由小到大调节流量至所需的刻度。使用前，应在收集器与流量计之间连接一个小型缓冲瓶，以防止吸收液流入流量计而损坏采样仪。在实际采样工作中，若空气湿度大，应在转子流量计进气口前连接干燥管除湿，以防转子吸附水分增加自身质量，使流量测量结果偏低。

2. 孔口流量计

它是一种压力差计，有隔板式和毛细管式两种类型。在水平玻璃管的中部有一个狭窄的孔口（隔板），孔口前后各连接U形管的一端，U形管中装有液体。不采样时U形管两侧液面在同一水平面上；采样时，气体流经孔口，因阻力产生压力差。孔口前压力大，液面下降；孔口后压力小，液面上升；液柱差与两侧压力差成正比，与气体流量成正相关关系。常用流量计的孔口为1.5mm或3.0mm，相应的流量为5L/min或15L/min。

3. 皂膜流量计

皂膜流量计由一根有体积刻度的玻璃管和橡皮球组成。玻璃管下端有一支管，橡皮球内装满肥皂水，当用手挤压橡皮球时，肥皂水液面上升至支管口，从支管流入的气流使肥皂水产生致密的肥皂膜，并推动其沿管壁缓慢上升。肥皂膜从起始刻度到终止刻度所示的体积值就是流过气体的量，记录相应的时间，即可计算出气体的流速。

肥皂膜气密性良好，质量轻，沿清净的玻璃管壁移动的摩擦力只有20～30Pa，阻力很小。由于皂膜流量计的体积刻度可以进行校正，并用秒表计时，因此皂膜流量计测量气体流量精确，常用于校正其他种类的流量计。根据玻璃管内径大小，皂膜流量计可以测量1～100mL/min的流量，测量误差小于1%。皂膜流量计测定气体流量的主要误差来源是时间的测量，因此要求气流稳定，皂膜上升速度不超过4cm/s，保证皂膜有足够长的时间通过刻度区。

4. 湿式流量计

它由一个金属筒制成，内装半筒水，筒内装有一个绕水平轴旋转的鼓轮，将圆筒内腔分成四个小室。当气体由进气管进入小室时，推动鼓轮旋转，鼓轮的转轴与筒外刻度盘上的指针连接，指针所示读数即为通过气体的流量。刻度盘上的指针每旋转一圈为5L或10L。记录测定时间内指针旋转的圈数就能得出气体流过的体积。在湿式流量计上方配有压力计和温度计，可测定通过气体的温度和压力。湿式流量计上附有一个水平仪，底部装有螺旋，可以调节水平位置；前方一侧有一水位计，多加的水可从水位计的出水口溢出，保证筒内水量准确。使用前应进行漏气、漏水检查，否则会影响流量的准确测量。

不同的湿式流量计由于进气管内径不同，最大流量限额不一样。盘面最大刻度为 10L 的湿式流量计，其最大流量限额为 25L/min；5L 的则为 12.5L/min。湿式流量计测量气体流量准确度较高，测量误差不超过 5%。但自身笨重，携带不便，常用于实验室中校正其他流量计。

 思考与练习

1. 气体分析仪主要由些部件组成？各部分的作用是什么？
2. 半水煤气的成分分析的原理是什么？
3. 如何控制测定半水煤气成分的测定条件？

任务四　气体仪器分析操作

任务目标

1. 了解气相色谱法等气体仪器分析技术的方法原理；
2. 了解气相色谱法测定半水煤气的操作过程。

任务介绍

本任务主要介绍了气体分析的仪器分析方法，让学生了解气体分析的其他分析方法。并且以半水煤气的分析为例简单介绍仪器分析方法的操作。

任务解析

通过本次任务的学习，让学生了解其他仪器分析的方法。在教学中要注意培养学生的自学能力、信息收集和处理能力，并注意开拓学生视野，适当拓宽知识面，实现知识与能力的同步到位。

任务实施

一、认识气体仪器分析法

1. 气相色谱分析技术

在化工生产中，气相色谱法是一种比较普遍的分离分析方法的化工分析技术。从原料、半成品、中间过程控制到成品的分析很多都是采用气相色谱分析法。在气体分析中，气相色谱法，不仅可以分析有机物，还可以分析无机物。例如，大气中的微量一氧化碳分析、合成氨工艺中的半水煤气分析、金属热处理中的一氧化碳、二氧化碳、甲烷、氢气和氮气组分的分析等。

2. 电导分析技术

电导法是一种物理化学方法，是利用测定物质电解质溶液导电能力的一种方法。其原理是根据气体试样通过相应的吸收液后，试样被吸收液吸收，吸收液的电导率就会发生变化，利用电导率与物质含量之间的关系，可测定物质的含量。例如，用氢氧化钾吸收二氧化碳以后生成碳酸钾，溶液的电导率下降，根据溶液电导率的下降程度可以计算出气体试样中二氧化碳的含量。此外，一氧化碳、二氧化硫、硫化氢、氧气、盐酸蒸汽等都可以用电导法这种方法来进行测定。

3. 库仑分析技术

库仑法是通过测量电量来确定组分含量的方法。在实际应用中主要是通过测量电量的方法来确定反应终点的库仑滴定分析法。常见的是用库仑法测定金属中碳、硫，和环境气体中二氧化硫、臭氧、二氧化氮等的气体分析技术。

4. 热导分析法

各种气体的导热性是不同的，如果把两根相同的金属丝（如铅金丝），分别插在两种不同的气体中，尽管通过的电流相同，但由于两种气体的导热性不同，这两根金属丝的温度改变就不一样。随着温度的变化，电阻也相应地发生变化，所以，只要测出金属丝的电阻变化值，就能确定待测气体的百分含量。如在氧气厂中就广泛采用此种方法。

5. 红外光谱分析技术

红外光谱是利用物质的分子对红外辐射的吸收而建立的分析方法。通过对特征吸收谱带强度的测量可以求出组分的含量。常用来测定烷、烯、炔等有机气态化合物，以及一氧化碳、二氧化碳、二氧化硫、一氧化氮、二氧化氮等无机气态化合物。

二、气体仪器分析法操作实例

气相色谱法测定半水煤气

半水煤气分析是氮肥工业中必不可少的分析项目，国内已广泛采用气相色谱法分析半水煤气的组分。

1. 实验原理

用 5A 分子筛和碳分子筛两根色谱柱进行分析。在 100℃ 左右柱温下测定 O_2、N_2、CO、CH_4 和 CO_2 等气体组分。5A 分子筛可分离 O_2 和 N_2。用碳分子筛 TDX-01 在同样温度下分离 $O_2 + N_2$；CO、CH_4 和 CO_2。为防止 CO_2 对 5A 分子筛柱毒化，在此柱前需装一些碱石棉，以吸收 CO_2。也可用一支 TDX-01 柱分离半水煤气，只是 O_2 和 N_2 分离不太理想。

2. 仪器的检查

（1）检查热导电桥 打开分析主机后面板，观察接线板的牌号，其中第 23～27 号之间 5 个接线端子为热导池的引线汇集点。用万用表测量每 2 个点之间的阻值，应为 50Ω。用 500V 兆欧表检测热导元件对地绝缘电阻应大于 5MΩ。

（2）检查氢焰鉴定器 揭开分析单元主机箱盖，轻轻取下鉴定器盖，用 500V 兆欧表检查收集极和极化对地绝缘电阻，应达到无限大。

（3）检查极化电压和点火电压 接通微电流放大器电源，将"极性选择"放在"零点"档，用万用表测量极化电压时，应等于零。将"极性选择"放在"Ⅰ－Ⅱ＋"."或"Ⅰ＋Ⅱ－"挡时，用万用表测量极化电压应为＋250V 或－250V。按动微电流放大器面板上的"点火"按钮时，观察点火线圈发红，即说明正常。

（4）检查气密性 打开载气高压钢瓶开关，调减压表使出口压力达 0.3MPa。调主机稳压阀使压力达到 0.2MPa，调针形阀使载气流量达到 30mL/min。将转化柱出口的连接管取下，将出口处用堵头螺母封闭，关闭载气稳压阀，切断气源，观察面板压力表，在半小时内压力降不超过 0.01MPa。再将转化柱出口与氢焰鉴定器连接，在 0.2MPa 压力下通载气，用肥皂液检查氢焰鉴定器各外部接头，如不出现肥皂泡，则认为气密性良好。

3. 仪器的连接

（1）连接电源线 3 个电控箱备有各自的电源线，接插于相应的电源插座上，应符合各自的额定电流。记录仪电源线是将相线（即火线）接于标有 220V 字样的端子上，中线接于标有"0"字样的端子上。

（2）连接信号线 3 个电控箱与主机之间，用相应的连接导线相互连接起来。

4. 仪器的调零

（1）热导调零 首先将载气流量稳定在 30mL/min，将热导电源控制箱上的"电流调节"旋钮调到最低处，输出衰减置于 1/32 档，接通热导和记录仪电源，利用"记录调零"电位器，使记录仪指针处于测量范围内，如放在 1mV 处。

以氢为载气时，调节"电流调节"旋钮，使热导池桥流加到 200mA。

当选择旋钮置于"热导调零"时，将池平衡电位器放在中间位置，再用"粗"、"中"、"细"调零电位器记录仪调至"零"点。

当选择旋钮置于"记录调零"时，可调节"记录调零"电位器来选择仪器工作的基线位置。

当选择旋钮置于"测量"位置时，即可开始进行测量工作，由 2 个不同的"测量"位置来确定输出信号的极性。

（2）热导调池平衡 先向桥路加 200mA 电流，将选择旋钮置于"测量"位置，扭动"电流调节"旋钮将桥流减少 20mA，即由 200mA 调至 180mA，观察记录仪指针的偏移，用"池平衡"旋钮使指针再回到原来数值。再用"电流调节"旋钮将桥流上升 20mA，即恢复到 200mA，观察记录仪指针的偏移，由调零旋钮的"粗"、"中"、"细"3 个电位器将偏移的指针调回到原来的数值上。如此重复循环直至电流减少至 20mA，衰减为 1 时，记录仪指针的变动不超过满刻度的 ±1% 即可。

（3）氢焰不点火调零 接通微电流放大器电源，将"极性选择"置于"Ⅰ＋Ⅱ－"挡。将"极性选择"波段开关置于"零点"，将"衰减"波段开关置于 1。"基流补偿"电位器向左旋到头，使至零位。选择波段开关放在"放大调零"。开启记录仪，待记录仪指针稳定后用"放大调零"的"粗调""细调"电位器调节记录仪到达 0 毫伏的零点位置。选择波段开关放在"记录调零",调"记录调零"旋钮,使记录仪指针停留在任意位置,通常放在 1mV 处。再将选择波段开关放在"测量"位置时,记录仪指针仍将维持在"记录调零"时的 1mV 位置上,说明操作正确。

(4) 氢焰点火调零　向仪器主机通氮气,流量为 35mL/min,空气流量为 600mL/min。氢焰鉴定器点火时,按压微电流放大器面板上的"点火"按钮,最长不超过 5s,氢焰被点燃时基线出现偏移。将"极性选择"波段开关放在"检测I+II-",选择波段开关放在"放大调零",因基流的影响,则记录仪指针将产生偏移,此时可用"基流补偿"电位器,将记录仪指针调回到零位。选择波段开关置于"测量",若基流得到完全补偿,则记录仪指针将停在不点火时的"记录调零"位置上,待基线稳定后,即可进行分析。

5. 参数设置

进行气体分析时,各项操作条件一般应符合下列规定。

柱 1：$\phi4\times0.5$，1.5m，5A 分子筛 60～80 目；

柱 2：$\phi3\times0.3$，1m，TDX-01 40～60 目；

柱温：50℃；

热导池桥电流：200mA；

检测室温度：120℃；

转化炉温度：360℃；

柱前压：0.19～0.2MPa；

载气流量：42mL/min；

空气流量：600mL/min；

氮气流量：34mL/min；

进样量：1mL；

记录仪纸速：300mm/h。

6. 样品测定

进行分析时,可用六通阀定量管或在射器进样,分析气体时需分两次由两个进样口进样：第一次由第一进样口进样,5A 分子筛柱分离出 O_2、N_2、CH_4 及 CO,测量热导池在记录仪上产生的色谱峰；第二次由第二进样口进样时,气样经 TDX-01 柱,分离出 CO、CH_4 及 CO_2,由氢焰检定器产生相应信号,在记录仪上测出色谱峰值,可应用标准曲线法或对比计算法来计算各组分的分析结果。

分析结束后先切断记录仪电源,其次将恒温控制器、微电流放大器及热导电源控制器的电源依次切断。

切断电源之后,掀开主机箱盖使加热单元迅速降温,由测温毫伏表不断观察各点温度,重点注意转化炉的温度。

氢焰检定器停止使用时,应立即关闭空气及氮气气源。载气流量仍保持不变,待色谱仪各点温度降至接近室温时方可关闭载气气源,并将仪器恢复至初始正常状态。

7. 结果结算

在每次分析时,向色谱仪中注入已知含量的标准气样,在记录仪上测出峰高或峰面积，作为计算依据。再注入被测气样，从记录仪上测得峰面积或峰高，代入计算公式即可求得被测气样中各组分的含量。

$$c_i = \frac{A_i}{A_s} c_s$$

式中　c_i——被测组分的浓度；

　　　A_i——被测组分的峰面积；

　　　c_s——标准气样中相应组分的浓度，%；

　　　A_s——标准气样中相应组分的峰面积。

H_2的体积分数按下式计算：

$$\varphi(H_2) = 1 - [\varphi(CO_2) + \varphi(O_2) + \varphi(CO) + \varphi(CH_4) + \varphi(N_2)]$$

8. 注意事项

① 检漏时，通气与放气要缓慢，以免损坏热导元件或冲击色谱柱中的填充物。

② 启动仪器时，必须先通载气5min，而后加桥路电流，再升温，以免烧毁热导池元件和镍触媒。对于初次安装的仪器，须通载气20min之后方可供给桥流。

③ 停机时，必须保证镍触媒不断通过氢气，其流量不低于20mL/min，待转化炉温度降至室温时，方可关闭气源。

④ 打开氢焰检定器上盖时，须将放大器"极性选择"放在"零点"挡，以免极化圈碰地而烧毁微电流放大器。

⑤ 向热导池电桥供电时，不得超过额定电流。以氢为载气时，桥流最高不得超过250mA。以氮或氩为载气时，最高不得超过150mA。电流过高容易损坏热导元件或降低元件寿命。

 任务评价

任务考核评价表

评价项目	评价标准	评价方式			权重	得分小计	总分
		自我评价	小组评价	教师评价			
		0.1	0.2	0.7			
职业素质	1. 遵守实验室管理规定,严格操作程序。 2. 按时完成学习任务。 3. 学习积极主动、勤学好问				0.2		
专业能力	1. 理解气体仪器分析的方法原理。 2. 气相色谱法测定半水煤气的实验操作规范。 3. 实验结果准确且精确度高				0.7		
协作能力	团队中所起的作用,团队合作的意识				0.1		
教师综合评价							

拓展提高

气体分析仪

测量气体成分的流程分析仪表。在很多生产过程中，特别是在存在化学反应的生产过程中，仅仅根据温度、压力、流量等物理参数进行自动控制常常是不够的。由于被分析气体的千差万别和分析原理的多种多样，气体分析仪的种类繁多。常用的有热导式气体分析仪、电化学式气体分析仪和红外线吸收式分析仪等。

主要利用气体传感器来检测环境中存在的气体种类，气体传感器是用来检测气体的成分和含量的传感器。一般认为，气体传感器的定义是以检测目标为分类基础的，也就是说，凡是用于检测气体成分和浓度的传感器都称作气体传感器，不管它是用物理方法，还是用化学方法。比如，检测气体流量的传感器不被看作气体传感器，但是热导式气体分析仪却属于重要的气体传感器，尽管它们有时使用大体一致的检测原理。

1. 热导式

一种物理类的气体分析仪表。它根据不同气体具有不同热传导能力的原理，通过测定混合气体导热系数来推算其中某些组分的含量。这种分析仪表简单可靠，适用的气体种类较多，是一种基本的分析仪表。但直接测量气体的导热系数比较困难，所以实际上常把气体导热系数的变化转换为电阻的变化，再用电桥来测定。热导式气体分析仪的热敏元件主要有半导体敏感元件和金属电阻丝两类。半导体敏感元件体积小、热惯性小，电阻温度系数大，所以灵敏度高，时间滞后小。在铂线圈上烧结珠形金属氧化物作为敏感元件，再在内电阻、发热量均相等的同样铂线圈上绕结对气体无反应的材料作为补偿用元件。这两种元件作为两臂构成电桥电路，即是测量回路。半导体金属氧化物敏感元件吸附被测气体时，电导率和热导率即发生变化，元件的散热状态也随之变化。元件温度变化使铂线圈的电阻变化，电桥中有一不平衡电压输出，据此可检测气体的浓度。热导式气体分析仪的应用范围很广，除通常用来分析氢气、氨气、二氧化碳、二氧化硫和低浓度可燃性气体含量外，还可作为色谱分析仪中的检测器用以分析其他成分。

2. 热磁式

热磁式氧分析仪其原理是利用烟气组分中氧气的磁化率特别高这一物理特性来测定烟气中含氧量。氧气为顺磁性气体（气体能被磁场所吸引的称为顺磁性气体），在不均匀磁场中受到吸引而流向磁场较强处。在该处设有加热丝，使此处氧的温度升高而磁化率下降，因而磁场吸引力减小，受后面磁化率较高的未被加热的氧气分子推挤而排出磁场，由此造成"热磁对流"或"磁风"现象。在一定的气样压力、温度和流量下，通过测量磁风大小就可测得气样中氧气含量。由于热敏元件（铂丝）既作为不平衡电桥的两个桥臂电阻，又作为加热电阻丝，在磁风的作用下出现温度梯度，即进气侧桥臂的温度低于出气侧桥臂的温度。不平衡电桥将随着气样中氧气含量的不同，输出相应的电压值。

热磁式氧分析仪具有结构简单、便于制造和调整等优点。

3. 电化学式

一种化学类的气体分析仪表。它根据化学反应所引起的离子量的变化或电流变化来测量气体成分。为了提高选择性，防止测量电极表面沾污和保持电解液性能，一般采用隔膜结构。常用的电化学式分析仪有定电位电解式和伽伐尼电池式两种。定电位电解式分析仪的工作原理是在电极上施加特定电位，被测气体在电极表面就产生电解作用，只要测量加在电极上的电位，即可确定被测气体特有的电解电位，从而使仪表具有选择识别被测气体的能力。伽伐尼电池式分析仪是将透过隔膜而扩散到电解液中的被测气体电解，测量所形成的电解电流，就能确定被测气体的浓度。通过选择不同的电极材料和电解液来改变电极表面的内部电压从而实现对具有不同电解电位的气体的选择性。

4．红外线吸收式

根据不同组分气体对不同波长的红外线具有选择性吸收的特性而工作的分析仪表。测量这种吸收光谱可判别出气体的种类；测量吸收强度可确定被测气体的浓度。红外线分析仪的使用范围宽，不仅可分析气体成分，也可分析溶液成分，且灵敏度较高，反应迅速，能在线连续指示，也可组成调节系统。工业上常用的红外线气体分析仪的检测部分由两个并列的结构相同的光学系统组成。

一个是测量室，一个是参比室。两室通过切光板以一定周期同时或交替开闭光路。在测量室中导入被测气体后，具有被测气体特有波长的光被吸收，从而使透过测量室这一光路而进入红外线接收气室的光通量减少。气体浓度越高，进入到红外线接收气室的光通量就越少；而透过参比室的光通量是一定的，进入到红外线接收气室的光通量也一定。因此，被测气体浓度越高，透过测量室和参比室的光通量差值就越大。这个光通量差值是以一定周期振动的振幅投射到红外线接收气室的。接收气室用几微米厚的金属薄膜分隔为两半部，室内封有浓度较大的被测组分气体，在吸收波长范围内能将射入的红外线全部吸收，从而使脉动的光通量变为温度的周期变化，再可根据气态方程使温度的变化转换为压力的变化，然后用电容式传感器来检测，经过放大处理后指示出被测气体浓度。除用电容式传感器外，也可用直接检测红外线的量子式红外线传感器，并采用红外干涉滤光片进行波长选择和配以可调激光器作光源，形成一种崭新的全固体式红外气体分析仪。这种分析仪只用一个光源、一个测量室、一个红外线传感器就能完成气体浓度的测量。此外，若采用装有多个不同波长的滤光盘，则能同时分别测定多组分气体中的各种气体的浓度。

与红外线分析仪原理相似的还有紫外线分析仪、光电比色分析仪等，在工业上也用得较多。

5．非分散红外分析

非分散红外分析同时采用窄带滤光片和气体过滤相关法两种非色散光谱分析技术结合，适合于气体不同的测量范围要求。

过滤相关法能够测量低量程气体并有效避免交叉干扰，这种独特技术能消除弱吸收气体如 CO 和高吸收气体 CO_2 交叉干扰。

热源发出的红外光被旋转过滤器过滤，导致系列脉冲信号直接通过包含样本气体的单元，当过滤器轮旋转时固态检测器反映出信号变化并将信号放大输出以及显示。

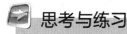 思考与练习

气体分析仪器方法常见的有哪些？

项目八
日化产品分析技术

 项目导学

　　日用化学品是人们生活中，每天必不可少的，日用化学品的质量直接关系着人们的健康，因此企业在生产日用化学品时一定要严格按照国家标准进行检验。本项目从油脂的理化指标、表面活性剂的定性分析、合成洗涤剂的总活性物、化妆品的感官检验等方面介绍日化产品的分析技术。

 学习目标

认知目标
1. 掌握油脂的水分和挥发分的测定；
2. 熟悉油脂酸值的测定；
3. 知道表面活性剂 pH 值的测定方法；
4. 了解表面活性剂的定性分析；
5. 掌握合成洗涤剂中总活性物含量的测定；
6. 熟悉化妆品的感官指标检验。

情感目标
1. 激发学生对化学检验技术的兴趣；
2. 树立学生严谨科学的实验态度；
3. 培养学生的小组合作团队精神。

技能目标
1. 学会测定油脂的水分和挥发分的含量；
2. 学会测定油脂酸值的方法；
3. 能用酸度计测定表面活性剂的 pH 值；
4. 能够对表面活性剂进行定性分析及洗涤剂中总活性物含量的测定；
5. 学会化妆品的感官指标检验。

知识准备

一、油脂

油脂广泛分布于动植物界，它们是动物和植物新陈代谢的产物，是贮藏的营养物质。在植物体内油脂主要集中在种子中，如杏、花生、芝麻等种子中，油脂含量都在50％左右。

动物的脂肪组织和油料植物的籽核是油脂的主要来源。在室温下呈固态或半固态的叫脂肪，呈液态的叫油。脂肪中含高级饱和脂肪酸的甘油酯较多，油中含高级不饱和脂肪酸甘油酯较多，天然油脂大都是混合甘油酯。各种油脂都是多种高级脂肪酸甘油酯的混合物。一种油脂的平均分子量可通过它的皂化值（1g油脂皂化时所需KOH的毫克数）反映。皂化值越小，油脂的平均相对分子质量越大。油脂的不饱和程度常用碘值（100g油脂跟碘发生加成反应时所需碘的克数）来表示。碘值越大，油脂的不饱和程度越大。油脂中游离脂肪酸的含量常用酸值（中和1g油脂所需KOH的毫克数）表示。新鲜油脂的酸值极低，保存不当的油脂因氧化等原因会使酸值增大。有些油类在空气中能形成一层硬而有弹性的薄膜，有这种性质的油叫干性油。

油脂质量的好坏，取决于油料质量优劣，油料容易受外界环境影响而变质，例如贮存时间长，受水、日光、杂质、空气作用都可以造成油脂酸败变质；油脂在加工、运输、保管和供应过程受到不清洁包装容器等污染也会变质；以及人为的污染混杂，加工方法、设备和工艺落后同样会加速油脂变质。油脂在人们日常生活中具有重要意义，如食用的动、植物油；在药学上，它们用作制造多种药剂，如软膏、栓剂、注射用油等的原料。有些油脂还有特殊的生理活性，如大风子油治疗麻风病、鱼肝油治疗维生素A、维生素D缺乏症。

二、表面活性剂

表面活性剂是指加入少量能使其溶液体系的界面状态发生明显变化的物质。具有固定的亲水亲油基团，在溶液的表面能定向排列。表面活性剂是由两种截然不同的粒子形成的分子（如图8-1所示），分子结构具有两亲性：一端为亲水基团，另一端为疏水基团；亲水基团常为极性基团，如羧酸、磺酸、硫酸、氨基、羟基、酰胺基、醚键等或胺基及其盐；而疏水基团常为非极性烃链，如8个碳原子以上烃链。溶解于水中以后，表面活性剂能降低水的表面张力，并提高有机化合物的可溶性。

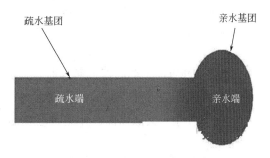

图8-1 表面活性剂分子结构示意图

表面活性剂由于具有润湿或抗黏、乳化或破乳、起泡或消泡以及增溶、分散、洗涤、防腐、抗静电等一系列物理化学作用及相应的实际应用，成为一类灵活多样、用途广泛的精细化工产品。表面活性剂除了在日常生活中作为洗涤剂，其他应用几乎可以覆盖所有的精细化工领域。如个人和家庭护理以及无数的工业应用中。例如，金属处理、工业清洗、石油开采、农药等。

三、合成洗涤剂

合成洗涤剂是由表面活性剂（如烷基苯磺酸钠、脂肪醇硫酸钠）和各种助剂（如三聚磷酸钠）、辅助剂配制而成的一种洗涤用品。

调配表面活性剂和各种助剂与辅助剂在合成洗涤剂中所占的比例，以达到预期的效果，称为配方。近几十年来，化学工业和石油化学工业的发展，为合成洗涤剂工业提供了丰富的、质量稳定的各种表面活性剂和助剂，为配制优质产品提供了良好的基础。配方中各种活性物组分的配比是否合理，对产品的质量、成本都有很大的影响，然而在研究配方的时候不仅要考虑性能质量，经济效益，还要考虑环境问题，因此合成洗涤剂中活性物的种类与含量是非常重要的技术问题。

四、化妆品

根据 2007 年 8 月 27 日国家质检总局公布的《化妆品标识管理规定》，化妆品是指以涂抹、喷、洒或者其他类似方法，施于人体（皮肤、毛发、指趾甲、口唇齿等），以达到清洁、保养、美化、修饰和改变外观，或者修正人体气味，保持良好状态为目的的产品。

1. 化妆品的种类

（1）按照用途分类

① 肤用化妆品　指面部及皮肤用化妆品，如各种面霜、浴剂等；

② 发用化妆品　指头发专用化妆品，如香波、摩丝、喷雾发胶等；

③ 美容化妆品　主要指面部美容产品，也包括指甲头发的美容品；

④ 特殊功能化妆品　指添加有特殊作用药物的化妆品。

（2）按照剂型分类

① 液体　浴液、洗发液、化妆水、香水、卸妆液、精华液、原液等；

② 乳液　蜜类、奶类、护发乳、精华乳；

③ 膏霜类　润面霜、粉底霜、洗发膏、遮瑕膏、精华霜；

④ 粉类　香粉、爽身粉、散粉、洁肤粉、蜜粉；

⑤ 块状　粉饼、化妆盒、口红、发蜡；

⑥ 油状　卸妆油、润肤油、润发油、精华油。

2. 化妆品的主要作用

（1）清洁作用　去除面部、体表、毛发的污垢，如清洁霜、磨面膏、香波、护发素、洗面奶等。

（2）保养作用　保养面部、体表，保持皮肤角质层的含水量，使皮肤滋润光滑，延缓皮肤衰老，如各种润肤膏、霜、蜜、香脂以及添加氨基酸、维生素、微量元素、生物活性体等各种添加剂与化妆品的各种营养霜。

（3）美化作用　美化面部、体表及毛发，或散发香气，如香粉、粉饼、胭脂、眉笔、唇膏、眼线笔、眼影粉饼、睫毛膏、指甲油、摩丝、喷雾发胶等。

（4）特殊作用　具有特殊功效，介于药品和普通化妆品之间的产品，如祛斑霜、除臭剂、脱毛膏、健美苗条霜等。

任务一　油脂的理化指标检验

🖢 任务目标

1. 知道油脂中水分和挥发分的测定意义和方法；
2. 能够测定油脂中水分和挥发分的含量；
3. 学会油脂中水分和挥发分含量的计算；
4. 知道油脂酸值的测定意义和方法；
5. 能够测定油脂酸值的数值；
6. 学会油脂酸值的计算。

🖢 任务介绍

高纯度或者精炼的油脂在精炼过程中不可能将水量完全除去，然而油脂中含水量大则表明油脂品质不良，加快油脂酸败，不易贮存。因此油脂中水分含量既是油脂的质量指标，也是油脂的卫生指标。

油脂酸值（用 AV 表示，Acid Value）是油脂品质的重要指标之一，是评定油脂中所含游离脂肪酸多少的量度。其定义为：中和 1g 油脂中游离脂肪酸所需氢氧化钾 KOH 的质量（mg），酸值的单位是 mg/g。酸值又称酸价。

油脂酸值的大小受很多条件的影响，如原料的质量好坏（成熟的或未霉变的，其酸值较小）；原料的组成特性（米糠及棕榈果等中含易解酯酶，其分解油脂产生的游离脂肪酸）；油脂在贮存、加工、运输期间的含水分、杂质的多少；与温度、空气、光照等因素也有关系。

🖢 任务解析

油脂中水分与挥发分含量的分析技术主要依据 GB/T 5528—2008，本任务中主要介绍烘干法。

测定油脂水分的方法有烘干法、热板法、蒸馏法等。烘干法适用于不干性油及十二烷酸以下的脂肪酸的水分分析，不适用于干性油或半干性油的水分分析。热板法测定速度快，适用于水分含量高的样品，蒸馏法适用于含水量少而又不易烘干的样品，它对要区别挥发物与水分的样品更为适用。

油脂酸值的测定主要依据 GB 9104.3—88，本方法中是用氢氧化钾水溶液中和油脂中游离脂肪酸的测定方法。

目前，对于不同级别的食用油脂，其酸值都有不同的标准规定（见附表）。油脂酸值的表示，国外大多以游离脂肪酸的质量分数表示，我国一直沿用 1g 油脂消耗氢氧化钾的质量（mg）表示。酸值的测定常用酸、碱中和滴定法。对于酸值高、颜色深、不易中和滴定的油脂，也可应用 pH 计法测定。

任务实施

一、油脂的水分和挥发分的测定

1. 仪器与试剂

① 电热恒温烘箱（105±1)℃

② 干燥器（备有变色硅胶）

③ 分析天平：感量 0.0001g

④ 称量皿

⑤ 花生油样品

2. 实验步骤

① 把洗净的称量皿于（105±1)℃烘箱内烘干 1.5h。

② 取出后放于干燥器内冷却 30min，称量。

③ 再把称量皿放于烘箱内烘 20min。

④ 取出后放于干燥器内，冷却 30min，称量。

⑤ 如两次称量绝对误差不超过 0.0004g，即表示器皿已恒重，记为 m_1。

⑥ 称量混匀花生油试样约 10g，记为 m，（准确至 0.0001g），在（105±1)℃烘箱内烘 90min。

⑦ 取出后放于干燥器内冷却 30min，称重。

⑧ 再烘 20min，直至前后两次质量误差不超过 0.0004g 为止，记为 m_2。（如后一次质量大于前一次质量，则取前一次质量 m_2），平行测定 3 次。

3. 数据记录与结果计算

项目名称	1	2	3
称量皿的质量 m_1			
干燥前试样的质量 m			
干燥后称量皿和试样的总质量 m_2			
水分及挥发分的含量/%			
平均值/%			
极差/%			
极差与平均值之比/%			

4. 结果计算

$$水分及挥发物含量 = \frac{m + m_1 - m_2}{m} \times 100\%$$

式中　m_1——称量皿质量，g；

　　　m——花生油试样质量，g；

　　　m_2——烘干后试样与称量皿总质量，g。

平行实验结果允许误差不超过 0.04%，其平均值为测定结果，保留小数点后两位数。

二、油脂酸值的测定

1. 仪器与试剂

（1）分析天平（精度 0.0001g）。

（2）锥形瓶（250mL）。

（3）碱式滴定管（10mL，最小刻度 0.05mL）。

（4）95% 中性乙醇溶剂。

（5）氢氧化钾标准溶液（0.02mol/L）。

（6）10g/L 酚酞指示剂溶液　用 95%（体积）乙醇配制。

2. 实验方法

（1）试样的准备　对于液态样品，充分混匀备用；对于固态样品，缓慢升温使其熔化成液态，充分混匀备用。

（2）称取试样　准确称取试样 3.00～5.00g 于 250mL 锥形瓶中。

（3）测定　加入 50mL 预先中和过的 95% 中性乙醇溶剂，加热溶解试样，

（4）再加入 2～3 滴酚酞指示剂，然后用 KOH 标准溶液边摇动边滴定，至出现微红色且在 0.5min 内不退色即为终点。平行测定三次。

3. 数据记录及结果计算

项目名称	1	2	3
试样的质量 m/g			
滴定消耗 KOH 溶液的体积			
滴定管校正值/mL			
溶液温度校正值/(mL/L)			
实际消耗 KOH 溶液的体积 V/mL			
酸值 AV/(mg/g)			
平均值/(mg/g)			
极差/(mg/g)			
极差与平均值之比/%			

4. 结果计算

$$AV = \frac{cV \times 56.1}{m}$$

式中 AV——酸值，mg/g

V——滴定试样所消耗的氢氧化钾标准溶液的体积，mL；

c——氢氧化钾标准溶液的浓度，mol/L；

m——试样的质量，g。

平行实验结果允许误差不超过 0.04%，其平均值为测定结果，计算结果保留到小数点后一位。

4. 注意的几个问题

（1）95%中性乙醇易挥发易燃，在加热溶解试样时，必须特别谨慎使用，建议水浴加热。

（2）当试样颜色较深时，终点判断困难，可试用下列方法调整：试用碱性蓝 6B 或百里酚酞（麝香草酚酞）作为指示剂；用酚酞试纸做外指示剂；减少试剂用量，或适当增加混合溶剂的用量。

（3）如果滴定所需 0.02mol/L KOH 溶液体积超过 10mL 时，可用浓度 0.05 mol/L KOH 标准溶液。

（4）溶解试样的溶剂除了用 95% 的中性乙醇外，还可以用乙醚-95% 乙醇（2＋1）混合。

（5）本方法适用于动、植物油脂，不适用于蜡；本方法更适用于颜色不是很深的油脂。

 任务评价

任务考核评价表

评价项目	评价标准	评价方式			权重	得分小计	总分
		自我评价	小组评价	教师评价			
		0.1	0.2	0.7			
职业素质	1. 遵守实验室管理规定,严格操作程序。 2. 按时完成学习任务。 3. 学习积极主动、勤学好问				0.2		
专业能力	1. 知道油脂水分测定的标准方法。 2. 能正确、规范地进行实验操作。 3. 实验结果准确且精确度高				0.7		
协作能力	团队中所起的作用,团队合作的意识				0.1		
教师综合评价							

拓展提高

油脂知识

1. 常见油脂的水分含量标准

品种	国家标准		市售标准
	一级	二级	
花生油	≤0.1%	≤0.2%	最大限度 0.25%
大豆油	≤0.1%	≤0.2%	最大限度 0.25%
菜籽油	≤0.1%	≤0.2%	最大限度 0.25%
棉籽油	≤0.1%	≤0.1%	最大限度 0.2%

2. 几种主要油脂酸价标准

品种	国家标准		市售标准
	一级油	二级油	
大豆油	≤1.0	≤4.0	≤4.0
花生油	≤1.0	≤4.0	≤4.0
菜籽油	≤1.0	≤4.0	≤4.0
棉籽棉	≤1.0	≤1.0	≤1.0
麻油			≤5.0

 思考与练习

1. 如果定性判断油脂中是否含有水分，有什么好的方法？

2. 在测定油脂酸值过程中能否用 NaOH 溶液代替 KOH 溶液？若用 NaOH 溶液代替 KOH 溶液进行滴定，计算结果公式中常数仍为 56.1，而不是 NaOH 的相对分子质量 40，为什么？

任务二　表面活性剂检验

任务目标

1. 知道表面活性剂 pH 值的测定意义和方法；

2. 学会表面活性剂 pH 值的测定操作；

3. 学会酸度计的使用；

4. 知道表面活性的类型；

5. 学会表面活性剂定性分析的方法；

6. 学会定性分析表面活性剂类型的操作。

任务介绍

表面活性剂因具有降低表面张力、润湿、乳化、分散、增溶、发泡、洗涤、杀菌、润滑等作用，是日用化学品的生产中必不可少的化工原料之一。表面活性剂水溶液的 pH 值对表面活性剂的活性有着重要的影响，可以指导日用化学品配方及生产工艺的选择。同时，表面活性剂水溶液的 pH 值也是衡量表面活性剂质量的指标之一。

在日化产品的配方组成中，表面活性剂成分经常不同，尤其是在洗涤产品中经常将几种表面活性剂进行复配，以达到更好的协同作用。在复配合成洗涤剂配方的时候，对未知表面活性剂的鉴别就显得非常有意义。

任务解析

表面活性剂 pH 值的测定主要依据 GB/T 6368—2008/ISO 4316：1997，本标准中使用电位法测定表面活性剂水溶液的 pH 值。

表面活性剂离子型的检测方法很多，例如可以利用气相色谱、薄层色谱、红外光谱等仪器进行分析，准确性高，但这需要分析员掌握高层次的分析技术，并且分析成本也高。也有检测方法是以对抗反应及其变化形式为基础的。

任务实施

一、表面活性剂 pH 值的测定

1. 仪器与试剂

均使用分析纯试剂及符合实验室三级用水规格的水。标准缓冲溶液也可用市售袋装标准缓冲试剂配制。

（1）酸度计 分度值为 0.01pH 单位。

（2）玻璃指示电极。

（3）饱和甘汞参比电极。

（4）分度值为 1℃的温度计。

（5）天平 最大负载 100g，分度值 0.01g。

（6）苯二甲酸盐标准缓冲溶液 浓度 $c = 0.05$ mol/L。

（7）磷酸盐标准缓冲溶液 浓度 $c = 0.025$ mol/L。

（8）硼酸盐标准缓冲溶液 称到 3.81g 硼酸钠溶于水中，并稀释至 1000mL。

2. 实验步骤

（1）称取 2.5g 试样（称准至 0.01g），用蒸馏水溶解，置于 250mL 容量瓶中，稀释至刻度，摇匀，备用。

（2）用苯二甲酸盐标准缓冲溶液和硼酸盐标准缓冲溶液校正酸度计，将温度补偿旋钮调至标准缓冲溶液的温度处，按照下表所标明的数据，依次检查仪器和电极必须正确。用接近于水样 pH 值的标准缓冲溶液定位。

（3）将酸度计的温度补偿旋钮调至所测水样的温度。浸入电极、摇匀、测定，记录读数，平行测定两次。

标准缓冲溶液在不同温度时的 pHs 值见表 8-1。

表 8-1　标准缓冲溶液在不同温度时的 pHs 值

温度/℃	苯甲酸盐标准缓冲溶液	磷酸盐标准缓冲溶液	硼酸盐标准缓冲溶液
0	4.00	6.98	9.46
5	4.00	6.95	9.40
10	4.00	6.92	9.33
15	4.00	6.90	9.28
20	4.00	6.88	9.22
25	4.01	6.86	9.18
30	4.02	6.85	9.14
35	4.02	6.84	9.10
40	4.04	6.84	9.07

3. 数据记录和结果计算

测定次数	1	2
水样温度/℃		
pH 值		
测定结果		
平行测定结果的极差		
平行实验结果允许误差不超过 0.01pH 单位,其平均值为测定结果。		

二、表面活性剂的定性分析

方案一　亚甲基蓝-氯仿法

1. 仪器与试剂

（1）试管。

（2）量筒。

（3）氯仿 分析纯。

（4）阴离子表面活性剂溶液 配制 0.05％磺化琥珀酸酯钠盐溶液。

（5）亚甲基蓝溶液 亚甲基蓝 0.03g，浓硫酸 12g 及无水硫酸钠 50g，溶解于蒸馏水，稀释至 1000mL。

2. 实验步骤

（1）在 25mL 有塞试管中加入 8mL 亚甲基蓝溶液和 5mL 氯仿。

（2）逐滴加入 0.05％阴离子表面活性剂溶液，每加 1 滴，盖上塞子并剧烈摇动使之分层。

（3）继续滴加直至上下两层呈现同一深度的色调（一般需滴加 10～12 滴阴离子表面活性剂溶液）。

（4）然后加入 2mL 0.1％的表面活性剂试样溶液，再次摇动，静置令其分层。

（5）现象判断

现象	结论
氯仿层色泽变深，而水层几乎无色	存在阴离子型表面活性剂
水层色泽变深	存在阳离子型表面活性剂
两层色泽大致相同,且水层呈乳液状	存在非离子型表面活性剂

注：如对实验现象有疑问，可先用 2mL 水代替表面活性剂试样作对照试验；无机物（硅酸盐,磷酸盐等）对本试验无干扰。

方案二 混合指示剂法

1. 仪器与试剂

（1）试管。

（2）量筒。

（3）溴化底米翁-二硫化蓝混合指示剂溶液 吸取上述溶液 20mL，置于 500mL 容量瓶中，加入 200mL 水及 20mL 2.5mol/L 的硫酸溶液，并用水稀释至刻度。

（4）氯仿 分析纯。

2. 实验步骤

（1）取少量表面活性剂试样（或乙醇萃取的活性物）置于有塞试管中，加入 8mL 水溶解。

（2）加入混合指示剂 5mL，氯仿 5mL，充分摇动，然后静置让其分层，观察现象。

（3）现象判断

现 象	结 论
氯仿层中呈现粉红色	存在阴离子型表面活性剂
氯仿层显蓝色	存在阳离子型表面活性剂
两相难分开,且有乳状液形成	存在非离子型表面活性剂

任务评价

任务考核评价表

评价项目	评价标准	评价方式			权重	得分小计	总分
		自我评价	小组评价	教师评价			
		0.1	0.2	0.7			
职业素质	1. 遵守实验室管理规定,严格操作程序。 2. 按时完成学习任务。 3. 学习积极主动、勤学好问				0.2		
专业能力	1. 知道表面活性剂 pH 值的测定方法。 2. 能正确、规范地进行实验操作。 3. 实验结果准确且精确度高				0.7		
协作能力	团队中所起的作用,团队合作的意识				0.1		
教师综合评价							

拓展提高

pHS-2C 型数显酸度计

实验中测量 pH 值的酸度计有很多种型号,有自动校正和手动校正两大类,本节中以手动校正的 pHS-2C 型数显酸度计为例,介绍酸度计的使用方法。图 8-2 所示为 pHS-2C 型数显酸度计。

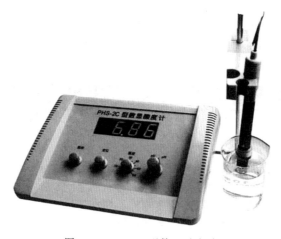

图 8-2　pHS-2C 型数显酸度计

pHS-2C 型数显酸度计的校正操作。

（1）安装好仪器，调节好旋钮，旋钮调节分别如下：

① 档位　选择 pH 挡；

② 温度补偿值　调到溶液温度；

③ 斜率　顺时针旋转到最大；

④ 定位　顺时针旋转到最大；

（2）将电极冲洗干净（一般冲洗 2～3 次）并用滤纸吸干，浸入接近中性的标准缓冲溶液中，调节定位旋钮使仪器显示其理论 pH 值（查上表：标准缓冲溶液在不同温度时的 pHs 值）；

（3）取出电极，将电极冲洗干净（一般冲洗 2～3 次）并用滤纸吸干，浸入接近待测样 pH 值的标准缓冲溶液中，调节定位旋钮使仪器显示其理论 pH 值（查上表：标准缓冲溶液在不同温度时的 pHs 值）；

（4）重复步骤（2）～（3）的操作，直到浸入接近中性标准缓冲溶液时，不需调节直接显示该标准缓冲溶液 pH 值，浸入接近待测样 pH 值的标准缓冲溶液中，不需调节直接显示该标准缓冲溶液 pH 值时，视为校正完成。

表面活性剂的分类

表面活性剂可分为离子型表面活性剂（包括阳离子表面活性剂与阴离子表面活性剂）、非离子型表面活性剂、两性表面活性剂、复配表面活性剂、其他表面活性剂等。其中各类型具有代表性的表面活性剂为以下。

（1）阴离子表面活性剂　硬脂酸、十二烷基苯磺酸钠。

（2）阳离子表面活性剂　季铵化物。

（3）两性离子表面活性剂　卵磷脂、氨基酸型、甜菜碱型。

（4）非离子表面活性剂　脂肪酸甘油酯、脂肪酸山梨坦、聚山梨酯。

➡ 思考与练习

1. 配制表面活性剂样品溶液时，通常有很多气泡产生，如何操作可减少气泡的产生？

2. 如何鉴别某种物质中是否存在表面活性剂？

任务三　合成洗涤剂总活性物含量的分析

⚠ 任务目标

1. 知道合成洗涤剂总活性物含量的测定意义和方法；

2. 学会合成洗涤剂总活性物含量的测定操作；

3. 学会总活性物含量的计算方法。

任务介绍

合成洗涤剂是人们生活中必不可少的日常用品，其质量的好坏会影响到每一个消费者的生活质量，因此备受消费者的关注。合成洗涤剂是以去污为目的而设计配制的产品，其活性物是合成洗涤剂中起去污作用的主要成分，以往大多是单一的活性物，近年来多采用具有协同效应的几种活性物来进行复配，使得去污能力更加良好。

在洗涤剂中活性物含量较低时，去污能力会随着活性物含量的增加而增加，但当活性物含量达到最佳含量时，继续增加活性物含量，去污能力没有明显增加，因此活性物含量也是改善合成洗涤剂质量的一个重要方面。

任务解析

本方法参照标准 GB/T 13173.2—2000。适用于测定粉（粒）状、液体和膏状洗涤剂中的总活性物含量，还适用于测定表面活性剂中的总活性物含量。

本方法中总活性物含量的测定是用乙醇萃取实验样品，过滤分离；然后定量测定乙醇溶解物总含量及乙醇溶解物中的氯化钠含量，洗涤剂产品中总活性物含量即为用乙醇溶解物总含量减去乙醇溶解物中氯化钠的含量。

任务实施

本方法参照标准 GB/T 13173.2—2000。适用于测定粉（粒）状、液体和膏状洗涤剂中的总活性物含量，还适用于测定表面活性剂中的总活性物含量。

一、仪器与试剂

（1）吸滤瓶（500mL）。

（2）古氏坩埚（30mL）。

（3）水浴锅。

（4）烘箱能控温于（105±2）℃。

（5）干燥器（内盛变色硅胶或其他干燥剂）。

（6）量筒（25mL、100mL）。

（7）锥形瓶（250mL）。

（8）烧杯（200mL、300mL）。

（9）无水乙醇。

（10）硝酸银　$c(AgNO_3)=0.1mol/L$ 标准溶液。

（11）铬酸钾　50g/L 溶液。

（12）酚酞　10g/L 溶液。

（13）硝酸　0.5mol/L 溶液。

（14）氢氧化钠　0.5mol/L 溶液。

（15）95％乙醇（中性）。

二、实验方法

1. 乙醇溶解物总含量的测定

（1）精确称取 5g 洗衣液试样（一般情况下粉、粒状样品约 2g，液、膏体样品约 5g，准确），质量记为 m，置于 200mL 烧杯中；

（2）加入 5mL 蒸馏水，用玻璃棒不断搅拌，直到没有明显的颗粒状物；

（3）加入 5mL 无水乙醇，继续用玻璃棒搅拌，使样品溶解呈糊状，然后边搅拌边缓缓加入 90mL 无水乙醇，继续搅拌一会儿以促进溶解；

（4）静置片刻至溶液澄清，用倾泻法通过古氏坩埚进行过滤（用吸滤瓶吸滤）。将清液尽量排干，不溶物尽可能留在烧杯中；

（5）再以同样方法，每次用 25mL 95％热的醇溶液重复萃取、过滤，操作 4 次。

（6）将吸滤瓶中的乙醇萃取液小心地转移至已称重的 300mL 烧杯中，用 95％的热乙醇冲洗吸滤瓶 3 次，滤液和洗涤液合并于 300mL 烧杯中（此为乙醇萃取液）。

（7）将盛有乙醇萃取液的烧杯置于沸水浴中，使乙醇蒸发至尽；

（8）再将烧杯外壁擦干，置于（105±2）℃烘箱内干燥 1h，移入干燥器中，冷却 30min 并称量，质量记为 m_1。

2. 乙醇溶解物中氯化钠含量的测定

（1）将已称量的烧杯中的乙醇萃取物先用 100mL 蒸馏水洗涤，然后再用 20mL 95％乙醇溶解洗涤至 250mL 锥形瓶中；

（2）加入 3 滴酚酞指示液；

（3）若呈红色，则以 0.5mol/L 硝酸溶液中和至红色刚好退去；若不呈红色，则以 0.5mol/L 氢氧化钠溶液中和至微红色，再以 0.5mol/L 硝酸溶液回滴至微红色刚好退去；

（4）然后加入 1mL 铬酸钾指示液，用硝酸银标准溶液 $[c(AgNO_3)=0.1mol/L]$ 滴定至溶液由黄色变为橙色为止。

3. 数据记录与结果计算

项目名称		1	2	3
试样质量 m/g				
乙醇萃取物总质量 m_1/g				
滴定 $AgNO_3$实验	滴定消耗 $AgNO_3$ 溶液的体积/mL			
	滴定管校正/mL			
	温度校正/(mL/L)			
	实际滴定消耗 $AgNO_3$ 溶液的体积 V/mL			
氯化钠的质量 m_2/g				
总活性物的含量 X/％				
总活性物含量的平均值/％				
极差/％				
极差与平均值之比/％				

4. 结果计算

（1）试样中氯化钠的质量 m_2 计算公式为：

$$m_2 = \frac{MVc}{1000}$$

式中 m_2——试样乙醇溶解物中氯化钠的质量，g；

c——硝酸银标准滴定液的实际浓度，mol/L；

V——实际滴定硝酸银标准滴定溶液的体积，mL；

M——氯化钠的摩尔质量，58.5g/mol。

（2）试样中总活性物含量的质量分数 X 计算公式为：

$$X = \frac{m_1 - m_2}{m} \times 100\%$$

式中 X——样品中总活性物含量的质量分数，%；

m_1——乙醇溶解物的质量，g；

m_2——乙醇溶解物中氯化钠的质量，g；

m——实验份的质量，g。

总活性物的含量平行测定结果之差应不超过 0.2%，以三次平行测定的平均值作为结果。

 任务评价

任务考核评价表

评价项目	评价标准	评价方式			权重	得分小计	总分
		自我评价	小组评价	教师评价			
		0.1	0.2	0.7			
职业素质	1. 遵守实验室管理规定，严格操作程序。 2. 按时完成学习任务。 3. 学习积极主动、勤学好问				0.2		
专业能力	1. 知道合成洗涤剂总活性物含量测定的标准方法。 2. 能正确、规范地进行实验操作。 3. 实验结果准确且精确度高				0.7		
协作能力	团队中所起的作用，团队合作的意识				0.1		
教师综合评价							

拓展提高

合成洗涤剂

合成洗涤剂的产量现在已经超过肥皂产量，我国合成洗涤剂的主要成分是烷基苯硫酸钠，占洗涤剂总产量的90%。合成洗涤剂易溶于水，随着洗衣机的广泛使用，用量越来越大。但是洗涤剂属于表面活性物质，是一种有机物，在光热条件下易氧化分解，大量消耗水中的溶解氧，致使水中的鱼和贝类等生物因缺氧而不能正常生长，甚至死亡。此外，洗涤剂的表面活性作用还会使水中的有毒有机物溶解度增加，废水毒性增强，威胁生物的生存，也会污染地下水质，最终危害人体的健康。

思考与练习

合成洗涤剂在配方调配时，通常将几种表面活性剂进行复配，以求达到协同效应，具有更好的去污能力，那么在复配时能将阴离子型表面活性剂和阳离子型表面活性剂进行复配吗？为什么？

任务四　化妆品分析

任务目标

1. 知道化妆品感官检验的内容；
2. 学会化妆品感官检验的方法；
3. 学会化妆品稳定性实验的方法；
4. 知道化妆品 pH 值的测定意义；
5. 学会化妆品 pH 值的测定方法和操作。

任务介绍

感官检验又称"官能检验"，是以人的感觉为基础，通过眼、鼻、耳的辨别力对产品进行质量检验。感官检验方法有以下优点：（1）通过对感官性状的综合性检查，可以及时、准确地检测出化妆品质量有无异常，便于提早发现问题并进行处理，避免对人造成危害；（2）方法直观，手段简便，不需要借助任何仪器设备，有时可用照片或者标准板作比较。但感官检验需建立在对产品的生产过程和质量要求比较了解后，才能准确而迅速地鉴别出来。

化妆品的稳定性是化妆品质量的一个重要保证，也是影响化妆品保质期的重要因素，因此检验化妆品的稳定性不仅是消费者的期待，也是化妆品生产者密切关注的内容。

正常情况下，人的皮肤表面 pH 值约为 5.0～7.0，pH 值最低可到 4.0，最高可到

9.6，皮肤的最佳 pH 值在 5.0～5.6，呈微酸性。根据人的皮肤生理特点，直接用于皮肤的化妆品 pH 值显得非常重要。化妆品的 pH 值变动很大，其值不仅取决于原料的品种、来源和配方，而且由于存放时微生物的参与、空气氧化及防腐剂的失效等作用，致使有机物的腐败而造成 pH 改变。化妆品的 pH 值过酸或过碱性，不仅影响化妆品功效的正常发挥，还可造成刺激性皮炎、斑疹毛发损伤，故一般对化妆品的 pH 范围都有具体限量要求。

任务解析

化妆品对本身的色泽、香型和外观都有很严格的要求，色泽变深或者有斑点，是化妆品质变的表现，一般颜色的变化是由霉菌和细菌引起的；细菌的菌落、酵母、霉菌的孢子一般会呈现颜色。化妆品的香气要纯正，无异味，符合规定香型。外观的要求因不同种类的产品而要求不同，水剂类一般要清晰透明，无杂质；乳剂类要求均匀，无沉淀；膏状类应膏体细腻、均匀，无杂质、无粗颗粒。粉状类要求颗粒细小、均匀，滑爽、不结块。

化妆品的稳定性实验包括耐热实验、耐寒实验、离心实验和色泽稳定性实验。耐热和耐寒性能是膏霜、乳液和液状化妆品（如发乳、唇膏、润肤乳液、护发素、染发乳液、洗发膏、浴液、洗面奶、发用摩丝、雪花膏、香脂等产品均需进行耐热实验）十分重要的性能，也是重要的稳定性检验项目；离心实验一般检验乳液类化妆品的分层和分离情况，也是检验乳液类化妆品寿命的实验。

化妆品 pH 值的测定主要依据 QB/T 13531.1—2000，本标准中使用电位法测定化妆品的 pH 值。

测定化妆品 pH 值的方法有比色法和电位法，比色法简单易行，但准确度较差，不适用于测定浑浊、有色的样品，电位法操作步骤多，但准确度高。

任务实施

一、护肤霜的感官检验

1. 色泽检验

取一瓶护肤霜，在室内无阳光直接照射处进行目视观察。色泽应该符合规定的颜色，如果色泽变深或者间隔有深色斑点，是质变的标志。

2. 香型

取一瓶护肤霜，打开盖子，用嗅觉鉴定。香气应醇正、无异味、无不适感的气味。

3. 外观

取一瓶护肤霜，在室内无阳光直接照射处进行目视观察，护肤霜应膏体均匀，不分层，不分离，无渗析液体。

4. 质地

取少许护肤霜，均匀涂于洗净并擦干的手背，护肤霜的膏体应细腻、均为无杂质、无粗颗粒。

感官检验结果记录见表 8-2。

表 8-2　感官检验结果记录

项目名称	检验结果
色泽	
香型	
外观	
质地	

二、化妆品的稳定性实验

1. 耐热实验

各类化妆品的外观形态各不相同，所以各类产品的耐热要求和实验操作方法略有不同。但实验的操作相近：先将电热恒温培养箱调节到（40±1）℃，然后取两份样品，将其中一份置于电热恒温培养箱内保持 24h 后，取出，恢复室温后与另一份样品进行比较，观察其是否有变稀、变色、分层及硬度变化等现象，以判断产品的耐热性能。

2. 耐寒实验

同耐热实验一样，耐寒实验也是不同类型的产品，实验操作相近，即：先将电冰箱调节到（−15～−5）±1℃；然后取两份样品，将其中一份置于电冰箱内保持 24h 后，取出，恢复室温后与另一份样品进行比较，观察其是否有变稀、变色、分层及硬度变化等现象，以判断产品的耐寒性能。

3. 离心实验

离心实验是检验乳液类化妆品寿命的实验，是加速分离实验的必要检验法，如洗面奶、润肤乳液、染发乳液等均需作离心实验。其方法是：将样品置于离心机中，以 2000～4000r/min 的转速实验 30min 后，观察产品的分离、分层状况。

将结果记录于表 8-3 中。

表 8-3　稳定性实验结果记录

项目名称	实验结果
耐热实验	
耐寒实验	
离心实验	

三、化妆品 pH 值的测定

1. 仪器与试剂

均使用分析纯试剂及符合实验室三级用水规格的水。标准缓冲溶液也可用市售袋装标准缓冲试剂配制。

（1）酸度计　分度值为 0.02pH 单位。

（2）玻璃指示电极。

（3）饱和甘汞参比电极。

（4）温度计。

（5）天平　最大负载 100g，分度值 0.1g。

（6）苯二甲酸盐标准缓冲溶液　浓度 $c = 0.05\text{mol/L}$。

（7）磷酸盐标准缓冲溶液　浓度 $c = 0.025\text{mol/L}$。

（8）硼酸盐标准缓冲溶液　称到 3.81g 硼酸钠溶于水中，并稀释至 1000mL。

2. 实验步骤

（1）试样的制备

① 当化妆品样品为粉类、油膏类化妆品及油包水型乳化体时，可用稀释法处理试样：称取样品 1 份（精确至 0.1g），加入经煮沸冷却后的蒸馏水 10 份，加热至 40℃，并不断搅拌至均匀，冷却至规定温度，待用。如为含油量较高的产品，可加热至 70～80℃，冷却后去油块待用；粉状产品可沉淀过滤后待用。

② 直测法（不适用于粉类、油膏类化妆品及油包水型乳化体）：将适量包装容器中的样品放入烧杯中待用或将小包装去盖后直接将电极插入其中。

（2）校正　参照表面活性剂 pH 值测定中酸度计的校正。

（3）测定　校正完成后，清洗并吸干电极，将电极插入试样中，使电极浸没，待 pH 读数稳定，记录读数。

3. 数据记录和结果计算

测定次数	1	2
水样温度/℃		
化妆品 pH 值		
测定结果		
平行测定结果的极差		

化妆品 pH 值的结果以两次测量的平均值表示，两次测量之差应小于等于 0.1。

 任务评价

任务考核评价表

评价项目	评价标准	评价方式			权重	得分小计	总分
		自我评价 0.1	小组评价 0.2	教师评价 0.7			
职业素质	1. 遵守实验室管理规定，严格操作程序。 2. 按时完成学习任务。 3. 学习积极主动、勤学好问				0.2		
专业能力	1. 知道化妆品检验的方法。 2. 能正确、规范地进行实验操作。 3. 实验结果准确且精确度高				0.7		
协作能力	团队中所起的作用，团队合作的意识				0.1		
教师综合评价							

拓展提高

化妆品知识

1. 购买化妆品时，挑选化妆品的黄金法则

（1）看换证凭质量是否有保证　一般来说选择名厂，名牌的化妆品比较好，因为名厂的设备好，产品标准高，质量有保证，而名牌产品一般也是信得过的产品，使用起来比较安全。不能买无生产厂家和无商品标志的化妆品，同时要注意产品有无检验合格证和生产许可证，以防假冒。还要注意化妆品的生产日期，一般膏、霜、蜜类产品尽可能买出厂一年内的。

（2）识别化妆品的质量

① 从外观上识别　好的化妆品应该颜色鲜明、清雅柔和。如果发现颜色灰暗污浊、深浅不一，则说明质量有问题。如果外观浑浊、油水分离或出现絮状物，膏体干缩有裂纹，则不能使用。

② 从气味上识别　化妆品的气味有的淡雅，有的浓烈，但都很纯正。如果闻起来有刺鼻的怪味，则说明是伪劣或变质产品。

③ 从感觉上识别　取少许化妆品轻轻地涂抹在皮肤上，如果能均匀紧致地附着于肌肤且有滑润舒适的感觉，就是质地细腻的化妆品。如果涂抹后有粗糙、发黏感，甚至皮肤刺痒、干涩，则是劣质化妆品。

（3）根据个人和环境因素选择化妆品

① 依据皮肤类型　油性皮肤的人，要用爽净型的乳液类护肤品；干性肌肤的人，应使用富有营养的润泽性的护肤品；中性肌肤的人，应使用性质温和的护肤品。

② 依据年龄和性别　儿童皮肤幼嫩，皮脂分泌少，须用儿童专用的护肤品；老年人皮肤萎缩，又干又薄，应选用含油分、保湿因子及维生素 E 等成分的护肤品；男性宜选用男士专用的护肤品。

③ 依据肤色　选用口红、眼影、粉底、指甲油等化妆品时，须与自己的肤色深浅相协调。肤色较白的人，应选用具有防晒作用的化妆品。

④ 依据季节　季节不同，使用的化妆品也有所不同。在寒冷季节，宜选用滋润、保湿性能强的化妆品；而在夏季，宜选用乳液或粉类化妆品。

2. 皮肤小常识

由于在人体皮肤表面存留着尿素、尿酸、盐分、乳酸、氨基酸、游离脂肪酸等酸性物质，所以皮肤表面常显弱酸性。健康的东方人皮肤的 pH 值应该在 4.5～6.5，最佳 pH 值在 5.0～5.6。

皮肤只有在正常的 pH 值范围内，也就是处于弱酸性，才能使皮肤处于吸收营养的最佳状态，此时皮肤抵御外界侵蚀的能力以及弹性、光泽、水分等等，都为最佳状态，可见化妆品 pH 值与安全美容是密不可分的。我们最常用的雪花膏制品 pH 值为 7.33 左右，沐浴用肥皂制品 pH 值为 10.57 左右，而收敛性化妆水制品 pH 值为 3～4，洗面奶国家标

准规定 pH 值为 4.5～8.5。

　　皮肤表面的这种弱酸环境对酸、碱均有一定的缓冲能力，称为皮肤的中和能。皮肤对 pH 值在 4.2～6.0 范围内的酸性物质也有相当的缓冲能力，被称为酸中和作用，皮肤对碱性物质的缓冲作用，称为碱中和作用。当肌肤表面接受到碱性物质的刺激而改变 pH 值时，酸性的脂肪膜也有能力在短时间内，将肌肤表面的酸碱度调整回原来的指数，这种能力称为肌肤的"碱中和能力"。

　　皮肤的好与坏，其主要原因在于皮肤是否健康，而是否健康又体现为皮肤的碱中和能力。不同的人在不同时期皮肤的 pH 值常在 4.5～6.5 变化，也有一些超出这个范围的，如果皮肤 pH 值长期在 5.0～5.6 之外，皮肤的碱中和能力就会减弱，肤质就会改变，最终导致皮肤的衰老和损害。所以，只有选配相对应的护肤品，使皮肤 pH 值保持在 pH 5.0～5.6，皮肤才会呈现最佳状态，真正达到更美、更健康的效果。任何一种护肤方式，不管是基因美容，还是纳米技术，都不能违背这一原则。

　　皮肤对冷霜和雪花膏类乳膏的中和能较高，相反，皮肤对肥皂、美白粉类制品的缓冲中和能力较差，其中和能较低。因此，人们经常使用肥皂和涂抹碱性化妆品时，皮肤容易发炎或生斑疹。特别是皮肤粗糙的人，其皮肤的中和能都较低，更不宜久用碱性化妆品。研究证明，具有酸性而缓冲作用较强的化妆品对皮肤是最合适的。

 思考与练习

　　1. 购买化妆水时，如何从感官判断其质量的优劣？

　　2. 市场上有很多洁肤护肤的化妆品，其中有的是偏碱性的，有的是偏酸性的，我们在购买时应该如何选择？为什么？

参 考 文 献

[1] GB/T 6678—2003 化工产品采样总则.
[2] GB/T 6679—2003 固体化工产品采样通则.
[3] GB/T 6680—2003 液体化工产品采样通则.
[4] GB/T 6681—2003 气体化工产品采样通则.
[5] GB/T 19923—2005 城市污水再生利用工业用水标准. 2005.
[6] GB/T 212—2008 煤的工业分析方法.
[7] GB 213—2008 煤的发热量测定方法.
[8] GB/T 214—2007 煤中全硫的测定方法.
[9] GB/T 476—2008 煤中碳和氢的测定方法.
[10] GB 476—91 煤的元素分析方法 氮和氧的测定方法.
[11] GB/T 176—2008 水泥化学分析方法.
[12] GB/T 223.69—2008 钢铁及合金碳含量的测定管式炉内燃烧后气体容量法.
[13] GB/T 223.68—1997 钢铁及合金化学分析方法管式炉内燃烧后碘酸钾滴定法测定硫含量.
[14] GB/T 223.61—1988 钢铁及合金化学分析方法磷钼酸铵容量法测定磷量.
[15] GB/T 223.5—2008 钢铁酸溶硅和全硅含量的测定还原型硅钼酸盐分光光度法.
[16] GB 223.58—1987 钢铁及合金化学分析方法亚砷酸钠-亚硝酸钠滴定法测定锰量.
[17] GB/T 8571—2008 复混肥料—实验室样品制备.
[18] GB/T 8576—2010 复混肥料中游离水含量的测定-真空烘箱法.
[19] GB/T 8577—2010 复混肥料中游离水含量的测定-卡尔·费休法.
[20] GB/T 2441.7—2001 尿素测定方法 粒度的测定-筛分法.
[21] GB/T 2441.2—2001 尿素测定方法 缩二脲含量的测定-分光光度法.
[22] GB 21634—2008 重过磷酸钙.
[23] GB 20413—2006 过磷酸钙.
[24] GB/T 3600—2000 肥料中氨态氮含量的测定-甲醛法.
[25] GB/T 2441—91 尿素总氮含量的测定-蒸馏后滴定法.
[26] GB 15063—2009 复混肥料（复合肥料）.
[27] GB/T 8754—2002 复混肥料中钾含量的测定 四苯硼酸钾重量法.
[28] 张小康, 张正兢. 工业分析. 北京: 化学工业出版社, 2008.
[29] 王建梅, 王桂芝. 工业分析. 北京: 高等教育出版社, 2007.
[30] 李广超. 工业分析. 北京: 化学工业出版社, 2007.
[31] 何晓文, 许广胜. 工业分析技术. 北京: 化学工业出版社, 2012.
[32] 付云红. 工业分析. 北京: 化学工业出版社, 2009.
[33] 张舵, 王英健. 工业分析: 基础篇. 大连: 大连理工大学出版社, 2010.
[34] 徐伏秋, 杨刚宾. 硅酸盐工业分析. 北京: 化学工业出版社, 2009.
[35] 张绍, 周辛志军, 倪竹君. 水泥化学分析. 北京: 化学工业出版社, 2007.
[36] 中国建筑材料科学研究总院. 水泥化学分析手册. 北京: 中国建材工业出版社, 2015.
[37] 中国地质大学（北京）化学分析室. 硅酸盐岩石和矿物分析. 北京: 地质出版社, 1990.
[38] 机械工程手册编辑委员会. 机械工程手册: 工程材料卷. 第2版. 北京: 机械工业出版社, 1996.
[39] 方禹之. 分析科学与分析技术. 上海: 华东师范大学出版社, 2002.
[40] 吴诚. 金属材料化学分析300问. 上海: 上海交通大学出版社, 2003.